普通高等教育"十三五"规划教材

流体力学数值方法

刘国勇　编著

U0342208

北　京

冶金工业出版社

2016

内 容 提 要

本书简要介绍了计算流体力学的发展过程及基本理论,系统地讲解了有限差分法、边界元法、有限分析法、有限体积法、谱方法等常用的流体力学数值方法以及网格生成方法。

本书为相关专业高年级本科生及研究生的教学用书,也可作为从事水利、环境、航空航天、气象、冶金、工业制造、土木工程、造船(潜水艇)、能源及化工等工程技术人员的参考用书。

图书在版编目(CIP)数据

流体力学数值方法/刘国勇编著 . —北京:冶金工业
出版社,2016.5

普通高等教育"十三五"规划教材

ISBN 978-7-5024-7226-9

Ⅰ.①流… Ⅱ.①刘… Ⅲ.①流体力学—数值计算—
高等学校—教材 Ⅳ.①O35

中国版本图书馆 CIP 数据核字(2016)第 093532 号

出 版 人 谭学余
地 址 北京市东城区嵩祝院北巷39号 邮编 100009 电话 (010)64027926
网 址 www. cnmip. com. cn 电子信箱 yjcbs@ cnmip. com. cn
责任编辑 唐晶晶 美术编辑 吕欣童 版式设计 吕欣童
责任校对 卿文春 责任印制 李玉山
ISBN 978-7-5024-7226-9
冶金工业出版社出版发行;各地新华书店经销;固安华明印业有限公司印刷
2016年5月第1版,2016年5月第1次印刷
787mm×1092mm 1/16;12.25 印张;297 千字;186 页
27.00 元
冶金工业出版社 投稿电话 (010)64027932 投稿信箱 tougao@cnmip. com. cn
冶金工业出版社营销中心 电话 (010)64044283 传真 (010)64027893
冶金书店 地址 北京市东四西大街46号(100010) 电话 (010)65289081(兼传真)
冶金工业出版社天猫旗舰店 yjgycbs. tmall. com
(本书如有印装质量问题,本社营销中心负责退换)

前　言

在流体力学理论研究和工程应用中，描述流体流动的数学方程是非线性偏微分方程组，只有极少数的简化模型可以通过数学方法获得理论分析解，多数情况下只能通过数值计算的途径进行求解。近几十年来，由于高速计算机以及相应的数值计算技术的快速发展，流体力学中的数值方法已成为流体力学研究的另外一个新的重要分支。流体力学中的数值方法是将描述流体运动规律的基本方程做离散化近似处理，即用离散的、有限的数学模型来近似表示连续的、无限的流体动力学问题，用一个有限的信息系统来替代一个无限的信息系统，且该离散的、有限的信息数据库在一定条件下收敛于连续的、无限的流体运动的真实本质。因此，有必要研究流体力学数值方法的适应性、稳定性、收敛性及计算精度。

本书为读者简要介绍了计算流体力学发展过程及基本理论，系统地讲解了常用的流体力学数值方法以及网格生成方法。本书共分为11章，第1章讲述计算流体力学（CFD）发展概述；第2章讲述流体流动的控制方程；第3章讲述湍流的数学模型；第4章为有限差分法；第5章为有限元法；第6章为流体力学边界元法；第7章为流体力学有限分析法；第8章为有限体积法；第9章为谱方法；第10章为流场计算数值算法；第11章为网格生成方法。

本书的主要内容在北京科技大学工程相关专业课程中讲授多次。对于已经具备高等数学、计算方法和流体力学基础的读者，阅读本书并不困难。读者通过本书可以系统地掌握常用流体数值方法的基本原理与求解方法，从而建立起应用这几种数值方法去解决流体力学理论研究和工程应用中各种具体问题的基础。

本书可作为相关专业高年级本科生及研究生的教学参考书，也可作为从事水利、环境、航空航天、气象、冶金、工业制造、土木工程、造船（潜水艇）、能源及化工等工程技术人员的参考用书。

　　作者在编写本书的过程中，参考了本书末所列出的参考文献，在此对这些参考文献的作者表示衷心感谢。研究生杨广任、宋鸣及陈雪波在资料收集及文档整理方面做了大量工作，在此表示感谢。

　　由于作者水平所限，加之计算流体力学内容丰富且发展日新月异，书中存在的不足之处，敬请读者批评指正。

作　者

2016 年 2 月于北京科技大学

目　录

计算流体力学发展概述

教学目的

教学目的

（1）了解计算流体力学（Computational Fluid Dynamics，CFD）的概念及思想。

（2）了解 CFD 发展及动向。

（3）了解并掌握控制方程离散方法。

（4）理解数值模拟的优点及局限性。

1.1 计算流体力学的发展

传统研究流体的方法有实验方法（17 世纪法国和英国）与分析方法（18 世纪和 19 世纪欧洲），自从计算机问世以来，进而发展成为计算方法。

计算流体力学（Computational Fluid Dynamics，CFD）是一门用数值计算方法直接求解流动主控方程（Euler 或 Navier-Stokes 方程）以发现各种流动现象规律的学科。它综合了计算数学、计算机科学、流体力学、科学可视化等多种学科。广义的 CFD 包括计算水动力学、计算空气动力学、计算燃烧学、计算传热学、计算化学反应流动，甚至包括数值天气预报。

CFD 的基本思想是把原来在时间域及空间域上连续的物理量用一系列有限个离散点上的变量值的集合来代替，通过一定的原则和方式对流动基本方程进行离散，建立起离散点上变量值之间关系的代数方程组，然后求解代数方程组获得变量的近似值。

CFD 的发展主要是围绕着流体力学计算方法（或称计算格式）这条主线不断进步的。

英国气象学家 L. F. Richardson 数值天气预报的努力失败是因为他使用的是中心差分格式，该方法是无条件不稳定的。1928 年，三位应用数学家 R. Courant，K. O. Friedrichs 和 H. Lewy 发表了被称为 CFD 里程碑式的著名论文，开创了稳定性问题的研究。第二次世界大战期间，美国 Los Alamos 国家实验室的科学家发明了描述原子弹所产生的包含激波的爆轰气流的方法。该实验室研究核武器的 J. V. Neumann 提出了人工黏性方法以便捕获激波，该方法的人工黏性思想至今仍然是 CFD 的核心内容之一。另外，J. V. Neumann 还提出了以其名字命名的著名的稳定性分析方法，该方法至今仍然是 CFD 使用最多的稳定性分析方法。因此，J. V. Neumann 被尊称为 "CFD 之父"。

CFD 是一门由多领域交叉形成的应用基础学科，它涉及流体力学理论、计算机技术、偏微分方程的数学理论、数值方法等学科。一般认为计算流体力学是从 20 世纪 60 年代中后期逐步发展起来的，大致经历了四个发展阶段：无黏性线性、无黏性非线性、雷诺平均的 N-S 方程以及完全的 N-S 方程。

自 20 世纪 60 年代以来 CFD 技术得到飞速发展，其原动力是不断增长的工业需求，而航空航天工业自始至终是最强大的推动力。传统飞行器设计方法实验昂贵、费时，所获信息有限，迫使人们需要用先进的计算机仿真手段指导设计，大量减少原型机实验，缩短研发周期，节约研究经费。1970 年，CFD 运用于二维流动模型。1990 年，CFD 已经可以进行三维流场模拟。

40 年来，CFD 在湍流模型、网格技术、数值算法、可视化、并行计算等方面取得了飞速发展，并给工业界带来了革命性的变化。如在汽车工业中，CFD 和其他计算机辅助工程（CAE）工具一起，使原来新车研发需要上百辆样车减少为目前的十几辆车；国外飞机厂商用 CFD 取代大量实物实验，如美国战斗机 YF-23 采用 CFD 进行气动设计后比前一代 YF-17 减少了 60% 的风洞实验量。目前在航空、航天、汽车等工业领域，利用 CFD 进行的反复设计、分析、优化已成为标准的必经步骤和手段。

当前 CFD 问题的规模为：机理研究方面如湍流直接模拟，网格数达到了 10^9（十亿）量级，在工业应用方面，网格数最多达到了 10^7（千万）量级。现在 CFD 发展到可以完全分析三维黏性湍流及旋涡运动等复杂问题。

近十年来，CFD 有了很大的发展，所有涉及流体流动、热质交换、分子输运等现象的问题，几乎都可以通过 CFD 的方法进行分析和模拟。CFD 不仅作为研究工具，而且还作为设计工具运用于航空航天、汽车和发动机、工业制造、土木工程、环境工程和造船（潜水艇）、食品工程、海洋结构工程等领域。

随着计算机技术的发展和所需要解决的工程问题的复杂性的增加，计算流体力学已经发展成为以数值手段求解流体力学物理模型，分析其流动机理为主线，包括计算机技术、计算方法、网格技术和可视化后处理技术等多种技术的综合体。目前计算流体力学主要向两个方向发展：一方面是研究流动非定常稳定性以及湍流流动机理，开展高精度、高分辨率的计算方法和并行算法等的流动机理与算法研究；另一方面是将计算流体力学直接应用于模拟各种实际流动，解决工业生产中的各种问题。

计算流体力学研究工作的优势以及存在的问题和困难有：

（1）优势。"数值实验"比"物理实验"具有更大的自由度和灵活性。例如"自由"地选取各种参数等。"数值实验"可以进行"物理实验"不可能或很难进行的实验；例如：天体内部温度场数值模拟，可控热核反应数值模拟；"数值实验"的经济效益极为显著，而且将越来越显著。

（2）问题与不足。流动机理不明的问题，数值工作无法进行；数值工作自身仍然有许多理论问题有待解决；离散化不仅引起定量的误差，同时也会引起定性的误差，所以数值工作仍然离不开实验的验证。

1.2　数值模拟过程

数值模拟是"在计算机上实现的一个特定的计算，通过数值计算和图像显示履行一个虚拟的物理实验——数值实验"。

数值模拟的步骤包括：建立反映工程问题或物理问题本质的数学模型；寻求高效率、

高精确度的计算方法；编制程序和进行计算；显示计算结果。

对于恒定流动问题，数值模拟过程如图 1-1 所示。如果为非恒定问题，则可将图 1-1 的过程理解为一个时间步的计算过程，循环这一过程求解下一个时间步的变量值。

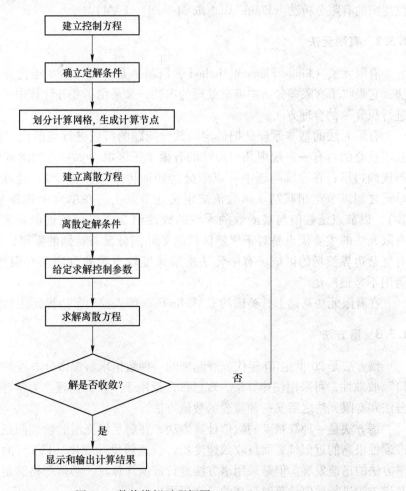

图 1-1　数值模拟过程框图

1.3　控制方程的离散方法

1.3.1　有限差分法

有限差分法（Finite Difference Method，FDM）是应用最早、最经典的数值方法，它是将求解区域划分为矩形或正交曲线网格（或称为差分网格），将控制方程中的每一个微商用差商来代替，从而将连续函数的微分方程离散为网格节点上定义的差分方程，每个方程中包含了本节点及其附近一些节点上的待求函数值，通过求解这些代数方程就可获得所需的数值解。较多用于求解双曲型和抛物型问题。

有限差分法的优点是它建立在经典的数学逼近理论的基础上，容易为人们理解和接受；有限差分法的主要缺点是对于复杂流体区域的边界形状处理不方便，处理得不好将影响计算精度。

在此基础上发展有：PIC（Particle-in-Cell）、MAC（Marker-and-Cell）、美籍华人陈景仁提出的有限分析法（Finite Analytic Method，FAM）。

1.3.2　有限元法

有限元法（Finite Element Method，FEM）是 20 世纪 80 年代开始应用的一种数值解法，它吸收了有限差分法中离散处理的内核，又采用了变分计算中"选择逼近函数对区域进行积分"的合理方法。

有限元法的基本原理是把适定的微分问题的解域进行离散化，将其剖分成相连结又互不重叠的具有一定规则几何形状的有限个子区域（如：在二维问题中可以划分为三角形或四边形；在三维问题中可以划分为四面体或六面体等），这些子区域称之为单元，单元之间以节点相联结。函数值被定义在节点上，在单元中选择基函数（又称插值函数），以节点函数值与基函数的乘积的线性组合成单元的近似解来逼近单元中的真解。有限元法的主要优点是对于求解区域的单元剖分没有特别的限制，因此特别适合处理具有复杂边界流场的区域。有限元法求解速度较有限差分法和有限体积法慢，在 CFD 中运用不是很广泛。

在有限元法基础上，英国的 C. A. Brebbia 等人提出了边界元法和混合元法等。

1.3.3　谱方法

谱方法是 20 世纪 70 年代发展起来的一种数值求解偏微分方程的方法，它具有"无穷阶"收敛性，可采用快速算法，现已被广泛用于气象、物理、力学等诸多领域，成为继差分法和有限元法之后又一种重要的数值方法。

谱方法是一种高精度的数值计算方法，在解足够光滑的物理问题时，谱方法可以给出准确性很高的近似解，而且收敛速度快。快速傅里叶变换（FFT）的出现，进一步促进了谱方法的迅速发展。但是采用谱方法进行数值计算时，必须严格满足周期性边界条件，这是谱方法进行数值计算时存在的一个局限。

1.3.4　有限体积法

有限体积法（Finite Volume Method，FVM），又称有限容积法，是将计算区域划分为一系列控制体积，将待解微分方程对每一个控制体积积分得出离散方程。它的关键是在导出离散方程过程中，需要对界面上的被求函数本身及其导数的分布做出某种形式的假定。用它导出的离散方程具有守恒性，而且离散方程系数物理意义明确，计算量相对较小。1980 年，S. V. Patanker 在其专著"Numerical Heat Transfer and Fluid Flow"中对有限体积法进行了全面阐述。FVM 现是 CFD 应用最广泛的一种方法。这种方法研究的扩展也在不断进行，如 P. Chow 提出适用于任意多边形非结构网格的扩展有限体积法等。

就划分和求解的结果而言，FVM 就是特殊的有限差分法。就离散方法而言，有限体积法可视作有限元法和有限差分法的中间物，该方法的主要缺点是不便对离散方程进行数学特性分析。

1.4　数值模拟的优点及局限性

相对实验流体力学而言，数值模拟的优点包括以下几点：

（1）数值模拟可以大幅减少新设计所需的时间和成本。

（2）能研究难以进行或不可能进行受控实验的系统。

（3）能超出通常的行为极限，研究危险条件下系统。

（4）比实验研究更自由、更灵活。

（5）可以无限量地提供研究结果的细节，便于优化设计。

（6）具有很好的重复性，条件容易控制。

数值模拟的局限性有：

（1）数值模拟要有准确的数学模型（非线性偏微分方程数值解现有理论尚不充分，还没有严格的稳定性分析、误差分析或收敛性证明）。

（2）数值实验不能代替物理实验或理论分析。数值模拟只有在网格尺度为零的极限条件下才能获得原方程的精确解。即使有了可靠的理论方程，数值模拟的可靠性仍需要得到实践的验证，必须在一定范围内获得实验数据以提供边界条件。

（3）计算方法的稳定性和收敛性问题。

（4）数值模拟受到计算机条件的限制。

直接用湍流的雷诺平均 N-S 方程数值模拟湍流一般还不可能实现，由于网格最小尺度难以达到湍流的最小尺度，目前只能就几个简单的情形进行模拟。

总之，关于一次模拟的精确度的绝对保证还没有，需要经常地、严格地验证其结果的有效性。成功的数值模拟来自对流体流动物理及数值算法基础的透彻的理解和经验，没有这些，就不能得到最好的结果。

寻找高效率、高准确度的计算方法和发展高容量高性能的计算机系统是计算流体力学近期需要解决的问题。

思 考 题

1-1　CFD 发展的方向及局限性是什么？

1-2　描述主流 CFD 软件控制方程离散方法。

流体流动的控制方程

教学目的
（1）了解并掌握流体运动的方程：连续性方程、运动（动量）方程、能量方程。
（2）了解并掌握牛顿型流体的控制方程（N-S 方程、伯努利方程）。
（3）了解并掌握流体流动控制方程的定解条件。

2.1 研究流体运动的方法

研究流体运动的方法包括以下两种：

（1）拉格朗日法（Lagrange）。拉格朗日法着眼于每个个别流体质点的研究，综合所有流体质点的运动后便可以得到整个流体的运动规律。简单地说，就是研究各个流体质点的运动及物理量随时间变化的规律。

（2）欧拉法（Euler）。欧拉法着眼于研究流动空间点上的物理量的变化规律，即欧拉法着眼于不同瞬时物理量在空间的分布，而不关心个别质点的运动。

2.2 流体流动和传热的基本方程

2.2.1 连续性方程

质量守恒定律在流场中的数学表达，称为连续方程。

在流场中任取一控制体积为 V 的控制体，其控制面的面积为 S。$\boldsymbol{n}$ 为微元面积矢量 $\mathrm{d}S$ 外法线的单位向量，设 $\boldsymbol{U}$ 为微元表面 $\mathrm{d}S$ 上流体的速度。

质量守恒定律，即单位时间内通过控制面流入的质量之和等于单位时间内控制体中质量的增量。

控制体的流体质量可用微元质量在控制体内的体积积分表示，即 $\int_V \rho \mathrm{d}V$（$\iiint_V \rho \mathrm{d}V$ 的简化表示），则控制体内流体在单位时间的变化量即对时间的变化率应表示为：$\dfrac{\partial}{\partial t}\int_V \rho \mathrm{d}V$。

单位时间通过控制面流入控制体的净质量之和为 $\oint_S \rho(\boldsymbol{n}\cdot\boldsymbol{U})\mathrm{d}S$（$\oiint_S \rho(\boldsymbol{n}\cdot\boldsymbol{U})\mathrm{d}S$ 的简化表示，用流出质量减流入质量）。

由质量守恒定律有

$$\frac{\partial}{\partial t}\int_V \rho \mathrm{d}V = -\oint_S \rho(\boldsymbol{n} \cdot \boldsymbol{U})\,\mathrm{d}S \tag{2-1}$$

即

$$\frac{\partial}{\partial t}\int_V \rho \mathrm{d}V + \oint_S \rho(\boldsymbol{n} \cdot \boldsymbol{U})\,\mathrm{d}S = 0 \tag{2-2}$$

根据高斯（Gauss）定理，若在封闭的区域中，被积函数 $\rho\boldsymbol{U}$ 连续并一阶可导，则

$$\oint_S \rho(\boldsymbol{n} \cdot \boldsymbol{U})\,\mathrm{d}S = \int_V \mathrm{div}(\rho\boldsymbol{U})\,\mathrm{d}V \tag{2-3}$$

式（2-3）可改写成

$$\iint_V \left[\frac{\partial \rho}{\partial t} + \mathrm{div}(\rho\boldsymbol{U})\right]\mathrm{d}V = 0 \tag{2-4}$$

由于式（2-4）对任意控制体均成立，故式（2-4）被积函数必然恒为零，即

$$\frac{\partial \rho}{\partial t} + \mathrm{div}(\rho\boldsymbol{U}) = 0 \tag{2-5}$$

在直角坐标系中，则式（2-5）可改写成

$$\frac{\partial \rho}{\partial t} + \frac{\partial(\rho u)}{\partial x} + \frac{\partial(\rho v)}{\partial y} + \frac{\partial(\rho w)}{\partial z} = 0 \tag{2-6}$$

或用张量形式表示为：

$$\frac{\partial \rho}{\partial t} + \frac{\partial(\rho u_i)}{\partial x_i} = 0 \tag{2-7}$$

式中，下标 i 可取值为 1，2，3，以表示 3 个空间坐标。

式（2-4）为积分形式的连续方程，式（2-5）～式（2-7）为微分形式的连续方程。

2.2.2 运动（动量）方程

动量守恒定律在流场中的数学表达，称为运动（动量）方程。

动量守恒定律，即作用在控制体上的外力的合力与单位时间内通过控制面流入控制体内的动量之和等于单位时间内控制体中流体动量的增量。

在流场中任取一控制体积为 V 的控制体，其控制面的面积为 S。若设控制体内某 A 流体的密度为 ρ，速度设为 $\boldsymbol{U}$，单位质量流体所受到的质量力为 $\boldsymbol{f}$，微元面积 $\mathrm{d}S$ 外法线的单位向量为 $\boldsymbol{n}$，微元面积矢量 $\mathrm{d}S$ 的应力张量为 Π，分量为 σ_{ij}，其中 $\boldsymbol{p}_x = (\sigma_{xx} \quad \sigma_{xy} \quad \sigma_{xz}) = (\sigma_{11} \quad \sigma_{12} \quad \sigma_{13})$，则该控制体受到的总质量力为 $\int_V \rho\boldsymbol{f}\mathrm{d}V$，表面力为 $\oint_S \Pi \cdot \boldsymbol{n}\mathrm{d}S$，流体具有的总动量为 $\int_V \rho\boldsymbol{U}\mathrm{d}V$，则动量守恒定律的数学表达式为：

$$\int_V \frac{\partial(\rho\boldsymbol{U})}{\partial t}\mathrm{d}V = \int_V \rho\boldsymbol{f}\mathrm{d}V + \oint_S \Pi \cdot \boldsymbol{n}\mathrm{d}S - \oint_S (\boldsymbol{n} \cdot \boldsymbol{U})\rho\boldsymbol{U}\mathrm{d}S \tag{2-8}$$

即
$$\int_V \frac{\partial(\rho\boldsymbol{U})}{\partial t}\mathrm{d}V + \oint_S (\boldsymbol{n}\cdot\boldsymbol{U})\rho\boldsymbol{U}\mathrm{d}S = \int_V \rho\boldsymbol{f}\mathrm{d}V + \oint_S \boldsymbol{\Pi}\cdot\boldsymbol{n}\mathrm{d}S \tag{2-9}$$

对于 x 方向的动量守恒，有：
$$\int_V \frac{\partial(\rho u)}{\partial t}\mathrm{d}V + \oint_S (\boldsymbol{n}\cdot\boldsymbol{U})\rho u\mathrm{d}S = \int_V \rho f_x\mathrm{d}V + \oint_S \boldsymbol{p}_x\cdot\boldsymbol{n}\mathrm{d}S \tag{2-10}$$

根据高斯（Gauss）定理，有：
$$\int_v \left[\frac{\partial(\rho u)}{\partial t} + \mathrm{div}(\rho\boldsymbol{U}u) - \rho f_x - \mathrm{div}\boldsymbol{p}_x\right]\mathrm{d}V = 0 \tag{2-11}$$

由于式（2-11）对任意控制体均成立，故式（2-11）被积函数必然恒为零，即
$$\frac{\partial(\rho u)}{\partial t} + \mathrm{div}(\rho\boldsymbol{U}u) - \rho f_x - \mathrm{div}\boldsymbol{p}_x = 0 \tag{2-12}$$

同理，在 y、z 方向的运动方程为：
$$\frac{\partial(\rho v)}{\partial t} + \mathrm{div}(\rho\boldsymbol{U}v) - \rho f_y - \mathrm{div}\boldsymbol{p}_y = 0 \tag{2-13}$$

$$\frac{\partial(\rho w)}{\partial t} + \mathrm{div}(\rho\boldsymbol{U}w) - \rho f_z - \mathrm{div}\boldsymbol{p}_z = 0 \tag{2-14}$$

用直角坐标系中的张量形式表示为：
$$\frac{\partial(\rho u_i)}{\partial t} + \frac{\partial(\rho u_i u_j)}{\partial x_j} = \rho f_i + \frac{\partial}{\partial x_j}\sigma_{ij} \quad (i = 1,2,3) \tag{2-15}$$

式（2-9）为积分形式的运动方程，式（2-12）~式（2-15）为微分形式的运动方程。

2.2.3　能量方程

在流场中任取一控制体积为 V 的控制体，其控制面的面积为 S。该控制体内流体与外界的能量交换有：在控制面上表面力所做的功，质量力对控制体内流体所做的功以及流体流进和流出控制体所引起的与外界的能量交换，控制体内与外界的热量交换，这些都是引起控制体内流体能量变化的因素，该变化应满足能量守恒定律。

能量守恒定律为：单位时间内外界给予控制体的热量、功及控制面流入控制体的能量之和等于单位时间内控制体中流体能量的增加。

设流体的密度为 ρ，速度为 $\boldsymbol{U}$，单位质量流体所受到的质量力为 $\boldsymbol{f}$，具有的动能为 $\frac{1}{2}U^2$，内能为 e，单位质量流体内热源单位时间内的发热量为 q，微元面积 $\mathrm{d}S$ 外法线的单位向量为 $\boldsymbol{n}$，微元面积矢量 $\mathrm{d}S$ 的应力张量为 $\boldsymbol{\Pi}$，单位时间内通过该微元表面的热流密度为 $\lambda\mathrm{grad}T$，则质量力所做的功为 $\int_V \rho\boldsymbol{f}\cdot\boldsymbol{U}\mathrm{d}V$，表面力所做的功为 $\oint_S \boldsymbol{\Pi}\cdot\boldsymbol{n}\cdot\boldsymbol{U}\mathrm{d}S$，与外界热交换所获得的能量为 $\oint_S \lambda\mathrm{grad}T\cdot\boldsymbol{n}\mathrm{d}S$（这里忽略了热辐射的影响），内热源发热所获得的能量为 $\int_V \rho q\mathrm{d}V$，控制体内的流体的总能量为 $\int_V \rho\left(\frac{1}{2}U^2 + e\right)\mathrm{d}V$。

动量守恒定律的数学表达式为：

$$\int_V \frac{\partial}{\partial t}\Big[\rho\Big(\frac{1}{2}U^2 + e\Big)\Big]\mathrm{d}V$$

$$= \int_V \rho f \cdot U \mathrm{d}V + \oint_S \Pi \cdot n \cdot U \mathrm{d}S + \int_V \rho q \mathrm{d}V + \oint_S \lambda \operatorname{grad}T \cdot n \mathrm{d}S - \oint_S (\rho \cdot U)\rho\Big(\frac{1}{2}U^2 + e\Big)\mathrm{d}S$$

$$(2\text{-}16)$$

根据高斯（Gauss）定理，有

$$\frac{\partial}{\partial t}\Big[\rho\Big(\frac{1}{2}U^2 + e\Big)\Big] + \operatorname{div}\Big[\rho\Big(\frac{1}{2}U^2 + e\Big)U\Big] - \rho(f \cdot U + q) - \operatorname{div}(\Pi \cdot U + \lambda \operatorname{grad}T) = 0$$

$$(2\text{-}17)$$

用直角坐标系中的张量形式表示为：

$$\frac{\partial}{\partial t}\Big[\rho\Big(\frac{1}{2}U^2 + e\Big)\Big] + \frac{\partial}{\partial x_j}\Big[\rho\Big(\frac{1}{2}U^2 + e\Big)u_j\Big] = \rho(f_iu_i + q) + \frac{\partial}{\partial x_j}\Big(\sigma_{ij}u_i + \lambda\frac{\partial T}{\partial x_j}\Big) \quad (2\text{-}18)$$

式（2-16）为积分形式的连续方程，式（2-17）与式（2-18）为微分形式的连续方程。

2.2.4 组分质量守恒方程

在一个特定的系统中，可能存在质的交换，或存在多种化学成分，每一种组分都遵守组分质量守恒定律。根据质量守恒定律，采用推导连续性方程的方法，可得出组分 s 质量守恒方程为：

$$\int_V \frac{\partial(\rho c_s)}{\partial t}\mathrm{d}V + \oint_S \big[n \cdot D_s \operatorname{grad}(\rho c_s) \big]\mathrm{d}S + \int_V S_s \mathrm{d}V = 0 \qquad (2\text{-}19)$$

$$\frac{\partial(\rho c_s)}{\partial t} + \operatorname{div}(\rho U c_s) = \operatorname{div}\big[D_s \operatorname{grad}(\rho c_s) \big] + S_s \qquad (2\text{-}20)$$

用直角坐标系中的张量形式表示为：

$$\frac{\partial(\rho c_s)}{\partial t} + \frac{\partial(\rho c_s u_f)}{\partial x_j} = \frac{\partial}{\partial x_j}\Big[D_s \frac{\partial(\rho c_s)}{\partial x_j} \Big] + S_s \qquad (2\text{-}21)$$

式中，c_s 为组分的体积浓度；ρc_s 为组分的质量浓度；D_s 为组分的扩散系数；S_s 为系统内部单位时间内单位体积通过化学反应产生的该组分的质量，即生产率。

因此，各组分质量守恒方程之和就是总的连续方程。如果系统共有 z 个组分，那么只有 $z-1$ 个独立的组分质量守恒方程。

式（2-19）为积分形式的连续方程，式（2-20）与式（2-21）为微分形式的连续方程。

一种组分质量守恒方程实际上就是一个浓度传输方程。当流体中含有污染物时，污染物质在流动情况下除有扩散外还会随流体传输，即传输过程包括对流和扩散两个部分，污染物的浓度随时间和空间而变化。因此，组分质量守恒方程在有些情况下称为浓度传输方程，或称为浓度方程。

2.3 牛顿型流体的控制方程

2.3.1 应力张量和变形速率张量之间的关系

要将控制方程应用到某种流场的计算，就必须引入流体的本构关系，即其应力张量与变形速率张量之间的关系。因多数工程涉及的流体是牛顿流体，故主要介绍牛顿流体流动的控制方程。

斯托克斯对牛顿流体本构关系提出了 3 条假设：

（1）流体静止时，切应力为零，正应力为流体的静压强 p，即热力学平衡态压强。

（2）流体的物理性质仅随空间位置的改变而变化，与方位无关，即流体具有各向同性的性质。

（3）流体的应力张量（用符号 $\boldsymbol{\Pi}$ 表示，张量的下标法则表示为 σ_{ij}）与变形速率张量呈线性关系。

结合牛顿摩擦定律，可以将牛顿流体的本构关系表示为：

$$\sigma_{ij} = -\left(p + \frac{2}{3}\mu\mathrm{div}\boldsymbol{U}\right)\delta_{ij} + 2\mu e_{ij} \tag{2-22}$$

式中，p 为流体压强；μ 为流体的动力黏度；δ_{ij} 为 "Kronecker" 张量（当 $i=j$ 时，$\delta_{ij}=1$；当 $i\neq j$ 时，$\delta_{ij}=0$）；e_{ij} 为流体的变形速率张量，其定义为：$e_{ij} = \frac{1}{2}\left(\frac{\partial u_i}{\partial x_j} + \frac{\partial u_j}{\partial x_i}\right)$。

将式（2-22）代入式（2-15），有

$$\frac{\partial(\rho u_i)}{\partial t} + \frac{\partial(\rho u_i u_j)}{\partial x_j} = \rho f_i + \frac{\partial}{\partial x_j}\left[-\left(p + \frac{2}{3}\mu\frac{\partial u_k}{\partial u_k}\right)\delta_{ij} + \mu\left(\frac{\partial u_i}{\partial x_j} + \frac{\partial u_j}{\partial x_i}\right)\right]$$

$$\frac{\partial(\rho u_i)}{\partial t} + \frac{\partial(\rho u_i u_j)}{\partial x_j} = \rho f_i - \frac{\partial p}{\partial x_i} + \frac{\partial}{\partial x_j}\left(\mu\frac{\partial u_i}{\partial x_j}\right) + \frac{1}{3}\frac{\partial}{\partial x_i}\left(\mu\frac{\partial u_k}{\partial x_k}\right) \tag{2-23}$$

对于不可压缩流体，根据连续方程，有 $\frac{\partial u_k}{\partial x_k} = 0$，式（2-23）可简化为：

$$\frac{\partial(\rho u_i)}{\partial t} + \frac{\partial(\rho u_i u_j)}{\partial x_j} = \rho f_i - \frac{\partial p}{\partial x_i} + \frac{\partial}{\partial x_j}\left(\mu\frac{\partial u_i}{\partial x_j}\right) \tag{2-24}$$

式（2-23）和式（2-24）是不可压缩牛顿流体流动运动方程，又称为 Navier-Stokes 方程，简称为 N-S 方程。

2.3.2 笛卡尔坐标系纳维-斯托克斯方程

在解释纳维-斯托克斯（Navier-Stokes）方程的细节之前，必须先对流体做几个假设。第一流体是连续的，它强调不包含形成内部的空隙，例如，溶解的气体的气泡，而且它不包含雾状粒子的聚合。另一个必要的假设是所有涉及的场，全部是可微的，例如压强、速度、密度、温度等。该方程从质量、动量和能量守恒的基本原理导出。

描述黏性不可压缩牛顿流体动量守恒的运动方程因 1821 年由 C. L. M. H. 纳维，1845 年由 G. G. 斯托克斯分别导出而得名，简称 N-S 方程。式（2-25）为笛卡尔坐标系 N-S 方程。

$$\begin{cases} f_x - \dfrac{1}{\rho}\dfrac{\partial p}{\partial x} + \nu\left(\dfrac{\partial^2 u}{\partial x^2} + \dfrac{\partial^2 u}{\partial y^2} + \dfrac{\partial^2 u}{\partial z^2}\right) = \dfrac{\partial u}{\partial t} + u\dfrac{\partial u}{\partial x} + v\dfrac{\partial u}{\partial y} + w\dfrac{\partial u}{\partial z} \\[2mm] f_y - \dfrac{1}{\rho}\dfrac{\partial p}{\partial y} + \nu\left(\dfrac{\partial^2 v}{\partial x^2} + \dfrac{\partial^2 v}{\partial y^2} + \dfrac{\partial^2 v}{\partial z^2}\right) = \dfrac{\partial v}{\partial t} + u\dfrac{\partial v}{\partial x} + v\dfrac{\partial v}{\partial y} + w\dfrac{\partial v}{\partial z} \\[2mm] f_z - \dfrac{1}{\rho}\dfrac{\partial p}{\partial z} + \nu\left(\dfrac{\partial^2 w}{\partial x^2} + \dfrac{\partial^2 w}{\partial y^2} + \dfrac{\partial^2 w}{\partial z^2}\right) = \dfrac{\partial w}{\partial t} + u\dfrac{\partial w}{\partial x} + v\dfrac{\partial w}{\partial y} + w\dfrac{\partial w}{\partial z} \end{cases} \tag{2-25}$$

式中，ρ 为流体密度；p 为压力；u，v，w 为流体在 t 时刻，在点（x，y，z）处的速度分量；f_x，f_y，f_z 为外力的分量；ν 为运动黏度（$\nu = \mu/\rho$，μ 为黏性系数）。

后人在此基础上又导出适用于可压缩流体的 N-S 方程。N-S 方程反映了黏性流体（又称真实流体）流动的基本力学规律，在流体力学中有十分重要的意义。它是一个非线性偏微分方程，求解非常困难和复杂，目前只有在某些十分简单的流动问题上能求得精确解，但在有些情况下，可以简化方程而得到近似解。例如当雷诺数 $Re < 1$ 时，绕流物体边界层外，黏性力远小于惯性力，方程中黏性项可以忽略，N-S 方程简化为理想流动中的欧拉方程；而在边界层内，N-S 方程又可简化为边界层方程等。在计算机问世和迅速发展以后，N-S 方程的数值求解才有了很大的发展。

2.4　流体流动控制方程的定解条件

中、小尺度的低速流动范围内，微分方程主要涉及椭圆型和抛物型两种方程属性。

对于椭圆型方程，需要在封闭区域的整个边界上给定边界条件，方程才能求出定解。第一类边界条件又称为 Dirichlet 问题，要求在封闭区域的整个边界上给出待解物理量的确定值或确定函数规律，如 $\phi\big|_r = f(x_i)$；第二类边界条件即 Neumann 问题，要求在封闭区域的整个边界上给出待解物理量的一阶导数确定值或确定函数规律，如 $\dfrac{\partial \phi}{\partial n}\Big|_r = f(x_i)$；第三类边界条件即 Robin 或 Cauchy 问题，要求在封闭区域的部分边界上给定函数值，在其余边界上给定一阶导数值。

对于抛物型方程，需要在与二阶导数相关的自变量方向的两端给出定解条件，在与一阶导数相关的自变量方向上一端给出定解条件，另一端待定，方程才能定解。

定解条件关于时间变量的，称为初始条件，要求给出在计时开始的瞬间流场中各物理量的空间分布，定解条件关于空间变量的，称为边界条件。

关于不可压缩流体流动控制方程定解条件的一般解法包括恒定流动和非恒定流动。

关于恒定流动，只需对流动区域提出边界条件。固体壁面，无滑移条件 $u_i = u_{iw}$，$T = T_w$（给定壁温），$\dfrac{\partial T}{\partial n} = -q_w$（给定壁面热流密度）；在流体入口边界，给定速度、温度的分布；在流体的出口边界，$\dfrac{\partial U_n}{\partial n} = 0$，$\dfrac{\partial T}{\partial n} = 0$（充分自由出流条件）。

关于非恒定流动，是在恒定流动的边界条件的基础上，给出初始时刻中各物理量的分布规律，即初始条件，就构成了非恒定流动的定解条件。

思 考 题

2-1　试用连续方程推导下图变径圆管中不可压流体稳态出口速度 v_2 表达式。

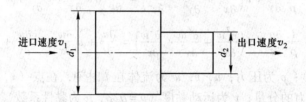

进口速度v_1　　　　　　　　　出口速度v_2

2-2　以动量守恒定律推导出通用运动（动量）方程与 N-S 方程的区别与联系。
2-3　以能量守恒定律推导出能量方程与伯努利方程的区别与联系。

3 湍流的数学模型

教学目的

（1）了解并掌握牛顿不可压缩流体的基本控制方程组。

（2）理解湍流 $k\text{-}\varepsilon$ 两方程模型特点及适用范围。

（3）了解近壁区使用 $k\text{-}\varepsilon$ 模型的问题及对策。

（4）了解并掌握雷诺应力模型（RSM）输运方程、模型特点及适应范围。

（5）了解大涡模拟（LES）模型思想及特点。

（6）了解湍流数值计算方法分类。

3.1 湍流现象概述

众所周知，湍流的研究是当今物理学乃至自然科学中重要的问题之一。湍流是极为普遍的流动现象，自然界的流动绝大多数都是湍流。湍流是自然界普遍存在的一种流体流动状态，研究其运动规律和结构特征，从而找到一种合理解决湍流问题的方法，对于改善生活环境、推动工农业建设的发展以及开拓基础学科中的新领域都有重要的作用。

在很长的历史时期中，人们对湍流的认识在不断的深化，理解也逐渐地全面。19 世纪，一般认为湍流是一种完全不规则的随机运动，Reynolds 最初将这种流动现象称之为摇摆流（sinuous motion），其后 Kelvin 将其改名为湍流（turbulence），并一直沿用至今。

湍流由各种不同尺度的涡旋叠加而成，其中最大涡尺度与流动环境密切相关，最小涡尺度由黏性确定。流体在运动过程中，涡旋不断破碎、合并，流体质点轨迹不断变化。在某些情况下，流场做完全随机的运动，在另一些情况下，流场随机运动和拟序运动并存。

"随机"和"脉动"是湍流流场重要的物理特征，至今还不能用简单的空间和时间函数对湍流流场进行全面的描述，但从统计学的角度，湍流流动的各种物理量都存在确定的统计平均值。

3.2 湍流的数值模拟方法

现有的湍流数值模拟方法有 3 种：直接数值模拟、雷诺平均模拟和大涡数值模拟。

（1）直接数值模拟。直接数值模拟（Direct Numerical Simulation，DNS）不需要对湍流建立模型，采用数值计算直接求解流动的控制方程。由于湍流是多尺度的不规则流动，要获得所有尺度的流动信息，需要很高的空间和时间分辨率，也就是需要巨大的计算机内存和耗时很大的计算量。目前，直接数值模拟只能计算雷诺数较低的简单湍流运动，例如槽道或圆管湍流，它还不能作为复杂湍流运动的预测方法。

（2）雷诺平均模拟。工程中广泛应用的湍流数值模拟方法采用雷诺平均模型，这种方法将流动的质量、动量和能量输运方程进行统计平均后建立模型。雷诺平均模型不需要计算各种尺度的湍流脉动，它只计算平均运动，因此其空间分辨率要求低，计算工作量小。雷诺平均模型的主要缺点是只能提供湍流的平均信息，这对于近代自然环境的预报和工程设计是远远不够的，雷诺平均模型的致命弱点是其模型没有普适性。

（3）大涡数值模拟。20世纪70年代，一种新的湍流数值模拟方法问世，即大涡数值模拟（Large Eddy Simulation，LES）。它的主要思想是：大尺度湍流直接使用数值求解，只对小尺度湍流脉动建立模型。所谓小尺度，习惯上是指小于计算网格的尺度，而大于网格尺度的湍流脉动通过数值模拟获得。这种新方法的优点是：对空间分辨率的要求远小于直接数值模拟方法；在现有的计算机条件下，可以模拟较高雷诺数和较复杂的湍流运动；另一方面，它可以获得比雷诺平均模拟更多的湍流信息，例如，大尺度的速度和压强脉动，这些动态信息对于自然环境预报和工程设计是非常重要的。随着计算机的发展，大涡数值模拟有可能在不远的将来成为预测实际流动的手段。从20世纪90年代开始，大涡数值模拟方法已成为湍流数值模拟的热门课题，与湍流问题有关的广大科技工作者纷纷应用大涡数值模拟方法预测湍流，甚至流动计算的商业软件中也增设了大涡数值模拟的模块。

3.3　湍流时均控制方程

3.3.1　湍流的基本方程

牛顿不可压缩流体的基本控制方程组为：

连续性方程
$$\frac{\partial u_i}{\partial x_i} = 0 \tag{3-1}$$

运动方程
$$\frac{\partial(\rho u_i)}{\partial t} + \frac{\partial(\rho u_i u_j)}{\partial x_j} = \rho f_i - \frac{\partial p}{\partial x_i} + \frac{\partial}{\partial x_j}\left(\mu\,\frac{\partial u_i}{\partial x_j}\right) \tag{3-2}$$

把湍流的运动看成是时均运动与随机运动的叠加，将物理量瞬时值 ϕ 表示为：

$$\phi = \overline{\phi} + \phi' \tag{3-3}$$

按照 Reynolds 平均法，任一变量 ϕ 的时间平均值定义为：

$$\overline{\phi} = \frac{1}{\Delta t}\int_t^{t+\Delta t} \phi(t)\,\mathrm{d}t \tag{3-4}$$

平均值与脉动值之和为流动变量的瞬时值，即

$$u_i = \overline{u_i} + u_i' \tag{3-5}$$

对瞬时状态下的连续方程式（3-1）和式（3-2）取平均时间，得到湍流时均控制方程。

$$\frac{\partial \overline{u_i}}{\partial x_i} = 0 \tag{3-6}$$

$$\frac{\partial (\rho \overline{u_i})}{\partial t} + \frac{\partial (\rho \overline{u_i} \overline{u_j})}{\partial x_j} = \rho f_i - \frac{\partial \overline{p}}{\partial x_i} + \frac{\partial}{\partial x_j}\left(\mu \frac{\partial \overline{u_i}}{\partial x_j}\right) + \left[-\frac{\partial (\rho \overline{\mu_i' \mu_j'})}{\partial x_j}\right] \tag{3-7}$$

对于其他变量 ϕ 的输运方程做类似的处理，可得

$$\frac{\partial (\rho \overline{\phi})}{\partial t} + \frac{\partial (\rho \overline{\phi} \, \overline{u_j})}{\partial x_j} = \frac{\partial}{\partial x_j}\left(\varGamma_\phi \frac{\partial \overline{\phi}}{\partial x_j}\right) + \left[-\frac{\partial (\rho \overline{\phi' \mu_j'})}{\partial x_j}\right] + S_\phi \tag{3-8}$$

如果去掉时均符号"−"，则不可压缩湍流的控制方程组可写成：

连续方程 $$\frac{\partial u_i}{\partial x_i} = 0 \tag{3-9}$$

运动方程 $$\frac{\partial (\rho u_i)}{\partial t} + \frac{\partial (\rho u_i u_j)}{\partial x_j} = \rho f_i - \frac{\partial p}{\partial x_i} + \frac{\partial}{\partial x_j}\left(\mu \frac{\partial u_i}{\partial x_j}\right) + \left[-\frac{\partial (\rho \overline{\mu_i' \mu_j'})}{\partial x_j}\right] \tag{3-10}$$

式（3-9）是时均连续方程，式（3-10）是时均运动的运动方程。由于采用的是 Reynolds 时均运动方程或雷诺方程。雷诺应力为：

$$\tau_{ij} = -\rho \overline{\mu_i' \mu_j'} \tag{3-11}$$

雷诺应力对应了 6 个不同的雷诺应力项，即 3 个正应力和 3 个切应力。

式（3-9）和式（3-10）构成的方程组为不可压缩流体湍流流动的基本方程，共有 4 个方程，10 个未知量（u，v，w，p 以及 6 个雷诺应力 τ_{ij}），方程组不封闭。

对于可压缩流动，细微的密度变化并不会对流动造成明显影响。因此忽略密度脉动的影响，考虑平均密度的变化，可写出可压缩流体湍流流动的控制方程组：

$$\frac{\partial \rho}{\partial t} + \frac{\partial}{\partial x_i}(\rho u_i) = 0 \tag{3-12}$$

$$\frac{\partial}{\partial t}(\rho u_i) + \frac{\partial}{\partial x_j}(\rho u_i u_j) = \rho f_i - \frac{\partial p}{\partial x_i} + \frac{\partial}{\partial x_j}\left(\mu \frac{\partial u_i}{\partial x_j} - \rho \overline{\mu_i' \mu_j'}\right) \tag{3-13}$$

$$\frac{\partial (\rho \phi)}{\partial t} + \frac{\partial (\rho \phi u_j)}{\partial x_j} = \frac{\partial}{\partial x_j}\left(\varGamma_\phi \frac{\partial \phi}{\partial x_j} - \rho \overline{\phi' \mu_j'}\right) + S_\phi \tag{3-14}$$

可以看到，可压缩流体必须将连续方程、运动方程和能量方程等联立求解，5 个方程要求解 14 个未知量（u，v，w，ϕ，p；6 个雷诺应力 τ_{ij}，3 个与 $-\rho \overline{\phi' \mu_j'}$ 有关的脉动迁移量），方程组不封闭。

不可压缩时均运动控制方程组之所以出现方程组不封闭（需求解的未知函数较方程数多），是因为方程中出现了湍流脉动值的雷诺应力项 $\tau_{ij} = -\rho \overline{\mu_i' \mu_j'}$。要使方程组封闭，必须对雷诺应力做出某些假定，即建立应力的表达式（或者引入新的湍流方程），通过这些表达式把湍流的脉动值与时均值等联系起来。基于某些假定所得出的湍流控制方程，称为湍流模型。

根据对雷诺应力做出的假定或处理方式的不同，目前常用的湍流模型可分为雷诺应力

类模型和湍动黏度类模型。

3.3.2　雷诺应力类模型

雷诺应力类模型的特点是直接构建表示雷诺应力的补充方程，然后联立求解湍流时均运动控制方程组。

雷诺应力类模型有雷诺应力方程模型及代数应力方程模型。

通常情况下，雷诺应力方程是微分形式的，称为雷诺应力方程模型。若将雷诺应力方程的微分形式简化为代数方程的形式，则称为代数应力方程模型。

3.3.3　湍动黏度类模型

湍动黏度类模型的处理方法不直接处理雷诺应力项，而是引入湍动黏度（Turbulent Viscosity）或涡黏系数（Eddy Viscosity），然后把湍流应力表示成为湍动黏度的函数，整个计算关键词在于确定这种湍动黏度。

湍动黏度的提出来源于 Boussinesq 提出的涡黏假定，该假定建立了雷诺应力与平均速度梯度的关系，即

$$-\rho \overline{\mu_i' \mu_j'} = \mu_t \left(\frac{\partial u_i}{\partial x_j} + \frac{\partial u_j}{\partial x_i} \right) - \frac{2}{3} \left(\rho k + \mu \frac{\partial u_i}{\partial x_i} \right) \delta_{ij} \tag{3-15}$$

式中，μ_t 为湍动黏度（是空间坐标的函数，取决于流动状态，不是物性参数）；u_i 为时均速度；k 为湍动能（Turbulent Kinetic Energy），其定义为：

$$k = \frac{\overline{\mu_i' \mu_i'}}{2} = \frac{1}{2} \left(\overline{u'^2} + \overline{v'^2} + \overline{w'^2} \right) \tag{3-16}$$

3.3.3.1　零方程模型

零方程模型是指不使用微分方程而使用代数关系式，把湍动黏度与时均值联系起来的模型。最著名是 Prandtl 提出的混合长度模型（mixing length model）。Prandtl 假定湍动黏度 μ_t 与时均速度 u_i 的梯度和混合长度 l_m 的乘积成正比。例如在二维问题中，有

$$u_t = l_m^2 \left| \frac{\partial u}{\partial y} \right| \tag{3-17}$$

湍流切应力表示为：

$$-\rho \overline{u'v'} = \rho l_m^2 \left| \frac{\partial u}{\partial y} \right| \frac{\partial u}{\partial y} \tag{3-18}$$

式中，l_m 为由经验公式或实验确定的值。

混合长度理论的优点是简单直观，对于如射流、混合层、扰动和边界层等带有薄的剪切层的流动比较有效，但只有在简单流动中才比较容易给定 l_m 值，对于复杂流动则很难确定 l_m 值，而且不能用于模拟带有分离回流的流动。因此，零方程模型在复杂的实际工程中很少使用。

3.3.3.2　一方程模型

零方程模型实质上是一种局部平衡的概念，忽略了对流和扩散的影响。为了弥补混合

长度假定的局限性，建议在湍流时均控制方程的基础上，再建立一个湍动能 k 的输运方程，而将 u_t 表示成 k 的函数，从而使方程组封闭。湍动能输运方程表示为：

$$\frac{\partial(\rho k)}{\partial t} + \frac{\partial(\rho k u_i)}{\partial x_i} = \frac{\partial}{\partial x_j}\left[\left(\mu + \frac{\mu_t}{\sigma_k}\right)\frac{\partial k}{\partial x_j}\right] + \mu_t\left(\frac{\partial u_i}{\partial x_j} + \frac{\partial u_j}{\partial x_i}\right)\frac{\partial u_i}{\partial x_j} - \rho C_D \frac{k^{3/2}}{l} \quad (3\text{-}19)$$

式（3-19）从左至右，方程中各项依次为瞬时项、对流项、扩散项、产生项和耗散项。

由 Kolmogorov-Prandtl 表达式，有

$$\mu_t = \rho C_\mu \sqrt{kl} \quad (3\text{-}20)$$

式（3-19）与式（3-20）中，l 为长度比尺；σ_k, C_D, C_μ 为经验常数，多数文献中 $\sigma_k = 1$，$C_\mu = 0.09$，而 C_D 的取值在不同的文献结果不同，从 0.08 到 0.38 不等。

式（3-19）和式（3-20）联合构成一方程模型。一方程模型考虑到湍流的对流输运和扩散输运，因此比零方程模型更为合理。但是，一方程模型中如何定长度比尺仍是不容易决定的问题，因此在实际工程计算中很少应用。

3.3.3.3 两方程模型

两方程模型是指补充两个微分方程使湍流时均控制方程组封闭的一类处理方法。目前，两方程模型中标准 k-ε 模型及各种改进模型在工程中获得了最广泛的应用。

3.4 湍流 k-ε 两方程模型

3.4.1 标准 k-ε 两方程模型

标准 k-ε 模型（standard k-εmodel）由 Launder 和 Spalding 于 1972 年提出。

在模型中，k 由式（3-16）定义；ε 表示湍动能耗散率（Turbulent Dissipation Rate），定义式为：

$$\varepsilon = \frac{\mu}{\rho}\overline{\left(\frac{\partial u_i'}{\partial x_k}\right)\left(\frac{\partial u_i'}{\partial x_k}\right)} = \nu\overline{\left(\frac{\partial u_i'}{\partial x_k}\right)\left(\frac{\partial u_i'}{\partial x_k}\right)} \quad (3\text{-}21)$$

$$\mu_t = \rho C_\mu \frac{k^2}{\varepsilon} \quad (3\text{-}22)$$

式中，C_μ 为经验常数。

在标准 k-ε 模型中，k 和 ε 是两个基本的未知量，与之相对应的输运方程为：

$$\frac{\partial(\rho k)}{\partial t} + \frac{\partial(\rho k u_i)}{\partial x_i} = \frac{\partial}{\partial x_j}\left[\left(\mu + \frac{\mu_t}{\sigma_k}\right)\frac{\partial k}{\partial x_j}\right] + G_k + G_b - \rho\varepsilon - Y_M + S_k \quad (3\text{-}23)$$

$$\frac{\partial(\rho\varepsilon)}{\partial t} + \frac{\partial(\rho\varepsilon u_i)}{\partial x_i} = \frac{\partial}{\partial x_j}\left[\left(\mu + \frac{\mu_t}{\sigma_\varepsilon}\right)\frac{\partial\varepsilon}{\partial x_j}\right] + C_{1\varepsilon}\frac{\varepsilon}{k}(G_k + C_\mu G_b) - C_{2\varepsilon}\rho\frac{\varepsilon^2}{k} + S_\varepsilon \quad (3\text{-}24)$$

式中，G_k 为由于平均速度梯度引起的湍动能的 k 产生项；G_b 为由于浮力引起的湍动能的 k

产生项；Y_M 为可压湍流中脉动扩张的贡献；$C_{1\varepsilon}$，$C_{2\varepsilon}$，C_μ 为经验常数；σ_k，σ_ε 为与湍动能 k 和耗散率 ε 对应的 Prandtl 数；S_k，S_ε 为用户根据计算工况定义的源项。

在标准 k-ε 模型中，各项的计算可按如下公式进行：

$$G_k = \mu_t \left(\frac{\partial u_i}{\partial x_j} + \frac{\partial u_j}{\partial x_i} \right) \frac{\partial u_i}{\partial x_j} \tag{3-25}$$

对于不可压缩流体，$G_b = 0$；对于可压缩流体，有

$$G_b = \beta g_i \frac{\mu_t}{Pr_t} \frac{\partial T}{\partial x_i} \tag{3-26}$$

式中，Pr_t 为湍动 Prandtl 数，在该模型中可取 $Pr_t = 0.85$；g_i 为重力加速度在第 i 个方向的分量；β 为热膨胀系数，可结合可压缩流体的状态方程求出，其定义为：

$$\beta = - \frac{1}{\rho} \frac{\partial \rho}{\partial T} \tag{3-27}$$

对于不可压缩流体，$Y_M = 0$；对于可压缩流体，有

$$Y_M = 2\rho\varepsilon Ma_t^2 \tag{3-28}$$

式中，$Ma_t = \sqrt{\dfrac{k}{a^2}}$，$a$ 为声速。

在标准 k-ε 模型中，根据 Launder 等推荐值及后来的实验验证，模型常数取值如下（对于可压流体的流动计算中与浮力相关的系数 C_μ，当主流方向与重力方向平行时，$C_\mu = 1$，当主流方向与重力方向垂直时，$C_\mu = 0$）：

$$C_{1\varepsilon} = 1.44, C_{2\varepsilon} = 1.92, C_\mu = 0.09, \sigma_k = 1.0, \sigma_\varepsilon = 1.3 \tag{3-29}$$

根据以上分析，当为不可压缩流体流动，且不考虑用户定义的源项时，$G_b = 0$，$Y_M = 0$，$S_k = 0$，$S_\varepsilon = 0$，这时标准 k-ε 模型为：

$$\frac{\partial(\rho k)}{\partial t} + \frac{\partial(\rho k u_i)}{\partial x_i} = \frac{\partial}{\partial x_j} \left[\left(\mu + \frac{\mu_t}{\sigma_k} \right) \frac{\partial k}{\partial x_j} \right] + G_k - \rho\varepsilon \tag{3-30}$$

$$\frac{\partial(\rho\varepsilon)}{\partial t} + \frac{\partial(\rho\varepsilon u_i)}{\partial x_i} = \frac{\partial}{\partial x_j} \left[\left(\mu + \frac{\mu_t}{\sigma_\varepsilon} \right) \frac{\partial\varepsilon}{\partial x_j} \right] + C_{1\varepsilon} \frac{\varepsilon}{k} G_k - C_{2\varepsilon}\rho \frac{\varepsilon^2}{k} \tag{3-31}$$

采用标准 k-ε 模型求解流动与传热问题时，控制方程包括连续方程、运动方程、能量方程、k 方程和 ε 方程以及方程式（3-22）。这些方程仍然可以用以下通用形式表示：

$$\frac{\partial(\rho\phi)}{\partial t} + \frac{\partial(\rho u_j \phi)}{\partial x_j} = \frac{\partial}{\partial x_j} \left(\Gamma_\phi \frac{\partial\phi}{\partial x_j} \right) + S_\phi \tag{3-32}$$

使用散度和梯度符号来表示：

$$\frac{\partial(\rho\phi)}{\partial t} + \mathrm{div}(\rho u_j \phi) = \mathrm{div}(\Gamma_\phi \mathrm{grad}\phi) + S_\phi \tag{3-33}$$

标准 k-ε 模型通用方程的对应关系见表 3-1。

表 3-1　标准 k-ε 模型通用方程的对应关系

方程名称	扩散系数 Γ_ϕ	源项 S_ϕ
连续方程	0	0
运动方程 (x 方向)	$\mu_{\text{eff}} = \mu + \mu_t$	$-\dfrac{\partial p}{\partial x} + \dfrac{\partial}{\partial x}\left(\mu_{\text{eff}}\dfrac{\partial u}{\partial x}\right) + \dfrac{\partial}{\partial y}\left(\mu_{\text{eff}}\dfrac{\partial v}{\partial x}\right) + \dfrac{\partial}{\partial z}\left(\mu_{\text{eff}}\dfrac{\partial w}{\partial x}\right) + S_u$
运动方程 (y 方向)	$\mu_{\text{eff}} = \mu + \mu_t$	$-\dfrac{\partial p}{\partial y} + \dfrac{\partial}{\partial x}\left(\mu_{\text{eff}}\dfrac{\partial u}{\partial y}\right) + \dfrac{\partial}{\partial y}\left(\mu_{\text{eff}}\dfrac{\partial v}{\partial y}\right) + \dfrac{\partial}{\partial z}\left(\mu_{\text{eff}}\dfrac{\partial w}{\partial y}\right) + S_v$
运动方程 (z 方向)	$\mu_{\text{eff}} = \mu + \mu_t$	$-\dfrac{\partial p}{\partial z} + \dfrac{\partial}{\partial x}\left(\mu_{\text{eff}}\dfrac{\partial u}{\partial z}\right) + \dfrac{\partial}{\partial y}\left(\mu_{\text{eff}}\dfrac{\partial v}{\partial z}\right) + \dfrac{\partial}{\partial z}\left(\mu_{\text{eff}}\dfrac{\partial w}{\partial z}\right) + S_w$
能量方程	$\dfrac{\mu}{Pr} + \dfrac{\mu_t}{\sigma_T}$	按实际问题而定
湍动能方程	$\mu + \dfrac{\mu_t}{\sigma_k}$	$G_k - \rho\varepsilon$
耗散率方程	$\mu + \dfrac{\mu_t}{\sigma_\varepsilon}$	$\dfrac{\varepsilon}{k}(C_{1\varepsilon}G_k - C_{2\varepsilon}\rho\varepsilon)$

标准 k-ε 模型的适应性包括以下几点：

（1）模型中的相关系数，主要根据一些特定条件下的实验结果而确定的。

（2）给出的 k-ε 模型是针对湍流发展非常充分的湍流运动来建立的。即是针对高 Re 湍流模型，而当 Re 较低时（例如，近壁区流动），湍流发展不充分，湍流的脉动影响可能不如分子黏性影响大，在近壁面可能再现层流。常用解决壁面流动方法有壁面函数法和采用低 Re 的 k-ε 模型方法。

（3）标准 k-ε 模型在解决大部分工程问题时，得到了广泛的检验和成功应用，但用于强旋流、绕弯曲壁面流动或弯曲流线运动时，会产生一定的失真。

在标准 k-ε 模型中，对于雷诺应力的各个分量，假定湍动黏度 μ_t 是相同的，即是各向同性的标量。但在弯曲流线的情况下，湍流是各向异性的。

3.4.2　RNG k-ε 模型

RNG k-ε 模型是由 Yakhot 及 Orzag 提出的，该模型中的 RNG 是 renormalization group 的缩写，译为重正化群。

RNG k-ε 模型中，通过在大尺度运动项和修正后的黏度项中体现小尺度的影响，而使这些小尺度运动系统地从控制方程中除去。所得到的 k 方程和 ε 方程，与标准 k-ε 模型非常相似：

$$\frac{\partial(\rho k)}{\partial t} + \frac{\partial(\rho k u_i)}{\partial x_i} = \frac{\partial}{\partial x_j}\left(\alpha_k \mu_{\text{eff}}\frac{\partial k}{\partial x_j}\right) + G_k - \rho\varepsilon \tag{3-34}$$

$$\frac{\partial(\rho\varepsilon)}{\partial t} + \frac{\partial(\rho\varepsilon u_i)}{\partial x_i} = \frac{\partial}{\partial x_j}\left(\alpha_\varepsilon \mu_{\text{eff}}\frac{\partial\varepsilon}{\partial x_j}\right) + C_{1\varepsilon}^*\frac{\varepsilon}{k}G_k - C_{2\varepsilon}\rho\frac{\varepsilon^2}{k} \tag{3-35}$$

其中，$\mu_{\text{eff}} = \mu + \mu_t$；$\mu_t = \rho C_\mu \dfrac{k^2}{\varepsilon}$；$C_\mu = 0.0845$；$\alpha_k = \alpha_\varepsilon = 1.39$；$C_{1\varepsilon}^* = C_{1\varepsilon} - \dfrac{\eta(1 - \eta / \eta_0)}{1 + \beta \eta^3}$；$C_{1\varepsilon}$

$= 1.42$；$C_{2\varepsilon} = 1.68$；$\eta = (2E_{ij} \cdot E_{ij})^{1/2} \dfrac{k}{\varepsilon}$；$E_{ij} = \dfrac{1}{2}\left(\dfrac{\partial u_i}{\partial x_j} + \dfrac{\partial u_j}{\partial x_i}\right)$；$\eta_0 = 4.377$；$\beta = 0.012$。

与标准 k-ε 模型相比，RNG k-ε 模型的主要变化有：

（1）通过修正湍动黏度，考虑了平均流动中的旋转及旋流流动情况。

（2）在 ε 方程中的产生项增加了一项，从而反映了主流时均应变率 E_{ij}。这样，RNG k-ε 模型中产生项不仅与流动情况有关，而且在同一问题中也还是空间坐标的函数。

因此，RNG k-ε 模型可以更好地处理高应变率及流线弯曲程度较大的流动。

需要注意的是，RNG k-ε 模型仍是针对充分发展的湍流，而对近壁区内的流动及 Re 低的流动，必须使用壁面函数法或采用低 Re 的 k-ε 模型来模拟。

3.4.3　可实现的 k-ε 模型

有文献指出，标准 k-ε 模型对时均应变率特别大的情形，有可能导致负的正应力。为了使流动符合湍流的物理定律，需要对正应力进行某种数学上的约束。为了保证这种约束的实现，有关专家认为湍动黏度计算式中的系数 C_μ 应与应变率联系起来。从而，提出了可实现的（Realizable）k-ε 模型。可实现的 k-ε 模型中关于 k 方程和 ε 输运方程如下：

$$\frac{\partial(\rho k)}{\partial t} + \frac{\partial(\rho k u_i)}{\partial x_i} = \frac{\partial}{\partial x_j}\left[\left(\mu + \frac{\mu_t}{\sigma_k}\right)\frac{\partial k}{\partial x_j}\right] + G_k - \rho\varepsilon \tag{3-36}$$

$$\frac{\partial(\rho\varepsilon)}{\partial t} + \frac{\partial(\rho\varepsilon u_i)}{\partial x_i} = \frac{\partial}{\partial x_j}\left[\left(\mu + \frac{\mu_t}{\sigma_\varepsilon}\right)\frac{\partial\varepsilon}{\partial x_j}\right] + \rho C_1 E\varepsilon - \rho C_2 \frac{\varepsilon^2}{k + \sqrt{\nu\varepsilon}} \tag{3-37}$$

式中，$\sigma_k = 1.0$；$\sigma_\varepsilon = 1.2$；$C_2 = 1.9$；$C_1 = \max\left(0.43, \dfrac{\eta}{\eta + 5}\right)$；$\eta = (2E_{ij} \cdot E_{ij})^{1/2}\dfrac{k}{\varepsilon}$；$E_{ij} = \dfrac{1}{2}\left(\dfrac{\partial u_i}{\partial x_j} + \dfrac{\partial u_j}{\partial x_i}\right)$；$\mu_t = \rho C_\mu \dfrac{k^2}{\varepsilon}$；$C_\mu = \dfrac{1}{A_0 + A_s U^* \dfrac{k}{\varepsilon}}$；$A_0 = 4.0$；$A_1 = \sqrt{6}\cos\phi$；$\phi = \dfrac{1}{3}\cos^{-1}(\sqrt{6}W)$；

$W = \dfrac{E_{ij}E_{jk}\tilde{E}_{kj}}{(E_{ij}E_{ij})^{1/2}}$；$U^* = \sqrt{E_{ij}E_{ij} + \tilde{\Omega}_{ij}\tilde{\Omega}_{ij}}$；$\tilde{\Omega}_{ij} = \Omega_{ij} - 2\varepsilon_{ijk}\omega_k$；$\Omega_{ij} = \tilde{\Omega}_{ij} - \varepsilon_{ijk}\omega_k$；$\tilde{\Omega}_{ij}$ 是从角速度为 ω_k 的参考系观察到的时均转动速率张量。

与标准 k-ε 模型相比，可实现的 k-ε 模型的主要变化有：

（1）湍动黏度计算公式发生了变化，引入了旋转和曲率有关的内容。

（2）ε 方程发生了很大变化，方程中的产生项，即式（3-37）右端的第二项，不再包括含有 k 方程中的产生项 G_k。

（3）ε 方程右端的第三项不具有任何奇异性，即使 k 很小或为零，分母也不会为零。这与标准 k-ε 模型和 RNG k-ε 模型有很大的区别。

可实现的 k-ε 模型已被有效地用于多种不同类型的流动模拟，包括旋转均匀剪切流、包含有射流和混合流的自由流动、管道内流动、边界层流动以及带有分离的流动等。

3.5 近壁区使用 $k\text{-}\varepsilon$ 模型的问题及对策

3.5.1 近壁区流动的特点

大量实验研究表明，对于有固体壁面的充分发展的湍流流动，沿壁面法线的不同距离上，可将流动分为壁面区（或称内区、近壁区）和核心区（或称外区）两个部分。对于核心区可看做完全湍流区，本节只讨论壁面区的流动。

壁面区可分为 3 个子层：

（1）黏性底层。是靠近固体壁面的极薄层，其中黏性力在动量、热量及质量交换中起主导作用，雷诺切应力可以忽略。所以，流动几乎是层流流动，平行壁面的速度分量沿壁面法线方向为线性分布。

（2）过渡层。处于黏性底层的外面，其中黏性力与雷诺切应力的作用相当，流动状况比较复杂，很难用一个公式或定律来描述。由于过渡层的厚度极小，所以在工程中通常不明显划出，归入对数律层。

（3）对数律层。处于最外面，其中黏性力的影响不明显，雷诺切应力占主要地位，流动处于充分发展的湍流状态，流速分布接近对数律。

为了用公式描述黏性底层和对数律层的流动，同时为建立壁面函数做准备，现引入两处无量纲的参数 u^+ 和 y^+，分别表示近壁无因次速度和距离：

$$u^+ = \frac{u}{u_\tau} = \frac{u}{\sqrt{\dfrac{\tau_w}{\rho}}} \tag{3-38}$$

$$y^+ = \frac{\Delta y \rho u_\tau}{\mu} = \frac{\Delta y}{v}\sqrt{\frac{\tau_w}{\rho}} \tag{3-39}$$

式中，u 为流体的时均速度；u_τ 为壁面摩擦速度；τ_w 为壁面切应力；Δy 为到壁面的距离。

如图 3-1 所示，为壁面区层的划分及相应的速度，可以看出，当 $y^+ < 5$，所对应的区域是黏性底层，这时速度沿壁面法线呈线性分布，即

$$u^+ = y^+ \tag{3-40}$$

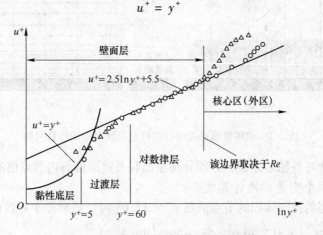

图 3-1 壁面区层的划分及相应的速度

当 $60 < y^+ < 300$ 时，流动处于对数律层，这时速度沿壁面法线方向呈对数律分布，即

$$u^+ = \frac{1}{K}\ln y^+ + B = \frac{1}{K}\ln(Ey^+) \tag{3-41}$$

式中，K 为 Karman 常数，对于光滑壁面有 $K = 0.4$；B、E 为与表面粗糙有关的常数，$B = 5.5$，$E = 9.8$，壁面粗糙度的增加将使得 B 值减小。有文献推荐 $y^+ = 11.63$ 作为黏性底层与对数律层的分界（忽略过渡层）。

3.5.2　近壁区使用 k-ε 模型的问题

标准 k-ε 模型及各种改进模型（RNG k-ε 模型、可实现的 k-ε 模型）都是针对充分发展的湍流才有效的，即高雷诺数的湍流模型。而在壁面区，流动情况变化很大，特别是在黏性底层，流动是层流，湍流几乎不起作用。

3.5.2.1　壁面函数法

壁面函数法（Wall Function）实际上是一组半经验公式，用于将壁面上的物理量与湍流核心区内待求的未知量直接联系起来。它必须与高 Re 的 k-ε 模型配合使用。

壁面函数法的基本思想是：对于湍流核心区的流动用 k-ε 模型求解，而在壁面区不进行求解，直接使用半经验公式将壁面上的物理量与湍流核心区内求解变量联系起来。这样，不需要对壁面区内的流动进行求解，就可直接得到与壁面相邻控制体积的节点变量值。

在划分网格时，使用壁面函数法不需要在壁面区加密，只需把第一个内节点布置在对数律成立的区域内，即配置到湍流充分发展的区域，如图 3-2（a）所示。图中阴影部分是壁面函数公式有效的区域，在阴影区以外的网格区域是使用高 Re 的 k-ε 模型进行求解。也可对壁面区网格加密，以得到近壁区物理量分布，如图 3-2（b）所示。

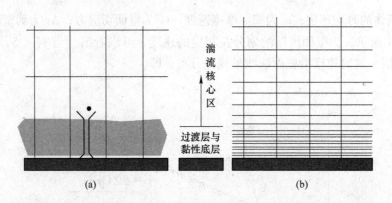

图 3-2　求解壁面区流动的两种途径所对应的计算网格

壁面函数法针对各输运方程，必须分别给出联系壁面值与内节点值的公式。

A　运动方程中变量 u 的计算式

当与壁面相邻的控制体积的节点满足 $y^+ > 11.63$ 时，流动处于对数律层，此时该节点的速度 u_P 可借助式（3-41）得到，即：$u^+ = \frac{1}{k}\ln(Ey^+)$。

推荐 y^+ 用式（3-42）计算：

$$y^+ = \frac{\Delta y_P (C_\mu^{1/4} k_P^{1/2})}{\mu} \tag{3-42}$$

而此时的壁面切应力应满足下列关系：

$$\tau_w = \rho C_\mu^{1/4} k_P^{1/2} \frac{u_P}{u^+} \tag{3-43}$$

式中，u_P 为节点 P 的时均速度；k_P 为节点 P 的湍动能；Δy_P 为节点 P 到壁面的距离；μ 为流体的动力黏度。

当与壁面相邻的控制体积的节点满足 $y^+ < 11.63$ 时，流动处于黏性底层，此时该节点的速度 u_P 由层流应力应变关系式（式（3-40））决定。

B 能量方程中温度 T 的计算式

能量方程以温度 T 为求解未知量，为了建立计算网格节点上的温度与壁面上的物理量的关系，定义新的参数 T^+ 为：

$$T^+ = \frac{(T_w - T_P) \rho c_p C_\mu^{1/4} k_P^{1/2}}{q_w} \tag{3-44}$$

式中，T_P 为与壁面相邻的控制体积的节点 P 处的温度；T_w 为壁面上的温度；q_w 为壁面上的热流密度。

壁面函数法通过式（3-45）将计算网格节点上的温度 T 与壁面上的物理量相联系：

$$T^+ = \begin{cases} Pr y^+ + \dfrac{1}{2} \rho Pr \dfrac{C_\mu^{1/4} k_P^{1/2}}{q_w} u_P^2 & y^+ < y_T^+ \\[3mm] Pr_t \left[\dfrac{1}{k} \ln(E y^+) + P \right] + \dfrac{1}{2} \rho \dfrac{C_\mu^{1/4} k_P^{1/2}}{q_w} \left[Pr_t u_P^2 + (Pr - Pr_t) u_c^2 \right] & y^+ > y_T^+ \end{cases} \tag{3-45}$$

对不可压缩流体湍流，可按式（3-46）计算：

$$T^+ = Pr_t \left[\frac{1}{k} \ln(E y^+) + P \right] \tag{3-46}$$

参数 P 按式（3-47）计算：

$$P = 9.24 \left[\left(\frac{Pr}{Pr_t} \right)^{3/4} - 1 \right] \left(1 + 0.28 e^{-0.007 Pr/Pr_t} \right) \tag{3-47}$$

式中，Pr 为分子 Prandtl 数 $\left(\mu \dfrac{c_p}{\lambda_f} \right)$，$\lambda_f$ 为流体的导热系数；Pr_t 为壁面上 Prandtl 数，推荐为 $0.8 \sim 0.9$；u_c 为在 $y^+ = y_T^+$ 处的平均速度，其中，y_T^+ 是在给定 Pr 的条件下，所对应的黏性底层与对数律层转换时的 y^+。

C 湍动能方程与耗散率方程中 k 和 ε 的计算式

在 k-ε 模型及后面介绍的 RSM 模型中，k 方程是要在包括与壁面相邻的控制体积的所有计算域进行求解的，在壁面上湍动能 k 的边界条件是：

$$\frac{\partial k}{\partial n} = 0 \tag{3-48}$$

式中，n 为垂直于壁面的局部坐标。

在与壁面相邻的控制体积内，构成 k 方程源项的湍动能产生项 G_k 及耗散率 ε，按局部平衡假定来计算，即在与壁面相邻的控制体积内 G_k 及 ε 是相等的。从而，G_k 按式（3-49）计算：

$$G_k \approx \tau_{\mathrm{w}} \frac{\partial u}{\partial y} = \tau_{\mathrm{w}} \frac{\tau_{\mathrm{w}}}{k \rho C_{\mu}^{1/4} k_P^{1/2} \Delta y_P} \tag{3-49}$$

ε 按式（3-50）计算：

$$\varepsilon = \frac{C_{\mu}^{3/4} k_P^{3/2}}{k \Delta y_P} \tag{3-50}$$

需要注意的是在壁面相邻的控制体积上是不对 ε 方程进行求解的，直接按式（3-50）确定节点 P 的 ε 值计算。

上述壁面函数对各种壁面流动都非常有效。相对于低 Re 的 k-ε 模型，壁面函数法计算效率高，工程实用性强。在采用低 Re 的 k-ε 模型时，因壁面区（黏性底层和过渡层）内的物理量变化非常大，因此，必须使用细密的网格，从而造成计算成本的提高。当然，壁面函数法无法像低 Re 的 k-ε 模型那样得到黏性底层和过渡层内的"真实"的速度分布。

这里介绍的壁面函数法也有一定的局限性，当流动分离过大或壁面流动处于高压之下时，该方法不理想。

3.5.2.2　低 Re 的 k-ε 模型

为了使基于 k-ε 模型的数值计算从 Re 区域一直进行到固体壁面上（该处 $Re = 0$），有许多学者提出了 k-ε 模型的修正模型，以自动适应不同的 Re 的区域。这里只介绍 Jones 和 Launder 提出的低 Re 的 k-ε 模型。

Jones 和 Launder 认为，低 Re 的流动主要体现在黏性底层中，流体的分子黏性起着绝对支配的作用。为此，对高 Re 的 k-ε 模型进行以下 3 方面的修改，才能使其通用。

（1）为体现分子黏性的影响，控制方程的扩散系数必须同时包括湍流扩散系数与分子扩散系数两部分。

（2）控制方程的有关系数必须考虑不同流态的影响，即在系数计算公式中引入湍流雷诺数 $Re_{\mathrm{t}} \left(Re_{\mathrm{t}} = \rho \dfrac{k^2}{\eta \varepsilon} \right)$。

（3）在 k 方程中考虑壁面函数湍动能的耗散不是各向同性的这一因素。

Jones 和 Launder 提出的低 Re 的 k-ε 模型的输运方程表述为：

$$\frac{\partial(\rho k)}{\partial t} + \frac{\partial(\rho k u_i)}{\partial x_i} = \frac{\partial}{\partial x_j}\left[\left(\mu + \frac{\mu_{\mathrm{t}}}{\sigma_k}\right)\frac{\partial k}{\partial x_j}\right] + G_k - \rho \varepsilon - \left| 2\mu \left(\frac{\partial k^{1/2}}{\partial n}\right)^2 \right| \tag{3-51}$$

$$\frac{\partial(\rho \varepsilon)}{\partial t} + \frac{\partial(\rho \varepsilon u_i)}{\partial x_i} = \frac{\partial}{\partial x_j}\left[\left(\mu + \frac{\mu_{\mathrm{t}}}{\sigma_\varepsilon}\right)\frac{\partial \varepsilon}{\partial x_j}\right] + C_{1\varepsilon} \frac{\varepsilon}{k} G_k |f_1| - C_{2\varepsilon}\rho \frac{\varepsilon^2}{k} |f_2| + \left| 2\frac{\mu \mu_{\mathrm{t}}}{\rho}\left(\frac{\partial^2 u}{\partial n^2}\right)^2 \right|$$

$$\tag{3-52}$$

$$\mu_{\mathrm{t}} = \rho |f_\mu| C_\mu \frac{k^2}{\varepsilon} \tag{3-53}$$

式中, n 为壁面法向坐标; u 为与壁面平行的流速。

在实际计算中, 方向 n 可取为 x, y, z 最近似的一个, 速度 u 也做类似处理。$C_{1\varepsilon}$, $C_{2\varepsilon}$, C_μ, σ_k, σ_ε 及产生项 G_k 与标准 $k\text{-}\varepsilon$ 模型相同。式（3-51）~式（3-53）中符号 "∥" 是低 Re 的 $k\text{-}\varepsilon$ 模型区别于高 Re 的 $k\text{-}\varepsilon$ 模型的部分。

$$
\begin{cases}
f_1 = 1.0 \\
f_2 = 1.0 - 0.3\exp(-Re_{\mathrm{t}}^2) \\
f_\mu = \exp\left(-\dfrac{2.5}{1+\dfrac{Re_{\mathrm{t}}}{50}}\right) \\
Re_{\mathrm{t}} = \rho\,\dfrac{k^2}{\eta\varepsilon}
\end{cases}
\tag{3-54}
$$

显然, 当 Re_{t} 很大时, f_2, f_μ 均趋于 1。

式（3-51）中 $-2\mu\left(\dfrac{\partial k^{1/2}}{\partial n}\right)^2$ 是考虑到黏性底层中湍动能的耗散不是各向同性的这一因素而加入的。式（3-52）中 $2\dfrac{\mu\mu_{\mathrm{t}}}{\rho}\left(\dfrac{\partial^2 u}{\partial n^2}\right)^2$ 是为了使 k 的计算结果与实验测定值更好地符合而加入的。

在使用低 Re 的 $k\text{-}\varepsilon$ 模型进行流动计算时, 充分发展的湍流核心区及黏性底层均用同一套公式计算, 且由于黏性底层的速度梯度大, 因而黏性底层的网格密。

当局部湍流的 Re_{t} 数小于 150 时, 就应该使用低 Re 的 $k\text{-}\varepsilon$ 模型。

3.6 雷诺应力模型（RSM）

两方程模型难以考虑旋转流动及流线曲率变化的影响。为了克服这些弱点, 有人提出直接对 Reynolds 方程中湍流脉动应力直接建立微分方程, 并进行求解。这种方法称为雷诺应力模型（Reynolds Stress equation Model，RSM）方法。包括: 雷诺应力方程模型和代数应力方程模型。

3.6.1 雷诺应力输运方程

Reynolds 应力输运方程, 实质上是关于 $\overline{u_i' u_j'}$ 的输运方程。根据时均化法, 则 $\overline{u_i' u_j'} = \overline{u_i u_j} - \overline{u_i}\,\overline{u_j}$, 只要得到 $\overline{u_i u_j}$ 和 $\overline{u_i}\,\overline{u_j}$ 的输运方程, 就自然得到关于 $\overline{u_i' u_j'}$ 的输运方程。为此从瞬时速度速度变量的 N-S 方程出发, 按以下步骤生成关于 $\overline{u_i' u_j'}$ 的输运方程:

（1）建立 $\overline{u_i u_j}$ 的输运方程。首先, 将 u_j 乘以 u_i 的 N-S 方程与 u_i 乘以 u_j 的 N-S 方程相加, 得到 $u_i u_j$ 的方程, 再对此方程做 Reynolds 时均、分解, 即得到 $\overline{u_i u_j}$ 的输运方程（这里 u_i 和 u_j 均指瞬时速度, 非时均速度）。

（2）建立 $\overline{u_i}\,\overline{u_j}$ 的输运方程。$\overline{u_j}$ 乘以 $\overline{u_i}$ 的 Reynolds 时均方程与 $\overline{u_i}$ 乘以 $\overline{u_j}$ 的 Reynolds 时均方程相加, 即得到 $\overline{u_i}\,\overline{u_j}$ 的输运方程。

将上面两方程相减后，得到 $\overline{u_i' u_j'}$ 的输运方程，即 Reynolds 应力方程。整理后的 Reynolds 应力方程可写成：

$$
\underbrace{\frac{\partial (\rho \, \overline{u_i' u_j'})}{\partial t} + \underbrace{\frac{\partial (\rho u_k \, \overline{u_i' u_j'})}{\partial x_k}}_{C_{ij}}}
$$

$$
= \underbrace{\frac{\partial}{\partial x_k}(\rho \, \overline{u_i' u_j' u_k'} + \overline{p' u_i'} \delta_{kj} + \overline{p' u_j'} \delta_{ik})}_{D_{\mathrm{T},ij}} + \underbrace{\frac{\partial}{\partial x_k}\left[\mu \frac{\partial}{\partial x_k}(\overline{\mu_i' \mu_j'})\right]}_{D_{\mathrm{L},ij}} - \underbrace{\rho\left(\overline{\mu_i' \mu_k'} \frac{\partial u_j}{\partial x_k} + \overline{\mu_j' \mu_k'} \frac{\partial u_i}{\partial x_k}\right)}_{P_{ij}} -
$$

$$
\underbrace{\rho\beta(g_i \, \overline{u_j' \theta} + g_j \, \overline{u_i' \theta})}_{G_{ij}} + \underbrace{p'\left(\frac{\partial u_i'}{\partial x_j} + \frac{\partial u_j'}{\partial x_i}\right)}_{\phi_{ij}} - \underbrace{2\mu \frac{\overline{\partial u_i' u_j'}}{\partial x_k \partial x_k}}_{\varepsilon_{ij}} - \underbrace{2\rho\Omega_k(\overline{u_j' u_m'} e_{ikm} + \overline{u_i' u_m'} e_{jkm})}_{F_{ij}}
$$

$$
\tag{3-55}
$$

方程中第一项为瞬态项；C_{ij} 为对流项；$D_{\mathrm{T},ij}$ 为湍动扩散项；$D_{\mathrm{L},ij}$ 为分子黏性扩散项；P_{ij} 为剪应力产生项；G_{ij} 为浮力产生项；ϕ_{ij} 为压力应变项；ε_{ij} 为黏性耗散项；F_{ij} 为系统旋转产生项。

式 (3-55) 各项中，C_{ij}，$D_{\mathrm{L},ij}$，P_{ij}，F_{ij} 均只包含二阶关联项，不必进行处理。其他项 $D_{\mathrm{T},ij}$，G_{ij}，ϕ_{ij}，ε_{ij} 包含未知关联项，必须与前面的构造 k 方程和 ε 方程一样，构造其合理的表达式，即给出各项的模型，才能得到真正有意义的 Reynolds 应力方程。

e_{ijk} 为张量中转换符号（alternating symble），或称为排列符号。当 i，j，k 3 个指标不同，并符合正序排列时，$e_{ijk} = 1$；当 3 个指标不同，并符合逆序排列时，$e_{ijk} = -1$；当 3 个指标有重复时，$e_{ijk} = 0$。

3.6.1.1 湍动扩散项 $D_{\mathrm{T},ij}$ 的计算

利用 Daly 和 Harlow 所给出的广义梯度扩散模型来计算：

$$
D_{\mathrm{T},ij} = C_s \frac{\partial}{\partial x}\left(\rho \frac{k \, \overline{u_k' u_l'}}{\varepsilon} \frac{\overline{u_i' u_j'}}{\partial x_l}\right)
\tag{3-56}
$$

有学者认为，式 (3-56) 可能导致数值上的不稳定。因此，推荐用式 (3-57) 计算：

$$
D_{\mathrm{T},ij} = \frac{\partial}{\partial x}\left(\frac{\mu_t}{\sigma_k} \frac{\overline{u_i' u_j'}}{\partial x_l}\right)
\tag{3-57}
$$

式中，$\mu_t = \rho C_\mu \dfrac{k^2}{\varepsilon}$，为湍动黏度；$\sigma_k = 0.82$，在 Realizable k-ε 模型中 $\sigma_k = 1.0$。

3.6.1.2 浮力产生项 G_{ij} 的计算

$$
G_{ij} = -\beta \frac{\mu_t}{Pr_t}\left(g_i \frac{\partial T}{\partial x_j} + g_j \frac{\partial T}{\partial x_i}\right)
\tag{3-58}
$$

在该模型中，$Pr_t = 0.85$；β 为热膨胀系数，$\beta = -\dfrac{1}{\rho} \dfrac{\partial \rho}{\partial T}$。对于理想气体有：

$$
G_{ij} = -\beta \frac{\mu_t}{\rho Pr_t}\left(g_i \frac{\partial \rho}{\partial x_j} + g_j \frac{\partial \rho}{\partial x_i}\right)
\tag{3-59}
$$

如果流体是不可压缩的，则 $G_{ij} = 0$。

3.6.1.3 压力应变项 ϕ_{ij} 的计算

压力应变项 ϕ_{ij} 的存在是雷诺应力方程与 k-ε 方程的最大区别之处，由连续方程可知，$\phi_{kk} = 0$。因此，ϕ_{ij} 仅在湍流各分量项存在，当 $i \neq j$ 时，它表示减小剪应力，使湍流趋向各向同性；当 $i = j$ 时，它表示使湍动能在各应力分量间重新分配，对总量无影响，可见，此项并不产生脉动能量，仅起到再分配的作用。因此，有文献称此项为再分配项。

压力应变项的模拟有多个版本，综合多个文献，给出较为普遍的形式为：

$$\phi_{ij} = \phi_{ij,1} + \phi_{ij,2} + \phi_{ij,w} \tag{3-60}$$

式中，$\phi_{ij,1}$ 为慢的压力应变项；$\phi_{ij,2}$ 为快的压力应变项；$\phi_{ij,w}$ 为壁面反射项。

$$\phi_{ij,1} = - C_1 \rho \frac{\varepsilon}{k} \left(\overline{u_i' u_i'} - \frac{2}{3} k \delta_{ij} \right) \tag{3-61}$$

式中，$C_1 = 1.8$。

$$\phi_{ij,2} = - C_2 \left(P_{ij} - \frac{2}{3} P \delta_{ij} \right) \tag{3-62}$$

式中，$C_2 = 0.6$；P_{ij} 为式（3-55）剪切应力产生项；$P = \dfrac{P_{kk}}{2}$。

壁面反射项 $\phi_{ij,w}$ 的作用是对近壁面处的正应力进行再分配。它具有使垂直于壁面的应力变弱，而使平行于壁面的应力变强的趋势。由式（3-63）计算：

$$\phi_{ij,w} = C_1' \rho \frac{\varepsilon}{k} \left(\overline{u_k' u_m'} n_k n_m \delta_{ij} - \frac{3}{2} \overline{u_j' u_k'} n_j n_k - \frac{3}{2} \overline{u_j' u_k'} n_i n_k \right) \frac{k^{3/2}}{C_1 \varepsilon d} +$$

$$C_2' \left(\phi_{km,2} n_k n_m \delta_{ij} + \frac{3}{2} \phi_{ik,2} n_i n_k \right) \frac{k^{3/2}}{C_1 \varepsilon d} \tag{3-63}$$

式中，$C_1' = 0.5$；$C_2' = 0.3$；n_k 为壁面单位法向矢量 x_k 的分量；d 为研究的位置到固体壁面的距离。$C_1 = \dfrac{C_\mu^{3/4}}{k}$，其中 $C_\mu = 0.09$，$k = 0.4187$。

3.6.1.4 黏性耗散项 ε_{ij} 的计算

耗散项表示分子黏性对雷诺应力产生的耗散。在建立耗散项的计算公式时，认为大尺度旋涡承担动能输运，小尺度旋涡承担黏性耗散，因此小尺度涡团可看成是各向同性的。即认为局部是各向同性的。

$$\varepsilon_{ij} = \frac{2}{3} \rho \varepsilon \delta_{ij} \tag{3-64}$$

将式（3-57），式（3-59），式（3-60）～式（3-64）代入式（3-55），得到封闭的 Reynolds 应力输运方程：

$$\frac{\partial (\rho \overline{u_i' u_j'})}{\partial t} + \frac{\partial (\rho u_k \overline{u_i' u_j'})}{\partial x_k}$$

$$= \frac{\partial}{\partial x_k} \left(\frac{\mu_t}{\sigma_k} \frac{\overline{u_i' u_j'}}{\partial x_l} + \mu \frac{\overline{u_i' u_j'}}{\partial x_l} \right) - \rho \left(\overline{u_i' u_k'} \frac{\partial u_j}{\partial x_k} + \overline{u_j' u_k'} \frac{\partial u_i}{\partial x_k} \right) - \beta \frac{\mu_t}{Pr_t} \left(g_i \frac{\partial T}{\partial x_j} + g_j \frac{\partial T}{\partial x_i} \right) - C_1 \rho \frac{\varepsilon}{k} \left(\overline{u_i' u_i'} - \frac{2}{3} k \delta_{ij} \right) -$$

$$C_2 \left(P_{ij} - \frac{2}{3} P \delta_{ij} \right) + C_1' \rho \frac{\varepsilon}{k} \left(\overline{u_k' u_m'} n_k n_m \delta_{ij} - \frac{3}{2} \overline{u_j' u_k'} n_j n_k - \frac{3}{2} \overline{u_j' u_k'} n_i n_k \right) \frac{k^{3/2}}{C_1 \varepsilon d} +$$

$$C_2' \left(\phi_{km,2} n_k n_m \delta_{ij} + \frac{3}{2} \phi_{ik,2} n_i n_k \right) \frac{k^{3/2}}{C_1 \varepsilon d} - \frac{2}{3} \rho \varepsilon \delta_{ij} - 2 \rho \Omega_k \left(\overline{u_j' u_m'} e_{ikm} + \overline{u_i' u_m'} e_{jkm} \right) \tag{3-65}$$

式（3-65）是 FLUENT 等大多数 CFD 软件所使用的广义的 Reynolds 应力输运方程，它体现了各种因素对湍流流动的影响，包括浮力、系统旋转和固体壁面的反射等。

若不考虑浮力的作用（即 $G_{ij}=0$）及旋转的影响（$F_{ij}=0$），同时压力应变项不考虑壁面反射（$\varphi_{ij,w}=0$），这样 Reynolds 应力输运方程的简化形式为：

$$\frac{\partial(\rho\,\overline{u_i'u_j'})}{\partial t}+\frac{\partial(\rho u_k\,\overline{u_i'u_j'})}{\partial x_k}$$

$$=\frac{\partial}{\partial x_k}\left(\frac{\mu_t}{\sigma_k}\frac{\overline{u_i'u_j'}}{\partial x_l}+\mu\frac{\overline{u_i'u_j'}}{\partial x_l}\right)-\rho\left(\overline{u_i'u_k'}\frac{\partial u_j}{\partial x_k}+\overline{u_j'u_k'}\frac{\partial u_i}{\partial x_k}\right)-C_1\rho\,\frac{\varepsilon}{k}\left(\overline{u_i'u_i'}-\frac{2}{3}k\delta_{ij}\right)-$$

$$C_2\left(P_{ij}-\frac{2}{3}P\delta_{ij}\right)-\frac{2}{3}\rho\varepsilon\delta_{ij} \qquad (3\text{-}66)$$

如果将 RSM 只用于没有系统转动的不可压缩流动，则可以选择这种比较简单的雷诺应力输运方程。

3.6.2　RSM 的控制方程及其解法

在上述的 Reynolds 应力输运方程中，包含有湍动能 k 和耗散率 ε。为此在使用 RSM 时，需要补充 k 和 ε 方程：

$$\frac{\partial(\rho k)}{\partial t}+\frac{\partial(\rho k u_i)}{\partial x_i}=\frac{\partial}{\partial x_j}\left[\left(\mu+\frac{\mu_t}{\sigma_k}\right)\frac{\partial k}{\partial x_j}\right]+\frac{1}{2}(P_{ij}+G_{ij})-\rho\varepsilon \qquad (3\text{-}67)$$

$$\frac{\partial(\rho\varepsilon)}{\partial t}+\frac{\partial(\rho\varepsilon u_i)}{\partial x_i}=\frac{\partial}{\partial x_j}\left[\left(\mu+\frac{\mu_t}{\sigma_\varepsilon}\right)\frac{\partial\varepsilon}{\partial x_j}\right]+C_{1\varepsilon}\frac{1}{2}(P_{ij}+C_{3\varepsilon}G_{ij})-C_{2\varepsilon}\rho\,\frac{\varepsilon^2}{k} \qquad (3\text{-}68)$$

$$\mu_t=\rho C_{3\varepsilon}\frac{k^2}{\varepsilon}$$

式中，$C_{1\varepsilon}$、$C_{2\varepsilon}$、$C_{3\varepsilon}$、σ_k、σ_ε 为经验常数，$C_{1\varepsilon}=1.44$；$C_{2\varepsilon}=1.92$；$C_{3\varepsilon}=0.09$；$\sigma_k=0.82$；$\sigma_\varepsilon=1.0$。

由时均连续性方程（3-9）、雷诺方程（3-10）、应力方程（3-65）、k 方程（3-67）和 ε 方程（3-68）等，共 12 个方程构成了封闭的三维湍流流动问题的基本控制方程组，可通过 SIMPLE 等算法求解。

对于以上的方程组，需要做以下两点说明：

（1）如果要对能量或组分等进行计算，需要建立针对标量型变量（如温度、组分浓度）的脉动量的控制方程。

（2）由于从 Reynolds 应力输运方程的 3 个正应力项可以得出脉动动能，即 $k=\dfrac{\overline{\mu_i'\mu_i'}}{2}=\dfrac{1}{2}(\overline{u'^2}+\overline{v'^2}+\overline{w'^2})$。因此，曾有文献不把 k 作为独立变量，也不引入 k 方程，但大多数文献把 k 方程列入控制方程之一，与本书所采用的方式一样。

3.6.3　对 RSM 适用性的讨论

与标准 k-ε 模型一样，RSM 是针对湍流发展非常充分的湍流运动来建立的，即是针对

高 Re 的湍流模型，而当 Re 较低时，上述方程不再适用。常用解决壁面流动的方法有两种：一种是壁面函数法；另一种是采用低 Re 的 RSM 模型。

低 Re 的 RSM 模型基本思想是修正高 Re 的 RSM 模型耗散函数（扩散项）及压力应变重新分配项的表达式，以使 RSM 模型方程可以直接应用到壁面区域。

尽管 RSM 比 k-ε 模型应用范围广，包含更多的物理机理，但其仍有很多缺陷。计算实践表明，RSM 虽然能考虑一些各向异性效应，但并不一定比其他模型效果好，在计算突扩流动分离区和计算湍流输运各向异性较强的流动时，RSM 优于两方程模型，采用 RSM 意味着要多解 6 个雷诺应力的微分方程，计算量大，对计算机的要求高。因此，RSM 不如 k-ε 模型应用更广泛，但许多文献认为 RSM 是一种更有潜力的湍流模型。

3.7 大涡模拟（LES）

湍流中包含了不同时间与长度尺度的涡旋，最大长度尺度通常为平均流动的特征长度尺度，最小尺度为 Komogrov 尺度。

大涡模拟（Large Eddy Simulation，LES）的基本假设为：动量、能量、质量及其他标量主要由大涡输运；流动的几何和边界条件决定了大涡的特性，而流动特性主要在大涡中体现；小尺度涡旋受几何和边界条件影响较小，并且各向同性。大涡模拟过程中，直接求解大涡，小尺度涡旋模拟，从而使得网格要求比 DNS 低。

3.7.1 大涡模拟的控制方程

LES 的控制方程是对 Navier-Stokes 方程在波数空间或者物理空间进行过滤得到的。过滤的过程是去掉比过滤宽度或者给定物理宽度小的涡旋，从而得到大涡旋的控制方程。

过滤变量（上横线）定义为：

$$\overline{\phi}(x) = \int_D \phi(x')G(x,x')\,\mathrm{d}x' \tag{3-69}$$

式中，D 为流体区域；G 为决定涡旋大小的过滤函数。

在 FLUENT 中，有限控制体离散本身暗中包括了过滤运算。

$$\overline{\phi}(x) = \frac{1}{V}\int_V \phi(x')\,\mathrm{d}x' \quad x' \in V \tag{3-70}$$

式中，V 是计算控制体体积，过滤函数为：

$$G(x,x') = \begin{cases} 1/V & x' \in V \\ 0 & x' \notin V \end{cases} \tag{3-71}$$

目前，大涡模拟对不可压流动问题得到较多应用，但在可压缩问题中的应用还很少，因此本节涉及的理论都是针对不可压流动的大涡模拟方法。在 FLUENT 中，大涡模拟只能针对不可压流体（当然并非是密度为常数）的流动。

过滤不可压的 N-S 方程后，可以得到 LES 控制方程：

$$\frac{\partial \rho}{\partial t} + \frac{\partial \rho\,\overline{u_i}}{\partial x_i} = 0 \tag{3-72}$$

$$\frac{\partial}{\partial t}(\rho \, \overline{u}_i) + \frac{\partial}{\partial x_j}(\rho \, \overline{u}_i \, \overline{u}_j) = \frac{\partial}{\partial x_j}(\mu \frac{\partial \, \overline{u}_i}{\partial x_j}) - \frac{\partial \, \overline{p}}{\partial x_i} - \frac{\partial \, \tau_{ij}}{\partial x_j} \tag{3-73}$$

式中，τ_{ij} 为亚网格应力，定义为：

$$\tau_{ij} = \rho \, \overline{u_i u_j} - \rho \, \overline{u}_i \cdot \overline{u}_j \tag{3-74}$$

很明显，上述方程与雷诺平均方程很相似，只是大涡模拟中的变量是过滤过的量，而非时间平均量，并且湍流应力也不同。

3.7.2　亚网格模型

LES 中亚网格应力项是未知的，并且需要模拟以封闭方程。目前，采用比较多的亚网格模型为涡旋黏性模型，形式为：

$$\tau_{ij} - \frac{1}{3}\tau_{kk}\delta_{ij} = -2\mu_t \, \overline{S}_{ij} \tag{3-75}$$

式中，μ_t 为亚网格湍流黏性系数；$\overline{S}_{ij}$ 为求解尺度下的应变率张量，定义为：

$$\overline{S}_{ij} = \frac{1}{2}\left(\frac{\partial \, \overline{u}_i}{\partial x_j} + \frac{\partial \, \overline{u}_j}{\partial x_i}\right) \tag{3-76}$$

求解亚网格湍流黏性系数 μ_t 时，FLUENT 提供了两种方法：一是 Smagorinsky-Lilly 模型；二是基于重整化群的亚网格模型。

最基本的亚网格模型是 Smagorinsky 最早提出的，Lilly 将其进行了改善，即 Smagorinsky-Lilly 模型。该模型的涡黏性计算方程为：

$$\mu_t = \rho L_s^2 |\overline{S}| \tag{3-77}$$

式中，L_s 为亚网格的混合长度；$|\overline{S}| \equiv \sqrt{2 \, \overline{S}_{ij} \, \overline{S}_{ij}}$。

已知 C_s 是 Smagorinsky 常数，则亚网格混合长度 L_s 可以用式（3-78）计算。

$$L_s = \min(kd, C_s V^{1/3}) \tag{3-78}$$

式中，$k = 0.42$；d 为到最近壁面的距离；V 为计算控制体体积。

Lilly 通过对均匀各向同性湍流惯性子区湍流分析，得到了 $C_s = 0.23$。但是研究中发现，对于有平均剪切或者过渡流动中，该系数过高估计了大尺度涡旋的阻尼作用。因此，对于比较多的流动问题，令 $C_s = 0.1$ 有比较好的模拟结果，该值是 FLUENT 的默认设置值。

对于基于重整化群思想的亚网格模型，人们用重整化群理论推导出了亚网格涡旋黏性系数，该方法得到的是亚网格有效黏性系数，$\mu_{\text{eff}} = \mu + \mu_t$，而

$$\mu_{\text{eff}} = \mu \left[1 + H\left(\frac{\mu_s^2 \mu_{\text{eff}}}{\mu^3} - C\right) \right]^{1/3} \tag{3-79}$$

式中，$\mu_s = (C_{\text{rng}} V^{1/3})^2 \sqrt{2 \, \overline{S}_{ij} \, \overline{S}_{ij}}$；$V$ 为计算控制体体积；重整化群常数 $C_{\text{mg}} = 0.157$；常数 $C = 100$；$H(x)$ 为 Heaviside 函数，即

$$H(x) = \begin{cases} x & x > 0 \\ 0 & x \le 0 \end{cases} \tag{3-80}$$

对于高雷诺数流动（$\mu_t \gg \mu$），$\mu_{\text{eff}} \cong \mu_t$，基于重整化群理论的亚网格模型就与 Smagorinsky-Lilly 模型相同，只是模型常数有区别。在流动场的低雷诺数区域，式（3-80）的函数就小于零，从而只有分子黏性起作用。所以，基于重整化群理论的亚网格模型对流动转捩和近壁流动问题有较好的模拟效果。

3.7.3 大涡模拟的边界条件

对于给定进口速度边界条件，速度等于各个方向分量与随机脉动量的和，即

$$\overline{u_i} = <u_i> + I\psi |\overline{u}|$$

式中，I 为脉动强度；ψ 为高斯随机数，满足 $\overline{\psi} = 0$，$\sqrt{\overline{\psi'}} = 1$。

如果网格足够密并可以求解层流底层的流动的话，壁面切应力采用线性应力应变关系，即

$$\frac{\overline{u}}{u_\tau} = \frac{\rho u_\tau y}{\mu} \tag{3-81}$$

如果网格不够细，则假定与壁面邻近网格质心落在边界层对数区内，则

$$\frac{\overline{u}}{u_\tau} = \frac{1}{K}\ln E\left(\frac{\rho u_\tau y}{\mu}\right) \tag{3-82}$$

式中，$K = 0.418$；$E = 9.793$。

综上所述，湍流数值计算方法分类如图 3-3 所示。

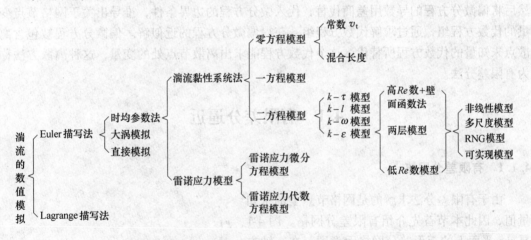

图 3-3 湍流数值计算方法分类

思 考 题

3-1 怎么判别流体的湍流与层流流动状态？

3-2 湍流基本方程组有哪些？请写出不可压及可压缩流体基本方程组，并说明这些方程组的封闭性。

3-3 标准 k-ε 模型与 RNG k-ε 模型、可实现的 k-ε 模型的区别及适用范围是什么？

3-4 雷诺应力模型（RSM）、大涡模拟（LES）基本思想是什么？

4 有限差分法

流体运动的控制方程多为偏微分方程，在复杂的情况下不存在解析解。但是对于一些简单的情况存在解析解，偏微分方程的解析解可用精确的数学表达式表示，该表达式给出了因变量在整个定义域中的连续变化状况。有限差分法（Finite Difference Method，FDM）是数值计算中比较经典的方法，由于其计算格式直观且计算简便，因此被广泛应用在计算流体力学中。有限差分法首先将求解区域划分为差分网格，变量信息存储在网格节点上，然后将偏微分方程的导数用差商代替，代入微分方程的边界条件，推导出关于网格节点变量的代数方程组，通过求解代数方程组，获得偏微分方程的近似解。偏微分方程被包含离散点未知量的代数方程所替代，这个代数方程能求出离散节点处的变量，这种离散方法称为有限差分法。

4.1　有限差分逼近

4.1.1　有限差分网格

由于有限差分法求解的是网格节点上的未知量值，因此本节首先介绍有限差分网格。图 4-1 是 x-y 平面上的矩形差分网格示意图。在 x 轴方向的网格间距为 Δx，在 y 轴方向的网格间距为 Δy，网格的交点称为节点，计算变量定义在网格节点上。称 Δx 和 Δy 为空间步长，Δx 一般不等于 Δy，且 Δx 和 Δy 也可以不为常数。取各方向等距离的网格，可以大大简化数学模型推导过程，并且经常会取得更加精确的数值解。作为计算流体力学入门知识，假设沿坐标轴的各个方向网格间距分别相等，但是并不要求各方向的网格

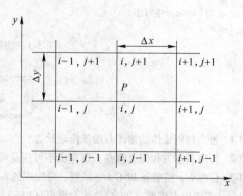

图 4-1　有限差分网格示意图

间距一致。例如假设 Δx 和 Δy 是定值，但是不要求 Δx 等于 Δy。

在图 4-1 中，网格节点在 x 方向用 i 表示，在 y 方向用 j 表示。因此，假如 (i, j) 是点 P 在图 4-1 中的坐标，那么，点 P 右边的第一个点就可以用 $(i+1, j)$ 表示；在 P 左边的第一个点就可以用 $(i-1, j)$ 表示；点 P 上边的第一个点就可以用 $(i, j+1)$ 表示；点 P 下边的第一个点就可以用 $(i, j-1)$ 表示。

4.1.2　几种差分近似

将微分方程化为有限差分方程时，最普遍的形式是基于泰勒展开（Taylor expansion）的。如图 4-2 所示，假如 $u_{i,j}$ 表示点 (i, j) 的待求量，那么，点 $(i+1, j)$ 的未知量 $u_{i+1,j}$ 就可以用基于点 (i, j) 的 Taylor 展开表示：

$$u_{i+1,j} = u_{i,j} + \left(\frac{\partial u}{\partial x}\right)_{i,j} \Delta x + \left(\frac{\partial^2 u}{\partial x^2}\right)_{i,j} \frac{(\Delta x)^2}{2} + \left(\frac{\partial^3 u}{\partial x^3}\right)_{i,j} \frac{(\Delta x)^3}{6} + \cdots \tag{4-1}$$

假如数值是有限的而且系列是收敛的，并且 Δx 趋近于零，则式（4-1）是 $u_{i+1,j}$ 的数学精确表达式。

举例来进一步说明泰勒展开及其计算精度。考虑关于自变量 x 的连续方程 $f(x)$，其中所有的微分都针对 x。如在点 x 处的函数值 $f(x)$ 已知，那么，$f(x+\Delta x)$ 值可以通过 Taylor 展开从 x 处的信息知道，即

$$f(x+\Delta x) = f(x) + \frac{\partial f}{\partial x}\Delta x + \frac{\partial^2 f}{\partial x^2}\frac{(\Delta x)^2}{2} + \cdots + \frac{\partial^n f}{\partial x^n}\frac{(\Delta x)^n}{n!} + \cdots \tag{4-2}$$

式（4-2）的意义如图 4-2 所示。假设知道 f 在 x（图 4-2 中的点 1）处的值，想利用式(4-2)求解 f 在 $x+\Delta x$（图 4-2 中的点 2）处的值。检查式（4-2）的右侧，可以看到第一项 $f(x)$ 不能作为对 $f(x+\Delta x)$ 的良好近似（除非函数 $f(x)$ 为常数）。一个重要的精度改进是利用点 1 处的曲线斜率，这就是式（4-2）的第二项 $\frac{\partial f}{\partial x}\Delta x$ 的作用。为了取得 $f(x+\Delta x)$ 处的更好的近似，加入了第三项 $\frac{\partial^2 f}{\partial x^2}\frac{(\Delta x)^2}{2}$，这是点 1 和点 2 之间的曲线曲率。一般来说，为了取得更高的精度，必须加入更高的项。实际上，当式 (4-2) 右端有无穷多高阶项时，它就变成了 $f(x+\Delta x)$ 的精确表示。

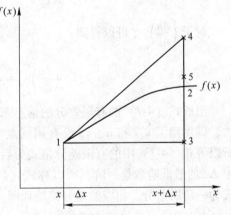

图 4-2　泰勒展开的前三项

4.1.2.1　一阶前差分

结合式（4-1）讨论有限差分的形式，解式（4-1）的 $\left(\frac{\partial u}{\partial x}\right)_{i,j}$，可以得到：

$$\left(\frac{\partial u}{\partial x}\right)_{i,j} = \frac{u_{i+1,j} - u_{i,j}}{\Delta x} - \left(\frac{\partial^2 u}{\partial x^2}\right)_{i,j}\frac{\Delta x}{2} - \left(\frac{\partial^3 u}{\partial x^3}\right)_{i,j}\frac{(\Delta x)^2}{6} + \cdots \tag{4-3}$$

式中，等式左端的微分项是在点 (i, j) 处取值；右端的第一项，即 $\dfrac{u_{i+1,j} - u_{i,j}}{\Delta x}$ 是微分项

的有限差分形式；右端剩下的部分是截断误差。所以式（4-3）可近似写为：

$$\left(\frac{\partial u}{\partial x}\right)_{i,j} \approx \frac{u_{i+1,j} - u_{i,j}}{\Delta x} \tag{4-4}$$

将式（4-4）与式（4-3）对比，可以看出式（4-4）具有截断误差，并且截断误差的最低阶是 Δx 的一次方。因此，称式（4-4）的有限差分形式为一阶精度。可以将式（4-4）更加精确的表示为：

$$\left(\frac{\partial u}{\partial x}\right)_{i,j} = \frac{u_{i+1,j} - u_{i,j}}{\Delta x} + O(\Delta x) \tag{4-5}$$

式（4-5）中，符号 $O(\Delta x)$ 是表示截断误差，代表"Δx 的阶"。在式（4-5）中，截断误差的阶数被明确的表示出来。从图 4-1 可以看出，式（4-5）中的有限差分格式使用到了点（i, j）及其右边的信息，即用到了 $u_{i,j}$ 和 $u_{i+1,j}$，没有用到点（i, j）左边的信息，所以式（4-5）中的有限差分格式为前差分。因此定义式（4-5）中 $\left(\frac{\partial u}{\partial x}\right)_{i,j}$ 的一阶有限差分形式为一阶前差分。如图

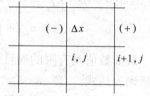

4-3 所示，将 x 方向一阶前差分用到的节点称为差分模块，点周围标明加号或减号是与公式相对应的。

图 4-3　x 方向一阶前差分模块

4.1.2.2　一阶后差分

现在写出用 $u_{i,j}$ 表示 $u_{i-1,j}$ 的 Taylor 展开形式为：

$$u_{i-1,j} = u_{i,j} - \left(\frac{\partial u}{\partial x}\right)_{i,j}\Delta x + \left(\frac{\partial^2 u}{\partial x^2}\right)_{i,j}\frac{(\Delta x)^2}{2} - \left(\frac{\partial^3 u}{\partial x^3}\right)_{i,j}\frac{(\Delta x)^3}{6} + \cdots \tag{4-6}$$

对于 $\left(\frac{\partial u}{\partial x}\right)_{i,j}$，可以得到：

$$\left(\frac{\partial u}{\partial x}\right)_{i,j} = \frac{u_{i,j} - u_{i-1,j}}{\Delta x} + O(\Delta x) \tag{4-7}$$

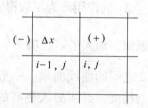

组成式（4-7）的有限差分的信息来自于点（i, j）的左边，即用到了 $u_{i,j}$ 和 $u_{i-1,j}$，没有用到点（i, j）右边的信息，所以等式（4-7）中的有限差分格式为后差分。而且截断误差中 Δx 的最低阶数是一阶，所以称式（4-7）中的有限差分格式为一阶后差分。相应的差分模块如图 4-4 所示。

4.1.2.3　二阶中心差分

在计算流体力学应用中，差分格式仅仅为一阶精度是不够的。为了建立二阶的有限差分格式，可以用式（4-1）减去式（4-6），得：

图 4-4　x 方向一阶后差分模块

$$u_{i+1,j} - u_{i-1,j} = 2\left(\frac{\partial u}{\partial x}\right)_{i,j}\Delta x + 2\left(\frac{\partial^3 u}{\partial x^3}\right)_{i,j}\frac{(\Delta x)^3}{6} + \cdots \tag{4-8}$$

式（4-8）可以写为：

$$\left(\frac{\partial u}{\partial x}\right)_{i,j} = \frac{u_{i+1,j} - u_{i-1,j}}{2\Delta x} + O(\Delta x)^2 \tag{4-9}$$

组成式（4-9）的有限差分的信息来自于点（i,j）的左右两边，即用到了 $u_{i+1,j}$、$u_{i,j}$ 和 $u_{i-1,j}$，点（i,j）在两个相邻的格点之间。而且，式（4-9）中的截断误差中 Δx 的最低阶数是 $(\Delta x)^2$，即二阶。因此，称式（4-9）的有限差分为二阶中心差分。相应的差分模块如图4-5所示。

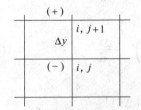

图4-5　x 方向二阶中心差分模块

同理，y 方向差分获得使用的是与上述相同的方法，结果也和 x 方向的等式相似，即

$$\left(\frac{\partial u}{\partial y}\right)_{i,j} = \begin{cases} \dfrac{u_{i,j+1} - u_{i,j}}{\Delta y} + O(\Delta y) & \text{前差分} & (4\text{-}10) \\[3mm] \dfrac{u_{i,j} - u_{i,j-1}}{\Delta y} + O(\Delta y) & \text{后差分} & (4\text{-}11) \\[3mm] \dfrac{u_{i,j+1} - u_{i,j-1}}{2\Delta y} + O(\Delta y)^2 & \text{中心差分} & (4\text{-}12) \end{cases}$$

y 方向相应的差分模块如图4-6～图4-8所示。

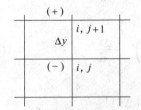 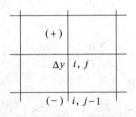 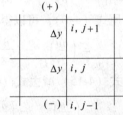

图4-6　y 方向前差分模块　　图4-7　y 方向后差分模块　　图4-8　y 方向二阶中心差分模块

式（4-5）、式（4-7）以及式（4-9）～式（4-12）都是对一阶导数项的有限差分形式。

4.1.2.4　二阶导数的中心差分

在流体力学方程中，扩散项或黏性项中存在关于变量的二阶导数。采用以下 Taylor 展开方式可以获得二阶导数的差分形式。

将式（4-1）和式（4-6）相加，有：

$$u_{i+1,j} + u_{i-1,j} = 2u_{i,j} + \left(\frac{\partial^2 u}{\partial x^2}\right)_{i,j}(\Delta x)^2 + \left(\frac{\partial^4 u}{\partial x^4}\right)_{i,j}\frac{(\Delta x)^4}{12} + \cdots$$

$\left(\dfrac{\partial^2 u}{\partial x^2}\right)_{i,j}$ 可以表示为：

$$\left(\frac{\partial^2 u}{\partial x^2}\right)_{i,j} = \frac{u_{i+1,j} - 2u_{i,j} + u_{i-1,j}}{(\Delta x)^2} + O(\Delta x)^2 \tag{4-13}$$

在式（4-13）中，右边的第一项是点（i,j）在 x 方向二阶微分形式的中心差分，从剩下的项中可以看到中心差分是二阶精度的。x 方向二阶导数的二阶中心差分模块，如图4-9所示，点周围的加号和减号表示这些点是被加还是被减，例如点（i,j）旁边的（-2）表示在形成有限差分形式的时候，这个点被减了两次。

y 方向二阶微分形式可以类似的得出：

$$\left(\frac{\partial^2 u}{\partial y^2}\right)_{i,j} = \frac{u_{i,j+1} - 2u_{i,j} + u_{i,j-1}}{(\Delta y)^2} + O(\Delta y)^2 \tag{4-14}$$

y 方向二阶导数的二阶中心差分模块如图 4-10 所示。

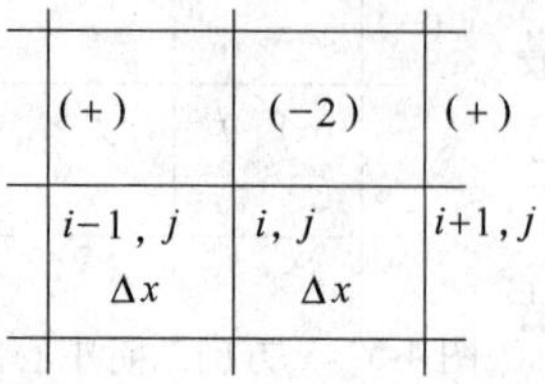

(+)	(−2)	(+)
$i-1,j$	i,j	$i+1,j$
Δx	Δx	

	(+)	$i,j+1$
	Δy	
	(−2)	
	Δy	i,j
	(+)	$i,j-1$

图 4-9　x 方向二阶导数的二阶中心差分模块 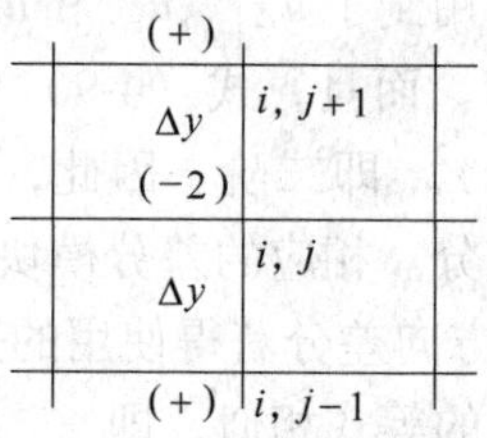　　　图 4-10　y 方向二阶导数的二阶中心差分模块

式（4-13）和式（4-14）是二阶导数的二阶中心差分的例子。

4.1.2.5　二阶混合导数的差分

对于混合微分形式，例如 $\partial^2 u/(\partial x \partial y)$，也可以得出适当的有限差分形式。利用式（4-1），可以得到

$$\left(\frac{\partial u}{\partial y}\right)_{i+1,j} = \left(\frac{\partial u}{\partial y}\right)_{i,j} + \left(\frac{\partial^2 u}{\partial x \partial y}\right)_{i,j}\Delta x + \left(\frac{\partial^3 u}{\partial x^2 \partial y}\right)_{i,j}\frac{(\Delta x)^2}{2} + \left(\frac{\partial^4 u}{\partial x^3 \partial y}\right)_{i,j}\frac{(\Delta x)^3}{6} + \cdots \quad (4\text{-}15)$$

利用式（4-6），可以得到

$$\left(\frac{\partial u}{\partial y}\right)_{i-1,j} = \left(\frac{\partial u}{\partial y}\right)_{i,j} - \left(\frac{\partial^2 u}{\partial x \partial y}\right)_{i,j}\Delta x + \left(\frac{\partial^3 u}{\partial x^2 \partial y}\right)_{i,j}\frac{(\Delta x)^2}{2} - \left(\frac{\partial^4 u}{\partial x^3 \partial y}\right)_{i,j}\frac{(\Delta x)^3}{6} + \cdots \quad (4\text{-}16)$$

用式（4-15）减去式（4-16），得

$$\left(\frac{\partial u}{\partial y}\right)_{i+1,j} - \left(\frac{\partial u}{\partial y}\right)_{i-1,j} = 2\left(\frac{\partial^2 u}{\partial x \partial y}\right)_{i,j}\Delta x + 2\left(\frac{\partial^4 u}{\partial x^3 \partial y}\right)_{i,j}\frac{(\Delta x)^3}{6} + \cdots$$

将混合微分 $\left(\dfrac{\partial^2 u}{\partial x \partial y}\right)_{i,j}$ 用有限差分表示为：

$$\left(\frac{\partial^2 u}{\partial x \partial y}\right)_{i,j} = \frac{\left(\dfrac{\partial u}{\partial y}\right)_{i+1,j} - \left(\dfrac{\partial u}{\partial y}\right)_{i-1,j}}{2\Delta x} - \left(\frac{\partial^4 u}{\partial x^3 \partial y}\right)_{i,j}\frac{(\Delta x)^2}{16} + \cdots \quad (4\text{-}17)$$

在式（4-17）中，右边的第一项含有 $\dfrac{\partial u}{\partial y}$，计算点为 $(i+1,j)$ 和 $(i-1,j)$。参考图 4-1，可以看出这两点的 $\dfrac{\partial u}{\partial y}$ 都可以用式（4-12）中的二阶中心差分形式表示，但是首先需要近似格点 $(i+1,j)$，然后再近似格点 $(i-1,j)$。具体的说，在式（4-17）中先将 $\left(\dfrac{\partial u}{\partial y}\right)_{i+1,j}$ 表示为：$\left(\dfrac{\partial u}{\partial y}\right)_{i+1,j} = \dfrac{u_{i+1,j+1} - u_{i+1,j-1}}{2\Delta y} + O(\Delta y)^2$，然后将 $\left(\dfrac{\partial u}{\partial y}\right)_{i-1,j}$ 用类似的形式表示为：$\left(\dfrac{\partial u}{\partial y}\right)_{i-1,j} = \dfrac{u_{i-1,j+1} - u_{i-1,j-1}}{2\Delta y} + O(\Delta y)^2$。

这样，式（4-17）变为：

$$\left(\frac{\partial^2 u}{\partial x \partial y}\right)_{i,j} = \frac{u_{i+1,j+1} - u_{i+1,j-1} - u_{i-1,j+1} + u_{i-1,j-1}}{4\Delta x \Delta y} + O[(\Delta x)^2, (\Delta y)^2] \quad (4\text{-}18)$$

式（4-18）的截断误差来自于式（4-17），忽略的最低项是 $O(\Delta x)^2$，由于式（4-12）的中心差分是 $O(\Delta y)^2$，因此式（4-18）的截断误差是 $O[(\Delta x)^2, (\Delta y)^2]$。式（4-18）给出

了混合微分 $\left(\dfrac{\partial^2 u}{\partial x \partial y}\right)_{i,j}$ 的二阶中心差分，相应的差分模块如图 4-11 所示。

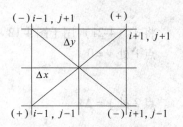

4.1.2.6 二阶精度的差分

前面介绍的有限差分形式仅仅是最基本的情况，其他许多差分形式可以用与上述相似的方法表示出来，尤其是可以获得更加精确的三阶精度、四阶精度，甚至更高阶精度的有限差分形式。这些高阶精度的有限差分形式涉及的点比上述提到的形式涉及的点多。例如，四阶精度的关于 $\dfrac{\partial^2 u}{\partial x^2}$ 的中心差分形式是

图 4-11　二阶混合导数的二阶中心差分模块

$$\left(\frac{\partial^2 u}{\partial x^2}\right)_{i,j} = \frac{-u_{i+2,j} + 16 u_{i+1,j} - 30 u_{i,j} + 16 u_{i-1,j} - u_{i-2,j}}{12\,(\Delta x)^2} + O\,(\Delta x)^4 \qquad (4\text{-}19)$$

四阶精度的中心差分形式涉及 5 个点，而在式（4-13）中，$\left(\dfrac{\partial^2 u}{\partial x^2}\right)_{i,j}$ 用到了 3 个点的信息，仅具有二阶精度。式（4-19）可以通过重复使用关于点 $(i+1, j), (i, j), (i-1, j)$ 的 Taylor 展开得到，强调可以从几乎是无穷多的有限差分形式得到不断增大的精度。在计算流体力学中，根据问题的特点决定差分格式的精度，一般情况下二阶精度就已足够。

4.1.2.7 边界处的差分

上面讨论的是在区域内部差分的离散格式，如果遇到边界，离散点的布置将受到边壁的限制。

图 4-12 表示了流场的一部分边界，y 轴垂直于边界。点 1 处于边界上，点 2 和点 3 距边界的距离是 Δy 和 $2\Delta y$。希望构造一个关于边界的 $\dfrac{\partial u}{\partial y}$ 的有限差分近似。构造前差分比较容易得到

$$\left(\frac{\partial u}{\partial y}\right)_1 = \frac{u_2 - u_1}{\Delta y} + O\,(\Delta y) \qquad (4\text{-}20)$$

式（4-20）是一阶精度的。式（4-12）的中心差分未被使用，因为其要求边界外的一个点，如图 4-12 中的点 $2'$。点 $2'$ 是计算区域外的一点，一般没有这个点的速度信息。在早期计算流体力学中，许多方法试图通过假设 $u_2' = u_2$ 来绕过这个问题，称之为反射边界条件。在多数情况下，与等式（4-20）的前差分比较，是没有物理意义的，而且精度不够。

考虑获得一个二阶精度的格式，可以采用多项式展开的方法。设计边界处的二阶精度有限差分是一种不同于前述的 Taylor 展开的方法。假设图 4-12 中，边界上的 u 值可以用多项式表示为：

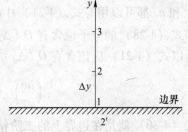

图 4-12　边界上格点

$$u = a + by + cy^2 \tag{4-21}$$

将式（4-21）用于图4-12中的点，可知

点1处 $y = 0$

$$u_1 = a \tag{4-22}$$

点2处 $y = \Delta y$

$$u_2 = a + b\Delta y + c(\Delta y)^2 \tag{4-23}$$

点3处 $y = 2\Delta y$

$$u_3 = a + b(2\Delta y) + c(2\Delta y)^2 \tag{4-24}$$

解式（4-22）～式（4-24）得到

$$b = \frac{-3u_1 + 4u_2 - u_3}{2\Delta y} \tag{4-25}$$

利用式（4-21），对 y 求导得到

$$\frac{\partial u}{\partial y} = b + 2cy \tag{4-26}$$

考虑到点1处 $y = 0$，从式（4-26）可以得到

$$\left(\frac{\partial u}{\partial y}\right)_1 = b \tag{4-27}$$

比较式（4-25）和式（4-27），得到

$$\left(\frac{\partial u}{\partial y}\right)_1 = \frac{-3u_1 + 4u_2 - u_3}{2\Delta y} \tag{4-28}$$

式（4-28）是一个一边的边界处的有限差分形式。因为式（4-28）中所有信息都是边界一边的节点的，即仅用到了图4-12中点1上部的信息，所以称为"一边"。同时，式（4-28）用到了多项式的形式，即式（4-21）。这给出了获得有限差分的另一种取得途径。另外，还必须考虑式（4-28）的精度。这时，再次使用 Taylor 展开。考虑点1处的 Taylor 展开，得到

$$u(y) = u_1 + \left(\frac{\partial u}{\partial y}\right)_1 + \left(\frac{\partial^2 u}{\partial y^2}\right)_1 \frac{y^2}{2} + \left(\frac{\partial^3 u}{\partial y^3}\right)_1 \frac{y^3}{6} + \cdots \tag{4-29}$$

比较等式（4-29）和等式（4-21）。假设等式（4-21）中的多项式表达和 Taylor 展开的前三项相同，那么等式（4-21）中含有 $O(\Delta y)^3$。检验等式（4-28）的分子，在这里 u_1、u_2 和 u_3 都可以用等式（4-21）中的多项式表达。因为等式（4-21）中含有 $O(\Delta y)^3$，所以等式（4-28）的分子也含有 $O(\Delta y)^3$。然而，在写等式（4-29）的微分形式时除以了 Δy，所以式（4-21）应该含有 $O(\Delta y)^2$。因此，可以从等式（4-28）得到

$$\left(\frac{\partial u}{\partial y}\right)_1 = \frac{-3u_1 + 4u_2 - u_3}{2\Delta y} + O(\Delta y)^2 \tag{4-30}$$

式（4-30）就是在边界上的二阶精度的差分形式。

式（4-21）和式（4-30）都被称为单侧差分，因为它们都表示依靠单侧点信息的微

分。而且，这些形式是通用的，即它们不仅仅局限于边界处，还可以用于网格的内部。仅仅是在讨论边界差分问题的时候导出了单侧差分，单侧差分对于边界问题有重要用途，但是对于整个计算域内部的问题，其仅仅是多提供了一个解决方法。式（4-30）表示了二阶精度的单侧有限差分，许多其他的更高阶精度的单侧有限差分可以通过更多点的信息得到。

4.2 差分方程

偏微分方程一般含有多个导数项，如对流扩散方程中，非定常项为关于时间的一阶导数项，对流项为空间一阶导数项，扩散项为空间二阶导数项。当偏微分方程中的所有导数项都用有限差分表示之后，得到的数学公式称为差分方程。计算流体力学的有限差分求解方法的要点，在于使用 4.1 节中推导出的差分形式代替控制方程的偏微分形式，得到关于网格节点上变量的有限差分方程。本节主要介绍差分方程的求解过程。

4.2.1 差分格式的构造

以一维非恒定热扩散方程为例。

$$\frac{\partial T}{\partial t} = \alpha \frac{\partial^2 T}{\partial x^2} \tag{4-31}$$

式（4-31）中热扩散系数 α 为常数。将式（4-31）中的偏微分用有限差分表示，式中有两个相互独立的自变量 x 和 t，计算网格如图 4-13 所示。此处，x 方向离散节点编号用 i 表示，时间层编号用 n 表示。

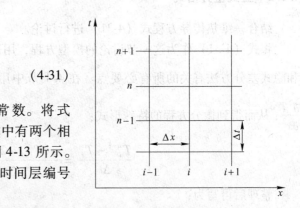

图 4-13 差分网格与节点示意图

将式（4-31）中的时间变化项用前差分形式表示：

$$\left(\frac{\partial T}{\partial t}\right)_i = \frac{T_i^{n+1} - T_i^n}{\Delta t} - \left(\frac{\partial^2 T}{\partial t^2}\right)_i^n \frac{\Delta t}{2} + \cdots \tag{4-32}$$

时间差分的截断误差为一阶。将式（4-31）中的二阶空间导数项用中心差分近似：

$$\left(\frac{\partial^2 T}{\partial x^2}\right)_i^n = \frac{T_{i+1}^n - 2T_i^n + T_{i-1}^n}{(\Delta x)^2} - \left(\frac{\partial^4 T}{\partial x^4}\right)_i^n \frac{(\Delta x)^2}{12} + \cdots \tag{4-33}$$

此时，截断误差和式（4-13）相同，将式（4-31）写为：

$$\frac{\partial T}{\partial t} - \alpha \frac{\partial^2 T}{\partial x^2} = 0 \tag{4-34}$$

将式（4-32）和式（4-33）代入式（4-34），得到

$$\frac{T_i^{n+1} - T_i^n}{\Delta t} - \frac{\alpha(T_{i+1}^n - 2T_i^n + T_{i-1}^n)}{(\Delta x)^2} + \left[-\left(\frac{\partial^2 T}{\partial t^2}\right)_i^n \frac{\Delta t}{2} + \alpha\left(\frac{\partial^4 T}{\partial x^4}\right)_i^n \frac{(\Delta x)^2}{12} + \cdots \right] = 0$$

$$\tag{4-35}$$

式（4-35）中方括号内给出了差分方程的截断误差，略去截断误差后得到

$$\frac{T_i^{n+1} - T_i^n}{\Delta t} = \frac{\alpha(T_{i+1}^n - 2T_i^n + T_{i-1}^n)}{(\Delta x)^2} \tag{4-36}$$

式（4-36）是式（4-1）的偏微分方程的差分形式，其截断误差是 $O(\Delta t, \Delta x^2)$。

有限差分方程与偏微分方程不同，它是代数方程，在图 4-13 的控制域中的每个节点上写出来，组成一个代数方程组，通过求解代数方程组得到在所有网格点上的离散解，如 T_i^n，T_{i+1}^n，T_i^{n+1}，T_{i+1}^{n+1}，T_i^{n+2} 等。原则上说，仅仅可以求出 T 的偏微分方程在截断误差之内的近似解。当网格节点数趋于无限时，时间步长和空间步长都趋近于零，差分方程的截断误差也趋近于零，因此有限差分方程的解就接近于偏微分方程的解。关于差分方程的稳定性和收敛性将在后文讨论。

对于与时间相关的非恒定流动，计算格式主要分为显式格式和隐式格式两大类。下面首先介绍关于时间层离散的显式格式。

4.2.2 显式差分格式

结合一维热传导方程式（4-31）进行讨论。

将式（4-31）作为这一节讨论的模型方程，用这个模型方程就可得到与显式差分方法和隐式差分方法有关的所有必要点。在 4.1 节中用前差分来离散 $\dfrac{\partial T}{\partial t}$，用中心差分来离散 $\dfrac{\partial^2 T}{\partial x^2}$，从而得到微分方程的特殊形式：

$$\frac{T_i^{n+1} - T_i^n}{\Delta t} = \frac{\alpha(T_{i+1}^n - 2T_i^n + T_{i-1}^n)}{(\Delta x)^2} \tag{4-37}$$

整理后可写为：

$$T_i^{n+1} = T_i^n + \alpha\frac{\Delta t}{(\Delta x)^2}(T_{i+1}^n - 2T_i^n + T_{i-1}^n) \tag{4-38}$$

式（4-31）是抛物型的偏微分方程，参考图 4-14 中的有限差分网格，假定 n 时层所有网格点上的温度值 T 已知，时间推进是指在 $n+1$ 时层所有网格点上的 T 值都可以从 n 时层的已知值算出。计算完毕便可得知 $n+1$ 时层的值。然后可以通过同样的步骤，用 $n+1$ 时层的已知值来计算 $n+2$ 时层所有网格点上的 T，进而通过时间步的推进逐步得到更多的解。从式（4-38）中可以看到，可以通过一个简单机制来完成时间推进。式（4-38）将时层 n 的有关项写在等式右边，而将时层 $n+1$ 的有关项写在等式左边。

在时间推进的过程中所有 n 时层的变量 T 都是已知的，而 $n+1$ 时层变量 T 则是需要计算的。式（4-38）中仅含有一个未知数 T_i^{n+1}，可以直接由 n 时层的已知物理量

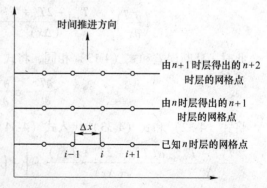

图 4-14 时间推进示意图

求解 T_i^{n+1}，得到一个只含有一个未知数的方程，余下的计算就比较简单了。

例如，如图 4-15 所示的网格，在 x 轴上取 7 个点，设点 2 为中心点，可以得到

$$T_2^{n+1} = T_2^n + \alpha \frac{\Delta t}{(\Delta x)^2}(T_3^n - 2T_2^n + T_1^n)\qquad(4\text{-}39)$$

由于式（4-39）右边的量均为已知值，可以对 T_2^{n+1} 进行直接计算。然后，以格点 3 作为中心点，式（4-38）可以写为：

$$T_3^{n+1} = T_3^n + \alpha \frac{\Delta t}{(\Delta x)^2}(T_4^n - 2T_3^n + T_2^n)\qquad(4\text{-}40)$$

由式（4-40）右边的已知数可以直接计算 T_3^{n+1}。

同样，将式（4-38）应用于格点 4、5、6，依次可得到 T_4^{n+1}，T_5^{n+1}，T_6^{n+1}。

在显式方法中，每个不同的方程都只含有一个未知数，因此可以很轻易地直接求解。这种显式方法在图 4-15 中用带有虚线框的有限差分模型进一步描述，在这里模型在 $n + 1$ 时层上仅含有一个未知量。

如图 4-15 所示，求抛物型偏微分方程的推进解要求给定边界条件约束，这表示 T 在左右边界处的值 T_1 和 T_7 根据预先给定的边界条件在每一时层上均为已知值。

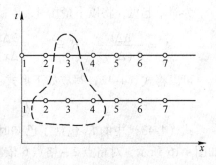

图 4-15　显式差分时间推进示意图

4.2.3　隐式差分格式

式（4-37）并不是唯一可描述式（4-31）的差分方程，它只是最初的偏微分方程差分表达中的一种。作为以上关于显式方法讨论的一个反例，将方程的空间差分按照时层 n 和时层 $n + 1$ 之间的平均特性的顺序写在方程右边。即将方程表达为如下形式：

$$\frac{T_i^{n+1} - T_i^n}{\Delta t} = \alpha \frac{\frac{1}{2}(T_{i+1}^{n+1} + T_{i+1}^n) + \frac{1}{2}(-2T_i^{n+1} - 2T_i^n) + \frac{1}{2}(T_{i-1}^{n+1} + T_{i-1}^n)}{(\Delta x)^2}\qquad(4\text{-}41)$$

式（4-41）中使用的空间差分格式称为 Crank-Nicolson 格式（C-N 格式）。C-N 格式被广泛使用于求解控制方程为双曲型方程的问题中。在计算流体力学中，C-N 格式以及其修正形式被频繁使用。仔细观察式（4-41），未知量 T_i^{n+1} 不仅根据 n 时层的未知量 T_{i+1}^n，T_i^n，T_{i-1}^n 来表达，也根据其他时层 $n + 1$ 的未知量 T_{i+1}^{n+1}，T_{i-1}^{n+1} 来表达，式（4-41）代表了一个有 3 个未知量的方程，有 T_{i+1}^{n+1}，T_i^{n+1}，T_{i-1}^{n+1}，因此，在给定格点 i 处的方程并不是独立的，只通过该方程本身无法求解 T_i^{n+1} 的结果。必须在所有内部格点都列出式(4-39)，最后可以得到一个代数方程组，联立解出 i 取所有值时未知量 T_i^{n+1} 的值。

上述是一个隐式方法的实例。根据定义，隐式方法是指在给定时间层，对于所有格点都列出微分方程联立求出所有未知量的解的方法。因为需要求解大型的代数联立方程组，

所以隐式方法通常需要对大型矩阵进行处理。到目前为止，可能会觉得隐式方法涉及比前面讨论的显式方法要复杂的运算。与图4-15所示的简单显式有限差分模型相对比，如图4-16所示描述了式（4-41）的隐式模型草图，其清晰地描绘了时层 $n+1$ 的3个未知量。

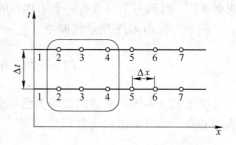

图4-16　隐式差分格式

更具体地，以图4-16所示的有7个格点的网格为例，将式（4-41）的项重新排列，将未知项移到等号左边，已知项移到等号右边，结果如下：

$$\alpha \frac{\Delta t T_{i-1}^{n+1}}{2 (\Delta x)^2} - \left[1 + \frac{\alpha \Delta t}{(\Delta x)^2} \right] T_i^{n+1} + \frac{\alpha \Delta t T_{i+1}^{n+1}}{2 (\Delta x)^2} = - T_i^n - \frac{\alpha \Delta t (T_{i+1}^n - 2 T_i^n + T_{i-1}^n)}{2 (\Delta x)^2} \quad (4\text{-}42)$$

为简单起见，将以下量用 A，B 和 K_i 表示：

$$A = \frac{\alpha \Delta t}{2 (\Delta x)^2} \quad B = 1 + \frac{\alpha \Delta t}{(\Delta x)^2} \quad K_i = - T_i^n - \frac{\alpha \Delta t}{2 (\Delta x)^2}(T_{i+1}^n - 2 T_i^n + T_{i-1}^n)$$

可以将式（4-42）写成如下形式：

$$A T_{i-1}^{n+1} - B T_i^{n+1} + A T_{i+1}^{n+1} = K_i \quad (4\text{-}43)$$

式（4-43）中的 K_i 包括了已知时层 n 的特性。因此，K_i 在式（4-43）中是已知量，如图4-16所示，对格点2～格点6依次应用式（4-43）。

格点2：
$$A T_1 - B T_2 + A T_3 = K_2 \quad (4\text{-}44)$$

为方便起见，省略上标，T_1，T_2，T_3 代表时层 $n+1$ 的3个值。如前所述，K_2 为已知值。另外，由于格点1和格点7处的边界条件约束，方程中的 T_1 为已知值，因此，式（4-44）中与已知量 T_1 有关的项可以移到等号右边，结果如下：

$$- B T_2 + A T_3 = K_2 - A T_1 \quad (4\text{-}45)$$

将 $K_2 - A T_1$ 记为 K_2'，K_2' 已知，式（4-45）可以写为：

$$- B T_2 + A T_3 = K_2' \quad (4\text{-}46)$$

格点3：
$$A T_2 - B T_3 + A T_4 = K_3 \quad (4\text{-}47)$$

格点4：
$$A T_3 - B T_4 + A T_5 = K_4 \quad (4\text{-}48)$$

格点5：
$$A T_4 - B T_5 + A T_6 = K_5 \quad (4\text{-}49)$$

格点6：
$$A T_5 - B T_6 + A T_7 = K_6 \quad (4\text{-}50)$$

在式（4-50）中，因为格点7在边界上，由边界条件约束可知 T_7 为已知量，因此，将式（4-50）整理后可以写为：

$$A T_5 - B T_6 = K_6 - A T_7 = K_6' \quad (4\text{-}51)$$

式中，K_6' 为已知量。

式（4-46）～式（4-51）是以 T_2，T_3，T_4，T_5，T_6 为未知数的5个方程，这个方程组可以写成如下的矩阵形式：

$$
\begin{bmatrix}
-B & A & 0 & 0 & 0 \\
A & -B & A & 0 & 0 \\
0 & A & -B & A & 0 \\
0 & 0 & A & -B & A \\
0 & 0 & 0 & A & -B
\end{bmatrix}
\begin{bmatrix}
T_2 \\ T_3 \\ T_4 \\ T_5 \\ T_6
\end{bmatrix}
=
\begin{bmatrix}
K'_2 \\ K_3 \\ K_4 \\ K_5 \\ K'_6
\end{bmatrix}
\tag{4-52}
$$

系数矩阵是三对角阵，三对角阵的定义是仅在式（4-52）中的三条对角线上的元素为非零元素。式（4-52）的求解可用追赶法。

这个例子的基础更多涉及隐式方法而不是显式方法，式（4-31）是一个线性偏微分方程，由它得到的是线性差分方程。如果偏微分方程是非线性，例如假定式（4-31）中的温度扩散系数 α 是一个温度函数，即

$$
\frac{\partial T}{\partial t} = \alpha(T)\frac{\partial^2 T}{\partial x^2}
\tag{4-53}
$$

式（4-53）是非线性偏微分方程。这里参照式（4-38）将式（4-53）写成差分形式如下：

$$
T_i^{n+1} = T_i^n + \alpha(T_i^n)\frac{\Delta t}{(\Delta x)^2}(T_{i+1}^n - 2T_i^n + T_{i-1}^n)
\tag{4-54}
$$

式（4-54）仍然是单未知量 T_i^{n+1} 的线性方程，因为 α 在时层 n 上赋值，即 $\alpha = \alpha(T_i^n)$，这里 T_i^n 为已知量。另外，如果在式（4-53）中使用 C-N 方法，等式右边按照时层 n 和 $n+1$ 的平均值赋值，即 $\alpha(T)$ 可表示为 $\frac{1}{2}[\alpha(T_i^{n+1}) + \alpha(T_i^n)]$。得到的差分方程由式（4-42）给出，在方程中出现 α 的地方均由 $\frac{1}{2}[\alpha(T_i^{n+1}) + \alpha(T_i^n)]$ 代替。显然，这个新的差分方程包含了由独立变量组成的项：$\alpha(T_i^{n+1})\,T_i^{n+1}$，$\alpha(T_i^{n+1})\,T_{i+1}^{n+1}$ 和 $\alpha(T_i^{n+1})\,T_{i-1}^{n+1}$。即所得的方程是一个非线性代数方程。因此隐式求解需要一个大型的非线性方程组的同步解，这是隐式求解一个很大的缺点。为了避免这个问题，通常将差分方程近似地离散化。例如，如果在式（4-53）中 α 简单地用 n 时层的值来赋值而不是用 n 和 $n+1$ 时层的平均值，那么差分方程中就不会出现非线性的代数项。如此便得到理想的差分方程如方程（4-52）所示，方程中 α 的值由 $\alpha(T_i^n)$ 给定。

对于显式方法而言，Δx 一旦选定，Δt 也不再是一个可任意选择的独立变量，而限制在一个等于或小于一个由稳定准则限定的范围内取值。如果 Δt 的取值超过了稳定准则要求的范围，时间推进程序就会迅速发展为不稳定，程序会很快因为数值趋向无限大或者对负数取平方根之类的原因被停止。在很多情况下，Δt 为了保持稳定性必须取很小的值，这可能会造成在一个给定的时间段内，完成计算需要很长的程序运行时间。而隐式方法却没有这样的稳定要求。

对于大多数的隐式方法而言，为保持稳定而要求的 Δt 的取值范围要比相应的显式方法大得多。甚至有的隐式方法是无条件稳定的，即 Δt 取任意值，不管多大，也能得到一个稳定解。因此，对于隐式方法而言，在给定的时间段内需要的时间步数可以比显式方法

少相当一部分，所以，对于有些情况，即使隐式方法由于自身的复杂性，而在每个时间步内需要做更多的计算，实际上由于在给定时间段内减少了相当多的时间步，可能最后在电脑上的程序运行时间比显式方法还要短。

由于可以取较大的 Δt，截断误差也较大，使用隐式方法追踪准确的瞬态（变量随时间的变化）可能不如显式方法的精度高。但是，当想要求解稳定状态的时间独立解时，关于时间变量和精度就显得不重要了。

时间步进方法在计算流体力学中经常被使用，是求解流场的最直接的方法。但是，许多更为复杂的流体力学计算的应用中，在流场的某些区域要求密集的网格格点，由于网格要求的推进步长很小，会造成电脑运算需要的时间过长。高 Re 数黏性流动的计算中，在流场内剧烈改变发生的地方，要求有密集的空间点，是这个问题的一个实例。这使得上文列出的隐式方法的优点更为突出，在一个适合的网格上使用大的时间步长。因为这个原因，隐式方法成为 20 世纪 80 年代计算流体力学应用的主要焦点。但是，由于电脑技术的不断提高，即大型并行处理器的相互连接，显式方法有可能再次成为重点。如此大型的处理器可以完成分为数千个网格的流场的同一时刻的显式计算。对于一个给定的问题是选用显式方法还是隐式方法求解有时并不能分得十分清楚。针对相应问题，必须要进行精心选择。

4.3　误差与稳定性分析

使用有限差分法求解流体流动时，首先要将计算区域划分为差分网格，选取合适的差分格式。需要说明的是，在 4.2 节提到的条件下差分方程的解逼近微分方程的解。如果时间步长 Δt 的增加超过一定值则有的格式会趋向不稳定。这个允许的时间步长最大值可以通过有限差分格式的稳定性分析得到。关于差分方程的解是否收敛，需要讨论差分格式的相容性、收敛性以及稳定性。

4.3.1　差分方程的相容性

相容性阐述的是差分方程能否代表与之相对应的微分方程。当时间步长 Δt 和空间步长 Δx 同时趋近于零时，如果差分方程的截断误差趋近于零，此时差分方程趋近于微分方程，称为差分方程与之对应的微分方程相容。如果不管 Δt 和 Δx 以怎样的方式趋近，差分方程的截断误差总是趋向于零，称为差分方程与之对应的微分方程是无条件相容的。

以一维线性热扩散方程式（4-31）为例进行讨论。

取 Dufort-Frankel 格式，得到

$$\frac{T_i^{n+1} - T_i^{n-1}}{2\Delta t} - \alpha \frac{T_{i+1}^n - (T_i^{n+1} + T_i^{n-1}) + T_{i-1}^n}{\Delta x^2} = 0 \tag{4-55}$$

对该格式各项进行 Taylor 展开分析：

$$\frac{T_i^{n+1} - T_i^{n-1}}{2\Delta t} = \left(\frac{\partial T}{\partial t}\right)_i^n + O(\Delta t^2) \tag{4-56}$$

$$\alpha \frac{T_{i+1}^n + T_{i-1}^n}{\Delta x^2} = \frac{\alpha}{\Delta x^2}\left(2u_i^n + 2\frac{\Delta x^2}{2!}\frac{\partial^2 u}{\partial x^2}\Big)_i^n + 2\frac{\Delta x^4}{4!}\left(\frac{\partial^4 u}{\partial x^4}\right)_i^n + \cdots \tag{4-57}$$

$$\alpha \frac{T_i^{n+1} + T_i^{n-1}}{\Delta x^2} = \frac{\alpha}{\Delta x^2} \left(2u_i^n + 2 \frac{\Delta t^2}{2!} \frac{\partial^2 u}{\partial t^2} \bigg|_i^n + 2 \frac{\Delta t^4}{4!} \left(\frac{\partial^4 u}{\partial t^4} \right)_i^n + \cdots \right) \qquad (4\text{-}58)$$

将上述式（4-56）~式（4-58）代入式（4-55）得到截断误差为：

$$R_i^n = \frac{T_i^{n+1} - T_i^{n-1}}{2\Delta t} - \alpha \frac{T_{i+1}^n - (T_i^{n+1} + T_i^{n-1}) + T_{i-1}^n}{\Delta x^2} - \left(\frac{\partial T}{\partial t} - \alpha \frac{\partial^2 T}{\partial x^2} \right)_i^n$$

$$= O(\Delta t^2 + \Delta x^2 + \Delta t^2 / \Delta x^2) \qquad (4\text{-}59)$$

可见，如果 $\Delta t / \Delta x$ 等于常数，当 $\Delta t \to 0$，$\Delta x \to 0$ 时，截断误差 R_i^n 并不趋近于零，因此差分方程（4-55）与微分方程（4-31）是不相容的。

如果选用显式差分格式为：

$$\frac{T_i^{n+1} - T_i^n}{\Delta t} = \frac{\alpha (T_{i+1}^n - 2T_i^n + T_{i-1}^n)}{(\Delta x)^2} \qquad (4\text{-}60)$$

通过截断误差分析，得到 $R_i^n = O(\Delta t^2 + \Delta x^2)$，当 $\Delta t \to 0$，$\Delta x \to 0$ 时，截断误差 R_i^n 趋近于零，因此差分方程（4-60）与微分方程（4-31）是相容的。

4.3.2 差分方程的收敛性

当时间步长和空间步长趋近于零时，差分方程的解趋近于微分方程的解，这种性质称为差分方程的收敛性。

差分方程的误差由截断误差和离散误差两部分组成。差分方程的截断误差与相容性有关，差分方程满足相容性，并不一定满足收敛性，相容性只是收敛性的必要条件之一。

讨论差分方程的收敛性，还需要分析离散误差。对于定解域上的任意一点 (x, t)，若用 A_i^n 表示微分方程的精确解，D_i^n 表示差分方程的精确解（假定计算中不引入初始误差、舍入误差），离散误差的定义为：

$$\varepsilon_i^n = A_i^n - D_i^n \qquad (4\text{-}61)$$

当时间步长和空间步长趋近于零时，如果离散误差 ε_i^n 也趋近于零，则称差分方程是收敛的。直接证明差分方程的收敛性比较困难，根据 Lax 等价定理，可以通过稳定性间接证明收敛性。

Lax 等价定理（Lax's Equivalence Theorem）为：对于一个适定的线性初值问题及与其相容的差分格式，其收敛性的充分必要条件是此差分方程的稳定性。即对于一个适定的线性初值问题，相容性加稳定性等于收敛性。其中微分方程的稳定性是指微分方程的解存在并且唯一。

4.3.3 差分方程的稳定性

差分格式计算是按时层逐渐推进的，D_i^n 为差分方程的精确解，u_i^n 为差分方程的数值解，两者往往不相等。这是因为初始时层或边界值一般是由实测或推算而确定的，具有初始误差和边界误差，在计算中又有四舍五入而产生的舍入误差，定义取整误差如下：

$$e_i^n = u_i^n - D_i^n \qquad (4\text{-}62)$$

若在时层推进的计算中，e_i^n 不是逐渐增大而导致完全偏离差分方程的精确解，则称差分方程是稳定的，否则是不稳定的。

考虑偏微分方程（4-31）表示的是一维热扩散方程，将式（4-62）表示的差分方程数值解 $u_i^n = D_i^n + e_i^n$ 代入差分方程，得到

$$\frac{D_i^{n+1} + e_i^{n+1} - D_i^n - e_i^n}{\alpha\Delta t} = \frac{D_{i+1}^n + e_{i+1}^n - 2D_i^n - 2e_i^n + D_{i-1}^n + e_{i-1}^n}{(\Delta x)^2} \tag{4-63}$$

根据定义，D_i^n 是差分方程的精确解，精确地满足差分方程。因而得到

$$\frac{D_i^{n+1} - D_i^n}{\alpha\Delta t} = \frac{D_{i+1}^n - 2D_i^n + D_{i-1}^n}{(\Delta x)^2} \tag{4-64}$$

用式（4-64）减去式（4-63），得

$$\frac{e_i^{n+1} - e_i^n}{\alpha\Delta t} = \frac{e_{i+1}^n - 2e_i^n + e_{i-1}^n}{(\Delta x)^2} \tag{4-65}$$

由式（4-65）可知误差 e_i^n 通常满足差分方程。在从 n 向 $n+1$ 时层推进时，如果 e_i^n 逐渐增大，则差分格式是不稳定的；如果误差 e_i^n 不增大，则差分格式是稳定的。因此差分格式的稳定条件是：

$$|e_i^{n+1}/e_i^n| \leqslant 1 \tag{4-66}$$

对于以式（4-31）为例的非恒定一维热扩散问题，取整误差可以假设为随机变量，可以用傅里叶级数表示，即

$$e(x) = \sum_m A_m e^{jk_m x} \tag{4-67}$$

式中，k_m 为波数；$j = \sqrt{-1}$ 为单位虚数。

式（4-67）代表了一个正弦函数和一个余弦函数，因为 $e^{jk_m x} = \cos k_m x + j\sin k_m x$。对于长度为 L 的一维计算域，划分的网格节点数 $N+1$，可以确定这样的网格划分能够考虑的最小波长为：

$$\lambda_{\min} = 2L/N \tag{4-68}$$

那么最大波数为：

$$k_m = \frac{2\pi}{2L/N} = \frac{2\pi}{L}\frac{N}{2} \tag{4-69}$$

式（4-67）中 m 的上限应该等于 $N/2$，因此式（4-67）可以改写为：

$$e(x) = \sum_{m=1}^{N/2} A_m e^{jk_m x} \tag{4-70}$$

认为变量 A_m 随时间呈指数发展，误差也随着时间呈现指数增大或减小的趋势，因此有

$$e(x,t) = \sum_{m=1}^{N/2} e^{at} e^{jk_m x} \tag{4-71}$$

式中，a 为常数。式（4-71）代表了空间和时间的取整误差的最终合理形式。

由于最初的差分方程（4-55）是线性的，且取整误差满足这个差分方程，将式

（4-71）代入式（4-65），级数的每一项的行为都与该级数一致。因此，只需处理级数的其中一项，有

$$e_m(x,t) = e^{at}e^{jk_mx} \tag{4-72}$$

现在研究误差随着时间步的变化，并由此得出满足式（4-65）对时间步长 Δt 的限制。将式（4-72）代入式（4-65），得

$$\frac{e^{a(t+\Delta t)}e^{jk_mx} - e^{at}e^{jk_mx}}{\alpha\Delta t} = \frac{e^{at}e^{jk_m(x+\Delta x)} - 2e^{at}e^{jk_mx} + e^{at}e^{jk_m(x-\Delta x)}}{(\Delta x)^2} \tag{4-73}$$

从式（4-73）得到

$$e^{a\Delta t} = 1 + \frac{\alpha\Delta t}{(\Delta x)^2}(e^{jk_m\Delta x} + e^{-jk_m\Delta x} - 2) \tag{4-74}$$

由公式 $\cos(k_m\Delta x) = \dfrac{e^{jk_m\Delta x} + e^{-jk_m\Delta x}}{2}$，式（4-74）可以写为：

$$e^{a\Delta t} = 1 + \frac{2\alpha\Delta t}{(\Delta x)^2}[\cos(k_m\Delta x) - 1] \tag{4-75}$$

由三角公式 $\sin^2\dfrac{k_m\Delta x}{2} = \dfrac{1 - \cos(k_m\Delta x)}{2}$，式（4-75）最终成为：

$$e^{a\Delta t} = 1 - \frac{4\alpha\Delta t}{(\Delta x)^2}\sin^2\frac{k_m\Delta x}{2} \tag{4-76}$$

由式（4-72），得

$$\frac{e_i^{n+1}}{e_i^n} = \frac{e^{a(t+\Delta t)}e^{jk_mx}}{e^{at}e^{jk_mx}} = e^{a\Delta t} \tag{4-77}$$

通过式（4-76）和式（4-77），可以得到

$$\left|\frac{e_i^{n+1}}{e_i^n}\right| = |e^{a\Delta t}| = \left|1 - \frac{4\alpha\Delta t}{(\Delta x)^2}\sin^2\frac{k_m\Delta x}{2}\right| \leqslant 1 \tag{4-78}$$

只有满足式（4-78），差分方程才有稳定解。在式（4-78）中，定义因数为：

$$\left|1 - \frac{4\alpha\Delta t}{(\Delta x)^2}\sin^2\frac{k_m\Delta x}{2}\right| = G$$

G 为放大因数，给式（4-78）中的不等式赋值，即 $G \leqslant 1$，有两种可能的情况必须保持同步：

一种是：

$$1 - \frac{4\alpha\Delta t}{(\Delta x)^2}\sin^2\frac{k_m\Delta x}{2} \leqslant 1 \quad \text{且} \quad \frac{4\alpha\Delta t}{(\Delta x)^2}\sin^2\frac{k_m\Delta x}{2} \geqslant 0 \tag{4-79}$$

由于 $4\alpha\Delta t/(\Delta x)^2$ 总是为正，式（4-79）的条件始终能够满足。

另一种是：$1 - \dfrac{4\alpha\Delta t}{(\Delta x)^2}\sin^2\dfrac{k_m\Delta x}{2} \geqslant -1$，因此 $\dfrac{4\alpha\Delta t}{(\Delta x)^2}\sin^2\dfrac{k_m\Delta x}{2} - 1 \leqslant 1$。

要满足上述条件，有

$$\frac{\alpha\Delta t}{(\Delta x)^2} \leqslant \frac{1}{2} \tag{4-80}$$

式（4-80）给出了差分方程（4-55）解的稳定条件。Δt 的允许值必须足够小以满足式（4-80）。只要 $\alpha \Delta t / (\Delta x)^2 \leqslant 1/2$，误差就不会随着时间步的推进而增大，其数值解也会表现出稳定的形式。另一方面，如果 $\alpha \Delta t / (\Delta x)^2 > 1/2$，误差就会逐渐增大，最终使数值推进解在电脑上发生溢出。

4.3.4　波动方程的稳定性分析（CFL 条件）

在流体力学数值模拟中，波动方程对数值格式的要求比较严格，通过分析一次波动方程，获得其稳定条件。一次波动方程如下：

$$\frac{\partial u}{\partial t} + c \frac{\partial u}{\partial x} = 0 \tag{4-81}$$

$$\frac{\partial u}{\partial x} = \frac{u_{i+1}^n - u_{i-1}^n}{2\Delta x} \tag{4-82}$$

将时间导数用一个简单的前差分代替，得到的与式（4-81）相应的差分方程为：

$$\frac{u_i^{n+1} - u_i^n}{\Delta t} = - c \frac{u_{i+1}^n - u_{i-1}^n}{2\Delta x} \tag{4-83}$$

称式（4-83）为 Euler 显式格式。但是，冯·纽曼稳定性分析在式（4-83）中的应用说明不论 Δt 的值为多少，式（4-83）将趋向不稳定解，因此式（4-83）成为无条件不稳定。将时间导数用一次差分代替，n 时层的数值用格点 $i+1$ 和 $i-1$ 的平均值代替，得到

$$\frac{\partial u}{\partial t} = \frac{u_i^{n+1} - \frac{1}{2}(u_{i+1}^n + u_{i-1}^n)}{\Delta t} \tag{4-84}$$

将式（4-84）代入式（4-83），有

$$u_i^{n+1} = \frac{u_{i+1}^n + u_{i-1}^n}{2} - c \frac{\Delta t}{\Delta x} \frac{u_{i+1}^n - u_{i-1}^n}{2} \tag{4-85}$$

在式（4-85）中使用的差分格式为 Lax 方法，在这里用式（4-84）代表时间导数。如果假定误差具有如下形式 $e_m(x, t) = \mathrm{e}^{at} \mathrm{e}^{jk_m t}$，在式（4-85）中使用这种形式，放大因子变为：

$$\mathrm{e}^{at} = \cos(k_m \Delta x) - jC_r \sin(k_m \Delta x) \tag{4-86}$$

式中，$C_r = c\Delta t / \Delta x$。为保证稳定要求 $|\mathrm{e}^{at}| \leqslant 1$，对式（4-76）应用时得出

$$C_r = c \frac{\Delta t}{\Delta x} \leqslant 1 \tag{4-87}$$

在式（4-87）中，C_r 称为库朗数（Courant Number）。这个方程说明 $\Delta t \leqslant \Delta x / c$ 时式（4-75）的数值解稳定。式（4-87）称为 CFL（Courant Friedrichs Lowy）条件，作为一般性的计算流体力学条件，这是双曲型方程一个很重要的稳定判断准则。

$$\boxed{\text{思 考 题}}$$

4-1　描述有限差分法基本思想。

4-2　差分方程主要有哪几种？

4-3　用泰勒级数推导一阶前差、后差及二阶中间差分。

5 有限元法

5.1 有限元方法基本原理

5.1.1 有限元方法基本思想

当采用根据变分原理或方程余量与基函数正交化原理建立起来的 Ritz-Galerkin 法时，将会遇到两个困难：

(1) 基函数的选择没有一定的法则可以遵循。基函数不仅要求是线性无关的完全的函数序列，而且要求满足齐次的本质边界条件以及足够的连续可微性；对于非齐次边值问题，还必须构造满足非齐次边界条件的特解。对于边界形状复杂的情况，选择满足这样条件的基函数，是十分困难的。

(2) 当由基函数线性组合所构成的近似解代入积分表达式中时，需在求解区域上进行积分计算，这种积分计算一般来说是相当繁杂的，对于复杂的求解区域，更为突出。

正是由于上述两个困难，Ritz-Galerkin 法虽然早在 21 世纪初期就提出来了，但一直未得到充分的应用。直到高速电子计算机出现以后，提出了"分块逼近"的想法，使得 Ritz-Galerkin 法得到进一步发展，形成了应用极为广泛、解题效率很高的有限元方法。

有限元方法的基本思想可概括为如下几点：

(1) 分块离散。将求解区域剖分成若干互相连接而不重叠的、一定几何形状的子区域，这样的子区域称为单元。

(2) 规则化的基函数。Ritz-Galerkin 法的最大困难是选取基函数没有一定的法则。而有限元方法，不论什么样的求解区域和方程，都是按一定规则构造基函数。求解区域有多少个节点，就选取多少个基函数，每个节点分别对应一个基函数（也可以两个或更多个基函数），这个基函数在相应的节点上取值为1，而在其他与这个节点不相邻的单元中全部为零。显然除边界节点相应的基函数外，其余所有基函数都满足齐次本质边值条件，而本质边界条件对应边界上节点的基函数，可用来构造特解。

（3）规则化的单元有限元方程。Ritz-Galerkin 积分表达式可以表达为各个单元上积分的和。而在每个单元中，近似解将表示成基函数的线性组合，代入积分表达式中，在几何形状规则的单元上积分所形成的代数方程称为单元有限元方程。这个方程对每一个单元而言，形式上都是相同的。这样就解决了 Ritz-Galerkin 法在复杂区域上积分的困难。

5.1.2　有限元方法解题步骤

有限元方法解题的主要步骤为：

（1）写出积分表达式。根据变分原理或方程余量与权函数正交化原理，建立起与微分方程初边值问题等价的积分表达式。这和 Ritz-Galerkin 法解题时的第一步是完全一致的，即写出积分表达式，这是有限元方法解题的出发点。

（2）区域剖分。根据求解区域的形状以及实际问题的物理特点，将区域剖分成若干大小不一、几何形状规则的单元，并确定单元中的节点数目与位置，然后对单元、节点按一定要求进行编号。

（3）确定单元基函数。根据单元中节点数目及对近似解可微性要求，选择满足一定插值条件的插值函数为单元基函数。

（4）单元分析。单元分析的目的是建立单元有限元方程。将单元中的近似解表示为单元基函数的线性组合，再将其代入积分表达式中，并对单元区域进行积分，就可获得含有待定系数的代数方程组（或常微分方程组）。这个方程组一般称为单元有限元方程。如果是线性问题，就是导出单元有限元方程的系数矩阵（也称单元刚度矩阵）。

（5）总体合成。所谓总体合成，就是将区域中所有单元有限元方程按一定法则进行累加，形成总体有限元方程。实质是将分解开的单元积分表达式重新合起来，形成总体区域上的积分表达式。总体有限元方程中的未知数正是求解函数在各个节点上的参量（函数值或其导数值）。线性问题就是将单元系数矩阵合成为整体系数矩阵。

（6）边界条件处理。自然边界条件一般在积分表达式中得到满足。边界条件处理主要是如何使本质边界上节点的函数值满足指定的本质边界条件。这可以通过对总体有限元方程按一定法则进行修正而实现。

（7）解总体有限元方程，计算有关物理量。根据本质边界条件修正后的总体有限元方程是含有全部未知待定量的封闭方程组，可采用合适的数值计算方法求解。当求出全部待定量后，即可获得近似解的表达式，进而根据题意计算有关物理量。

5.2　有限元方法解题分析

本节主要以一个最简单的常微分方程边值问题作为例子，系统地说明有限元方法的解题步骤和每一步骤中的要点。

考虑如下常微分方程边值问题：

$$\begin{cases} \dfrac{\mathrm{d}^2 u}{\mathrm{d}x^2} = c & 0 < x < h \\ u = 0 & x = 0 \\ u = 0 & x = h \end{cases} \tag{5-1}$$

5.2.1　写出积分表达式

在文献[3]第 1 章中已详细说明了如何根据变分原理或方程余量与基函数正交化原理建立起相应的积分表达式。

相应式（5-1）的 Ritz-Galerkin 强解表达式为：

$$\int_0^h \left(\frac{\mathrm{d}^2 u}{\mathrm{d}x^2} - c \right) \delta u \mathrm{d}x = 0 \tag{5-2}$$

对式（5-2）分部积分，并注意到在 $x = 0$，$x = h$ 上 $\delta u = 0$，即可弱解积分表达式：

$$\int_0^h \left[\frac{\mathrm{d}u}{\mathrm{d}x} \frac{\mathrm{d}(\delta u)}{\mathrm{d}x} + c\delta u \right] \mathrm{d}x = 0 \tag{5-3}$$

5.2.2　区域剖分

区域剖分是有限元方法在编写程序之前进行准备工作的重要一步，工作量较大。这一步骤的工作应完成如下几项：

（1）单元划分，确定节点。将求解区域（也就是积分表达式中的积分区域）划分成若干互相连接，不重叠的子区域，这些子区域称为单元，单元的几何形状可以人为选取，一般有规则化的几何形状可供选择，但尺寸大小可以不一样。

1）一维问题。将求解的线性区域划分成若干线段子区域，每个单元的线段长度可以不一样。

2）二维问题。最通常的是将平面上的求解区域划分成若干三角形单元，矩形单元，也可以是曲边三角形单元，任意四边形或曲线四边形单元。

3）三维问题。最通常是将空间的求解区域划分成若干四面体单元，或者是矩形六面体单元。

单元在区域中分布的疏密程度或单元的尺寸大小是根据问题的物理性质来决定的，一般物理量变化剧烈的地方，单元尺寸相对要小一些，单元布置要密一些。

单元中的节点要根据对近似函数连续可微性要求等因素决定数目的多少。除单元的角点一定是节点外，单元体的边界上或内部均可布置节点。每个单元体中节点数目及排列方式一般是相同的。由于有限元方法已经相当成熟，单元的类型和节点的布置已经规则化了，可参考相关有限元方法文献。

为便于确定节点的坐标，可将求解区域画在坐标方格纸上，再在其上进行单元划分。

（2）编写单元序号、单元节点号以及总体节点号。单元划分以及节点完全确定以后要进行编号。序号有三种：

1）单元号。全区域的单元顺序编号。记单元号为 e，$e = 1$，2，$\cdots$，E，E 是区域中单元的总数。

2）总体节点号。全区域的节点，按一定的顺序统一编号。记总体节点号为 n，$n = 1$，2，$\cdots$，N，N 是节点总数。节点编号的顺序，一般原则是尽可能使同一单元内的节点号比较接近。单元内节点序号的差值决定了总体系数矩阵的带宽。

3）单元节点号。对每一个单元，将其中的节点按一定的顺序进行编号，记单元节点

号为 i，$i=1$，2，$\cdots$，I，I 是单元中节点的数目。如三节点三角形单元 $I=3$。单元节点号是相对每一个单元而言的，因此必须和单元号联系在一起才有意义。每个单元中序号的排列顺序必须统一，如三角形单元中的单元节点号是按逆时针转向排序的。

（3）列出每个单元中单元节点号与总体节点号之间一一对应的关系。区域中的每一个节点都有两个序号。在进行单元分析时，采用的是单元节点号；在总体合成时，采用的是总体节点号。单元节点号与总体节点号的对应关系必须准确地表示清楚。通常采用图示法和列表法表示。所谓图示法就是在单元剖分图上，对每一个节点，同时标出其单元节点号和总体节点号。这种序号对应关系还必须列出表格，使其可以清楚地表示出来。

例如，将求解区域 $[0,n]$ 划分成 4 个单元，节点号的对应关系，可由图 5-1 所示的单元剖分图表示。单元节点号与总体节点号的对应关系见表 5-1。这种对应关系，在计算程序中将通过输入语句送入数据，在计算时加以应用。

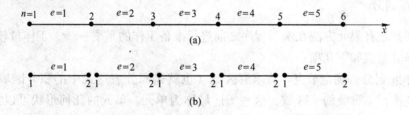

图 5-1　一维单元剖分图
（a）单元号与总体节点号；（b）每个单元的单元节点号

节点上的参数在表示时有两种方式。如 e 单元中第 i 号节点，其总体节点号是 n，则函数 u 在这个节点上的值可记为 $u_i^{(e)}$，也可以记为 u_n。$u_i^{(e)}$ 和 u_n 是同一个值的两种表示方式，显然 $u_i^{(e)} = u_n$。

表 5-1　单元节点号与总体节点号对照表

n＼e ＼i	1	2	3	4
1	1	2	3	4
2	2	3	4	5

（4）列出节点的位置坐标。在单元剖分图上应建立合适的坐标系，每个节点的位置坐标用表格的形式表示清楚。在计算程序中，将通过输入语句送入这些数据，在计算时加以应用。本例中的节点位置见表 5-2。

表 5-2　节点坐标值

节点号 n	1	2	3	4	5
坐标值 x	0	$0.25h$	$0.5h$	$0.75h$	h

（5）分别列出本质边界与自然边界上的节点号及相应的边界值。通过表格列出这些数据，在计算程序中，将通过输入语句送入并在计算时加以应用。本例中只有本质边界条件的节点，其数据见表 5-3。

表 5-3 本质边界节点与边界值

边界节点号 n_r	1	5
边界函数值 u_r	0	0

5.2.3 确定单元基函数

有限元方法与 Ritz-Galerkin 法相比，一个很重要的区别在于有限元方法的基函数是在单元中构造的。由于各个单元具有规则的几何形状，且可以不必考虑边界条件的影响，因此在单元中选取基函数可以遵循一定的法则。基函数是规则化的。

选取 e 单元中的基函数为：$\{\Phi_i\}$ （$i = 1,2,\cdots,I$）。

若单元中的近似函数记为 $u^{(e)}$，可以通过基函数的线性组合表示为：

$$u^{(e)} = u_i^{(e)}\Phi_i \tag{5-4}$$

式中，$u_i^{(e)}$ 为待定系数。

单元基函数的构造原则是使近似函数表达式（5-4）中的系数 $u_i^{(e)}$ 正好是相应节点上的函数值。根据这个原则，构造单元基函数将遵循以下两条法则：

（1）每个单元中的基函数个数和单元中节点的个数相等。序号为 i 的节点相应的基函数记为 $\Phi_i(i = 1,2,\cdots,I)$。本例中，线性单元有两个节点，函数有两个，即 Φ_1 和 Φ_2。

（2）基函数 Φ_i 应满足插值条件：$\Phi_i(p_j) = \delta_{ij}$ （$i,j = 1,2,\cdots I,$）。其中 p_j 是单元节点序号为 j 的节点，δ_{ij} 是 Kronecker δ 序号，即

$$\delta_{ij} = \begin{cases} 1 & i = j \\ 0 & i \neq j \end{cases}$$

本例中的两个基函数的插值条件是：

$$\begin{cases} \Phi_1(p_1) = 1 \\ \Phi_1(p_2) = 0 \end{cases}$$
$$\begin{cases} \Phi_2(p_1) = 0 \\ \Phi_2(p_2) = 1 \end{cases} \tag{5-5}$$

基函数一般选取多项式函数，根据插值条件，可以确定多项式的阶次以及各项系数。有限元方法中的基函数都是按一定条件构成的插值函数，一般将这样的单元基函数称为"形状函数"，也有称为"插值函数"。对本例中的基函数选取进行讨论，并指出其所具有的特点。

假定 Φ_i 是多项式函数，根据式（5-5）表示的插值条件，其必定是线性多项式：

$$\Phi_i = a_i + b_i x \quad (i = 1,2) \tag{5-6}$$

且满足

$$\Phi_i(x_j^{(e)}) = a_i + b_i x_j^{(e)} = \delta_{ij} \quad (i,j = 1,2) \tag{5-7}$$

式中，$x_j^{(e)}$ 是 e 单元中第 j 号节点的坐标。式（5-7）是含有 a_1、b_1、a_2、b_2 4 个未知数的代数方程组，求解后再代到式（5-6）中可得

$$\varPhi_i = \frac{x_j^{(e)} - x}{x_j^{(e)} - x_i^{(e)}} \quad (i,j = 1,2; i \neq j) \tag{5-8}$$

为了单元分析的方便，基函数常常是表示为无量纲局部坐标的形式。令量纲局部坐标

$$\xi = \frac{x - x_i^{(e)}}{x_2^{(e)} - x_1^{(e)}} = \frac{x - x_1^{(e)}}{\Delta x^{(e)}} \tag{5-9}$$

则有

$$\begin{cases} \varPhi_1 = 1 - \xi \\ \varPhi_2 = \xi \end{cases} \tag{5-10}$$

单元中的近似函数可以表示为：

$$u^{(e)} = u_1^{(e)}(1 - \xi) + u_2^{(e)}\xi \tag{5-11}$$

在局部坐标中，单元中序号为 1、2 节点的坐标值分别为 $\xi = 0$、1，代入式（5-10）和式（5-11）中，就可以很清楚地看出单元基函数的特点：单元基函数的函数值在相应下标序号的节点上值为 1，其余节点上为 0；单元近似函数的系数正是相应节点上的函数值。按式（5-10）和式（5-11），可画出单元基函数与近似函数的图形，如图 5-2 所示。

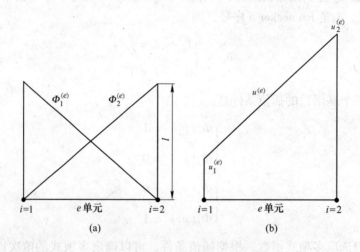

图 5-2　函数图形
（a）单元基函数；（b）近似函数

全区域的基函数可以看做所有单元基函数的总和。每个节点相应有一个基函数，但由于一个节点往往同时是其所有相邻单元中的节点，因此这个节点的基函数，将是其所分属的单元中相应基函数的叠加。

本例中，将式（5-8）进行叠加求和，即可获得总体基函数。从图 5-2 所表示的单元基函数的形状可以看出总体基函数为如图 5-3 所示的"尖顶形"的函数，在相应节点上的值为 1，其他所有节点上的值为 0，相邻节点间呈线性变化。

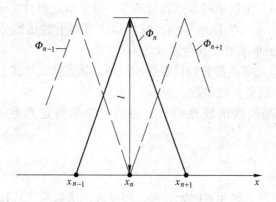

图 5-3 一维线性基函数 Φ_n

相应节点序号为 n 的总体基函数的表达式为：

$$\Phi_n(x) = \begin{cases} \dfrac{x - x_{n-1}}{x_n - x_{n-1}} & x \in [x_{n-1}, x_n) \\[2mm] 1 & x = x_n \\[2mm] \dfrac{x_{n+1} - x}{x_{n+1} - x_n} & x \in (x_n, x_{n+1}] \\[2mm] 0 & x \notin [x_{n-1}, x_{n+1}] \end{cases} \tag{5-12}$$

式（5-12）适用于 $n = 2$、3、4 的内部节点，当 $n = 1$、5（边界节点）时，将边界外部分去掉。

单元中的近似函数由单元基函数线性组合产生，如图 5-4（a）所示，全区域的近似函数由各个单元的近似函数叠加而成，如图 5-4（b）所示。

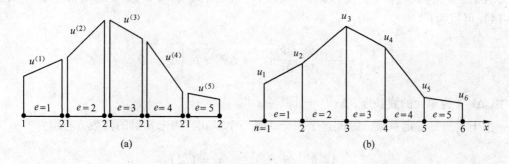

图 5-4 近似函数
（a）单元近似函数；（b）全区域近似函数

上面所讨论的是一维情形线性基函数所具有的特点。这些特点也是一般有限元方法中基函数所具有的特点。正确理解有限元方法中的基函数，对掌握有限元方法的实质很有帮助。上述介绍的是 Lagrange 型的函数，它是有限元方法使用最广泛的基函数，通过它可以了解有限元方法基函数的基本特点，即

（1）基函数的数目与全区域的节点数目相等，每个节点都对应一个基函数。

（2）基函数的形状是"尖顶形"的，其所对应节点上的函数值为1，其余节点上为0，且除了与节点相邻的单元外，其余区域均为0。

（3）每个单元中单元基函数的数目都是相同的，其表达式形式上都是一样的。表达式中的系数是和单元坐标值有关的参数。

（4）近似函数是基函数的线性组合，表达式中的待定系数正是相应节点上的函数值。

5.2.4　单元分析

单元分析的任务是建立单元有限元方程，即将近似函数表达式代入积分表达式中，在一个典型单元中进行积分，推导出含有待定系数（即函数在节点上的参量）的单元有限元方程。

区域剖分是有限元方法编写程序上机计算前的"数据"准备工作，而单元分析是编写程序前的"数学"准备工作，是需要严格进行数学推导的重要一步。

在本例中，积分表达式（5-3）可以改写成各个单元的积分之和：

$$\int_0^h \left[\frac{du}{dx}\frac{d(\delta u)}{dx} + c\delta u \right]dx = \sum_{e=1}^E \int_{x_1^{(e)}}^{x_2^{(e)}} \left[\frac{du}{dx}\frac{d(\delta u)}{dx} + c\delta u \right]dx \qquad (5\text{-}13)$$

所谓单元有限元方程是指单元积分表达式：

$$\int_{x_1^{(e)}}^{x_2^{(e)}} \left[\frac{du}{dx}\frac{d(\delta u)}{dx} + c\delta u \right]dx = 0 \qquad (5\text{-}14)$$

通过将近似函数表达式（5-4）代入其中并注意到 $\delta u = \Phi_i$，经过积分运算，可导出代数方程式。现将式（5-4）代入式（5-14），并利用式（5-9）改写成局部坐标，则式（5-14）可写为：

$$\int_0^1 \left[\frac{1}{\Delta x^{(e)}}\frac{d\Phi_j}{d\xi}\frac{d\Phi_i}{d\xi}u_j^{(e)} + \Delta x^{(e)}c\Phi_i \right]d\xi = 0$$

式中，$\Delta x^{(e)}$ 为单元的线长度，$\Delta x^{(e)} = x_2^{(e)} - x_1^{(e)}$。

由于 $u_j^{(e)}$ 是待定系数，因此这个积分式是一个以 $u_j^{(e)}$ 为未知量的代数方程组：

$$\begin{cases} A_{ij}^{(e)}u_j^{(e)} = f_i^{(e)} & (i = 1,2) \\[2mm] A_{ij}^{(e)} = \dfrac{1}{\Delta x^{(e)}}\displaystyle\int_0^1 \dfrac{d\Phi_i}{d\xi}\dfrac{d\Phi_j}{d\xi}d\xi \\[2mm] f_i^{(e)} = -\Delta x^{(e)}c\displaystyle\int_0^1 \Phi_i d\xi \end{cases} \qquad (5\text{-}15)$$

如果将基函数式（5-10）代入式（5-15）中，即可计算出 $A_{ij}^{(e)}$ 与 $f_i^{(e)}$：

$$\{A_{ij}^{(e)}\} = \frac{1}{\Delta h}\begin{bmatrix} 1 & -1 \\ -1 & 1 \end{bmatrix} \tag{5-16}$$

$$\{f_i^{(e)}\} = -\Delta hc\begin{bmatrix} \frac{1}{2} \\ \frac{1}{2} \end{bmatrix} \tag{5-17}$$

式中，Δh 为单元的长度，$\Delta h = \Delta x^{(e)} = \dfrac{h}{5}$。

5.2.5 总体合成

从式（5-13）可以看出，总体积分表达式是各个单元积分表达式之和。单元积分表达式就是单元有限元方程，因此将求解区域中所有单元有限元方程相加即合成总体有限元方程：

$$A_{nm}u_m - f_n = \sum_{e=1}^{E}\left[A_{ij}^{(e)}u_j^{(e)} - f_i^{(e)}\right] = 0 \tag{5-18}$$

式（5-18）和式（5-13）是等价的。

总体合成的任务就是将所有单元有限元方程进行累加，合成为总体有限元方程。对于和本例类似的线性问题，就是将单元有限元方程的系数矩阵 $\{A_{ij}^{(e)}\}$ 和右端项 $\{f_i^{(e)}\}$ 分别累加，合成为总体有限元方程的系数矩阵 $\{A_{nm}\}$ 和右端项 $\{f_n\}$。所谓"累加"，首先是将 e 单元中单元节点号 i、j，按照区域剖分时给出的单元节点序号与总体节点序号对照表（表 5-1）中列出的对应关系转化为总体节点号 n、m，然后将 $A_{ij}^{(e)}$ 累加到 A_{nm} 中。由于一个总体节点号对应若干个（本例的内点是两个）单元节点号，因此可能有若干个不同单元中的系数 $A_{ij}^{(e)}$ 同时对应于一个总体系数 A_{nm}，需要逐个单元地将单元系数矩阵中的各个元素或右端项的各个系数，按节点序号对应关系，逐次相加到总体系数矩阵或右端项的相应元素上去。即，总体合成就是将所有单元的 $A_{ij}^{(e)}$、$f_i^{(e)}$ 进行累加，最终形成 A_{nm}、f_n，从而产生总体有限元方程：

$$A_{nm}u_m = f_n \quad (n = 1,2,\cdots,N) \tag{5-19}$$

本例中单元总数 $E = 4$，按照节点序号对照表（表 5-1）单元节点号与总体节点号的对应关系，总体合成后的总体系数矩阵与右端项为：

$$\{A_{nm}\} = \begin{bmatrix} A_{11}^{(1)} & A_{12}^{(1)} & 0 & 0 & 0 \\ A_{21}^{(1)} & A_{22}^{(1)} + A_{11}^{(2)} & A_{12}^{(2)} & 0 & 0 \\ 0 & A_{21}^{(2)} & A_{22}^{(2)} + A_{11}^{(3)} & A_{12}^{(3)} & 0 \\ 0 & 0 & A_{21}^{(3)} & A_{22}^{(3)} + A_{11}^{(4)} & A_{12}^{(4)} \\ 0 & 0 & 0 & A_{21}^{(4)} & A_{22}^{(4)} \end{bmatrix} \tag{5-20}$$

$$\{f_n\} = \begin{bmatrix} f_1^{(1)} \\ f_2^{(1)} + f_1^{(2)} \\ f_2^{(2)} + f_1^{(3)} \\ f_2^{(3)} + f_1^{(4)} \\ f_2^{(4)} \end{bmatrix} \tag{5-21}$$

将式（5-16）和式（5-17）分别代入式（5-20）和式（5-21）中，即可获得总体有限元方程：

$$\begin{bmatrix} 1 & -1 & 0 & 0 & 0 \\ -1 & 2 & -1 & 0 & 0 \\ 0 & -1 & 2 & -1 & 0 \\ 0 & 0 & -1 & 2 & -1 \\ 0 & 0 & 0 & -1 & 1 \end{bmatrix} \begin{bmatrix} u_1 \\ u_2 \\ u_3 \\ u_4 \\ u_5 \end{bmatrix} = -\Delta h^2 c \begin{bmatrix} 0.5 \\ 1 \\ 1 \\ 1 \\ 0.5 \end{bmatrix} \tag{5-22}$$

上述进行的总体合成，在单元数目较多时，工作量十分巨大。有限元方法中这一步的计算工作是通过程序在计算机上完成的。

5.2.6 边界处理条件

总体有限元方程式（5-22），如果不引进边界条件，所得的解是没有意义的。自然边界条件一般已在积分表达式中得到满足，本质边界条件需要通过对总体有限元方程的修正，使其满足。对有限元方程的修正，实质上是在近似解表示为总体基函数线性组合的表达式中构造一个满足本质边界条件的特解。

通过总体有限元方程的修正，使本质边界条件得到满足，一般有消行修正法和对角线项扩大修正法两种方法。

5.2.6.1 消行修正法

假定第 r 号节点是本质边界上的节点，边界值为 $\overline{u_r}$。修正方法如下：将系数矩阵 $\{A_{nm}\}$ 中相应 r 的对角线元素 A_{rr} 用 1 代替，并将它所在的行和列，即第 r 行和第 r 列中的其余全部元素置于 0。同时将 $\{f_n\}$ 中的第 r 行元素 f_r 改写为 $\overline{u_r}$，其余的各元素 f_n 均减去 $A_{nr}\overline{u_r}$，即把 f_n 改写为 $f_n - A_{nr}\overline{u_r}(n = 1,2,\cdots,N,n \neq r)$。记修正的系数矩阵为 $\{A_{nm}^*\}$，修正的右端项为 $\{f_n^*\}$，具体的矩阵表示如下：

$$\{A_{nm}^*\} = \begin{bmatrix} A_{11} & A_{12} & \cdots & A_{1,r-1} & 0 & A_{1,r+1} & \cdots & A_{1,N} \\ A_{2,1} & A_{2,2} & \cdots & A_{2,r-1} & 0 & A_{2,r+1} & \cdots & A_{2,1} \\ \vdots & & & \vdots & & \vdots & & \vdots \\ A_{r-1,1} & A_{r-1,2} & \cdots & A_{r-1,r-1} & 0 & A_{r-1,r+1} & \cdots & A_{r-1,N} \\ 0 & 0 & \cdots & 0 & 1 & 0 & \cdots & 0 \\ A_{r+1,1} & A_{r+1,2} & \cdots & A_{r+1,r-1} & 0 & A_{r+1,r+1} & \cdots & A_{r+1,1} \\ \vdots & & & \vdots & & \vdots & & \vdots \\ A_{N,1} & A_{N,2} & \cdots & A_{N,r-1} & 0 & A_{N,r+1} & \cdots & A_{N,N} \end{bmatrix}$$

$$\{f_n^*\} = \begin{bmatrix} f_1 - A_{1r}\,\overline{u_r} \\ f_2 - A_{2r}\,\overline{u_r} \\ \vdots \\ f_{r-1} - A_{r-1,r}\,\overline{u_r} \\ \overline{u_r} \\ f_{r+1} - A_{r+1,r}\,\overline{u_r} \\ \vdots \\ f_N - A_{Nr}\,\overline{u_r} \end{bmatrix}$$

如果本质边界上有两个以上的节点，则按上述方法逐个进行修正。

可以清楚地看出，消行修正法是强制本质边界上的函数值 $u_r = \overline{u_r}$，再在方程中进行移项处理。按此想法，消行修正法还有另一种处理方法，就是将已给出本质边界值 $\overline{u_r}$ 的所在行列的全部元素去掉，右端元素中将第 r 个元素去掉，其余元素仍按前面方法处理为 $f_n - A_{nr}\,\overline{u_r}(n = 1,2,\cdots,N; n \neq r)$。如有两个以上本质边界节点，则按上述规则逐个进行。这个方法的优点是可以使系数矩阵的阶数减小，尤其是本质边界节点数量较大时，对于计算内存的节省是很明显的。但是由于缩减后矩阵，原先的下标序号已经打乱，应重新编号，这在计算程序上将增加一些复杂性。此方法一般称为"消行重新编号修正法"。

5.2.6.2 对角线项扩大修正法

对角线项扩大修正法的要点是：假定本质边界 Γ_1 上的节点序号为 n_1, n_2, $\cdots$, n_r，给定的函数值分别为 $\overline{u_1}$, $\overline{u_2}$, $\cdots$, $\overline{u_r}$，修正的办法是将 $\{A_{nm}\}$ 中相应本质边界节点序号的对角线元素 $A_{pp}(p = n_1,n_2,\cdots,n_r)$ 乘以一个大数，如乘以 10^{20}，其他所有元素不变动，同时把 $\{f_n\}$ 中的相应本质边界节点序号的元素 $f_p(p = n_1,n_2,\cdots,n_r)$ 改写为 $10^{20} \times A_{pp}\,\overline{u_p}(p = n_1,n_2,\cdots,n_r)$。修正后的系数矩阵和右端项向量为：

$$\{A_{nm}^*\} = \begin{bmatrix} A_{11} & \cdots & A_{1p} & \cdots & A_{1N} \\ \vdots & & \vdots & & \vdots \\ A_{p1} & \cdots & 10^{20}A_{pp} & \cdots & A_{PN} \\ \vdots & & \vdots & & \vdots \\ A_{N1} & \cdots & A_{NP} & \cdots & A_{NN} \end{bmatrix}$$

$$\{f_n^*\} = \begin{bmatrix} f_1 \\ \vdots \\ f_{p-1} \\ 10^{20}A_{pp}\,\overline{u_p} \\ f_{p+1} \\ \vdots \\ f_N \end{bmatrix}$$

利用量阶比较不难明白，对角线项扩大修正法与消行修正法一样，都是强制本质边界

上的函数值 $u_r = \overline{u_r}(r = n_1, n_2, \cdots, n_r)$。

下面采用消行修正法对本例的总体有限元方程（5-22）进行修正。由边界条件式（5-1）知：$u_1 = 0$，$u_5 = 0$，于是修正的有限元方程为：

$$\begin{bmatrix} 1 & 0 & 0 & 0 & 0 \\ 0 & 2 & -1 & 0 & 0 \\ 0 & -1 & 2 & -1 & 0 \\ 0 & 0 & -1 & 2 & 0 \\ 0 & 0 & 0 & 0 & 1 \end{bmatrix} \begin{bmatrix} u_1 \\ u_2 \\ u_3 \\ u_4 \\ u_5 \end{bmatrix} = -\Delta h^2 c \begin{bmatrix} 0 \\ 1 \\ 1 \\ 1 \\ 0 \end{bmatrix} \tag{5-23}$$

5.2.7　解总体有限元方程

修正的总体有限元方程对于定常的线性问题是线性代数方程组，对于定常的非线性问题是非线性代数方程组，对于不定常问题是常微分方程组。求解这些方程，都需采用数值计算的方法，有限元方法的程序中应包含求解这些方程数值计算的子程序。

本例修正后的总体有限元方程是式（5-23），不难求出各未知量为：

$$\begin{bmatrix} u_1 \\ u_2 \\ u_3 \\ u_4 \\ u_5 \end{bmatrix} = -\Delta h^2 c \begin{bmatrix} 0 \\ 1.5 \\ 2 \\ 1.5 \\ 0 \end{bmatrix}$$

式中，$\Delta h = 0.25h$。本例有准确解 $u = \dfrac{c}{2} x(x - h)$，可以验证，在 $x = 0$，$x = 0.25h$，$x = 0.5h$，$x = 0.75h$，$x = h$ 等处，有限元近似解与准确解正好重合。准确解是二次抛物线，而有限元解则是在每个单元中用直线代替抛物线，整体上是用折线代替抛物线。如图 5-5 所示给出了有限元解与准确解的比较。

对有些问题，求出未知函数的各节点上的值以后，还要进一步去求有关物理量。如采用流函数的 Laplace 方程求位势流动，流函数获得后，还要通过微分运算去求速度值，再通过 Bernoulli 方程去求压力分布。

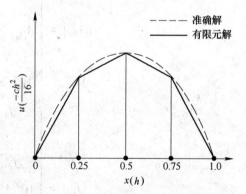

图 5-5　有限元解与准确解比较

5.3　有限元方法求解非线性问题

本节主要讨论采用有限元方法求解非线性问题所具有的特点。

考虑流体力学中一维定常的动量方程：

$$v\frac{\partial^2 u}{\partial x^2} - u\frac{\partial u}{\partial x} = -p \tag{5-24}$$

未知函数 u 表示流体速度，方程左端第二项反映流体的对流效应，是非线性项。Ritz-Galerkin 强解积分表达式为：

$$\int_\Omega (v\frac{\partial^2 u}{\partial x^2} - u\frac{\partial u}{\partial x} + p)\delta u \mathrm{d}\Omega = 0 \tag{5-25}$$

分部积分后可得弱解积分表达式为：

$$\iint_\Omega \left[v\frac{\partial u}{\partial x}\frac{\partial(\delta u)}{\partial x} - \frac{u^2}{2}\frac{\partial(\delta u)}{\partial x} - p\delta u \right]\mathrm{d}\Omega = \int_{\Gamma_2}(v\frac{\partial u}{\partial x} - \frac{u^2}{2})\delta u\mathrm{d}\Gamma \tag{5-26}$$

式中，Ω 为求解区域；Γ_2 为 Ω 的自然边界条件，如已给出 Γ_2 上的边值，可将边值条件代到右端的积分式中去。

对于一维问题，Ω 是线段，Γ_2 是给出函数导数值的边界点。式（5-26）中用 Ω，Γ_2 表示，是使表达式更具有一般性。

设剖分后的单元区域为 $\Omega^{(e)}$，单元近似函数为：

$$u^{(e)} = u_i^{(e)}\Phi_i \tag{5-27}$$

式中，Φ_i 为选定的单元基函数。将积分表达式（5-26）的积分区域改成单元区域 $\Omega^{(e)}$，以式（5-27）表示的单元近似函数 $u^{(e)}$ 代替积分式中的 u，取 δu 为基函数 Φ_i，即可获得单元有限元方程：

$$A_{ij}^{(e)}u_j^{(e)} + B_{ijk}^{(e)}u_j^{(e)}u_k^{(e)} = f_i^{(e)} \tag{5-28}$$

其中

$$A_{ij}^{(e)} = \int_{\Omega^{(e)}} v\frac{\partial \Phi_i}{\partial x}\frac{\partial \Phi_j}{\partial y}\mathrm{d}\Omega \tag{5-29}$$

$$B_{ijk}^{(e)} = -\frac{1}{2}\int_{\Omega^{(e)}}\frac{\partial \Phi_i}{\partial x}\Phi_j\Phi_k\mathrm{d}\Omega + \frac{1}{2}\int_{\Gamma_2}\Phi_i\Phi_j\Phi_k\mathrm{d}\Gamma \tag{5-30}$$

$$f_i^{(e)} = \int_{\Omega^{(e)}} p\Phi_i\mathrm{d}\Omega + \int_{\Gamma^{(e)}} v\frac{\partial u}{\partial x}\Phi_i\mathrm{d}\Gamma \tag{5-31}$$

式（5-31）中 $\Gamma_2^{(e)}$ 是 e 单元中属于 Γ_2 的边界，如果单元中的边界没有属于 Γ_2 的，这一项不出现。积分式中的 $\frac{\partial u}{\partial x}$ 将按自然边界条件给出的边值代入。

总体合成在计算程序中是逐个单元进行的。给定一个单元时，先将单元节点号按照节点序号对照表转化为总体节点号，然后将按式（5-29）~式（5-31）计算获得的系数，按其下标值的对应关系"累加"到总体有限元方程的各个系数中去。所有单元按此方法全部累加完毕后，即可获得总体有限元方程：

$$A_{nm}u_m + B_{nmk}u_mu_k = f_n \quad (n = 1, 2, \cdots, N) \tag{5-32}$$

可以看出非线性问题与线性问题相比较，最重要的区别是最后形成的代数方程组式

（5-32）是非线性代数方程组。若 r 号节点位于本质边界上，$u_r = \bar{u}_r$，则将 $\{A_{nm}\}$ 中的对角线项 A_{rr} 乘以一个大数，如乘以 10^{20}，成为 $10^{20} A_{rr}$，同时右端项 $\{f_n\}$ 中的元素 f_r 乘以 10^{20} $\bar{u}_r$，成为 $10^{20} \bar{u}_r f_r$。非线性项系数 B_{nmk} 不变动。如有两个以上的本质边界节点，则按上述规则逐个进行。

非线性问题采用有限元方法求解的困难主要是求解非线性代数方程组。一般都是将非线性方程组线性化后迭代求解，常用的有 Newton-Raphson 法。另外还有函数极小值法，如下降法等。

5.4　有限元方法求解不定常问题

本节主要以一维不定常的扩散问题为例，说明采用有限元方法求解不定常问题的特点。

一维不定常的扩散问题在数学上用下列抛物线方程描述：

$$\frac{\partial u}{\partial t} - \alpha \frac{\partial^2 u}{\partial x^2} = 0 \qquad (\alpha > 0) \tag{5-33}$$

Ritz-Galerkin 强解积分表达式为：

$$\iint_{\Omega} \left(\frac{\partial u}{\partial t} - \alpha \frac{\partial^2 u}{\partial x^2} \right) \delta u \mathrm{d}\Omega = 0 \tag{5-34}$$

分部积分后可改写成弱解积分表达式：

$$\iint_{\Omega} \left[\frac{\partial u}{\partial t} \delta u + \alpha \frac{\partial u}{\partial x} \frac{\partial(\delta u)}{\partial x} \right] \mathrm{d}\Omega = \int_{\Gamma_2} \alpha \frac{\partial u}{\partial x} \delta u \mathrm{d}\Gamma \tag{5-35}$$

积分表达式的积分区域 Ω 和自然边界 Γ_2 在一维情形下分别是线段和边界点，用 Ω，Γ_2 表示，使表达式具有一般性。积分式（5-35）右端积分号中的 $\frac{\partial u}{\partial x}$ 将根据具体边值条件确定。

单元区域 $\Omega^{(e)}$ 中的近似函数通常有两种形式，一种形式是：

$$u^{(e)} = u_i^{(e)} \Phi_i(x, t) \tag{5-36}$$

式中，基函数 $\Phi_i = \Phi_i(x, t)$ 为空间点和时间的函数；系数 $u_i^{(e)}$ 为节点上的函数值，待定常数。

另一种形式是：

$$u^{(e)} = u_i^{(e)}(t) \Phi_i(x) \tag{5-37}$$

式中，基函数 $\Phi_i = \Phi_i(x)$ 为空间点的函数，和定常问题中的形式相同；系数 $u_i^{(e)} = u_i^{(e)}(t)$ 为时间的函数，是待求的函数。

第一种形式将会增加有限元解的计算维数。第二种形式，时间变量分离在系数中，其只出现在有限元方程中，有限元方程将成为以时间作为变量的常微分方程组。这种只对空间区域进行有限元离散，而时间保留在系数中的解法，一般称为"半离散法"。目前解不定常问题，通常采用的是半离散法，可把时间与空间变量分开求解。采用半离散法，将式

（5-37）表示的近似函数代入积分表达式（5-35）中，积分区域改成单元区域 $\Omega^{(e)}$，δu 用基函数 Φ_i 代替，于是可获得单元有限元方程：

$$A_{ij}^{(e)} \overset{*}{u}_j^{(e)} + B_{ij}^{(e)} u_j^{(e)} = f_i^{(e)} \quad (i = 1,2,\cdots,I)$$

其中

$$\overset{*}{u}_j^{(e)} = \frac{\mathrm{d}u_j^{(e)}}{\mathrm{d}t}$$

$$A_{ij}^{(e)} = \int_{\Omega^{(e)}} \Phi_i \Phi_j \mathrm{d}\Omega$$

$$B_{ij}^{(e)} = \int_{\Omega^{(e)}} \alpha \frac{\mathrm{d}\Phi_i}{\mathrm{d}x} \frac{\mathrm{d}\Phi_j}{\mathrm{d}x} \mathrm{d}\Omega$$

$$f_i^{(e)} = \int_{\Gamma_2^{(e)}} \alpha \frac{\partial u}{\partial x} \Phi_i \mathrm{d}\Gamma$$

如果 e 单元没有边界落在自然边界 Γ_2 上，$f_i^{(e)} = 0$。

按总体合成的方法，可将每个单元中的单元有限元方程逐个累加生成总体有限元方程：

$$A_{nm} \overset{*}{u}_m + B_{nm} u_n = f_n \quad (n = 1,2,\cdots,N) \tag{5-38}$$

按解题步骤，对总体有限元方程（5-38）进行本质边界条件的处理。对 B_{nm}、f_n 采用对角线项扩大修正法进行修正。若本质边界上的 r 号节点，边值是 $u_r = \overline{u_r}(t)$，则将 B_{rr} 扩大为 $10^{20}B_{rr}$，f_r 扩大为 $10^{20}f_r\overline{u_r}$。系数 A_{nm} 不进行修正。最后形成的总体有限元方程为：

$$A_{nm} \overset{*}{u}_m + B_{nm}^* u_m = f_n^* \quad (n = 1,2,\cdots,N) \tag{5-39}$$

式（5-39）是一个含有 N 个未知函数 $u_1(t),u_2(t),\cdots,u_N(t)$ 的常微分方程组。初值条件为：

$$u_n(t)\big|_{t=0} = u_0(x_n) = u_n^{(0)} \tag{5-40}$$

式（5-40）中初值函数为：$u_0(x) = u(x,t)\big|_{t=0}$，是由偏微分方程式（5-33）的初值条件给出的。

由此可见，有限元方法求解不定常问题最主要的特点是最后形成的总体有限元方程式（5-39）和式（5-40）不是代数方程，而是常微分方程组。

常微分方程组式（5-39）和式（5-40）常采用差分法或者 Runge-Kntta 法等数值求解方法计算。

思 考 题

5-1 有限元方法基本思想是什么？

5-2 详述有限元方法解题步骤。

5-3 试运用有限元法求解家用电热水器（假设与空气绝热，功率 3kW，容积 100L），从初始水温 20℃加热到 50℃的时间。

6 流体力学边界元法

教学目的

(1) 了解边界元法的特点和基本思想。

(2) 掌握边界元法解题步骤。

(3) 掌握运用不可压无旋流动的线性边界元法。

(4) 掌握若干线性算子方程的基本解。

(5) 掌握非线性问题的边界元解法。

6.1 边界元法概述

6.1.1 边界元法特点

边界元法是一种和有限元方法相类似的求解微分方程初值问题的数值计算方法。与有限元方法相比，数学原理上是不同的，而离散求解的方法是类似的。

从数学的观点看，有限元方法是一种变分近似方法，微分方程的初值问题通过变分原理或方程余量与权函数正交化原理转化为等价的 Ritz-Galerkin 积分表达式，然后以其为对象进行离散求解。而边界元法是一种近似的边界积分方程方法，微分方程的初边值问题要通过某种途径转化为等价的边界积分方程，然后以边界积分方程为对象，进行离散求解。将微分方程转化为边界积分方程的途径通常有直接法和间接法两种。本书中所采用的直接法，是以微分方程相应的基本解作为权函数，与方程余量正交，然后利用 Green 公式，建立起边界积分方程。

从离散求解的观点看，边界元法和有限元方法是十分类似的，基本思想都是"分块逼近"。唯一的差别是有限元方法是对求解区域分块逼近，而边界元法是对边界进行分块逼近。"分块逼近"的方法和步骤，基本上是相同的。

由此可见，当已掌握有限元方法的数学原理和求解方法后，学习边界元法就不会有太多的困难。本节将把讨论的重点放在边界元法和有限元方法的主要区别上，即如何将微分方程问题转化为边界积分方程。而对边界积分方程的有限元离散求解，可以借助于有限元方法中的一些概念和知识。

和有限元方法比较，边界元法具有如下特点：

(1) 边界元法是在区域边界上进行离散求解，因此近似求解问题的维数降低一维，这就使得计算工作量明显减少，尤其是对无限大区域的计算。

（2）边界元法所获得的解是以边界函数值或导数值为参数的积分表达式，因此区域内任何点上的函数值可直接通过积分表达式进行计算，而且可根据需要只计算部分感兴趣点上的函数值，节省计算量。

（3）边界元法离散误差只发生在边界上，又因为积分奇异解的影响，使得边界元方程的系数矩阵的主元相对较大，方程一般不会出现"病态"，使求解精度较高。

（4）边界元法最后形成的边界元方程的系数矩阵虽然较有限元方程的阶次小，但却是满阵的，也是非对称的。

从上述特点可以看出，边界元法有其特有的优点，这是其能够和有限差分法，有限元方法相提并论，得到广泛应用的原因。其实，作为边界元法数学基础边界积分方程法由来已久，而当高速电子计算机出现以后，采用离散化进行计算的边界积分方程法在 20 世纪 60 年代初被提出来，到 1978 年 C. A. Brebbia 正式采用了边界元法（Boundary Element Method，BEM）这一名称，标志着边界元法已经成为和有限差分法，有限元法并列的偏微分方程的一种重要的数值解法。和有限元方法相类似，边界元法先是应用于弹性力学领域，流体力学中最早是用于位势流动的计算。如今在流体力学中除位势流动外，在地下渗流、Stokes 流、水波问题以及非线性的黏性不可压流动中都得到应用。

6.1.2　边界元法基本思想

边界元法求解微分方程初边值问题的基本思想可以归结为以下几点：

（1）首先将微分方程初边值问题转化为等价的积分方程。转化的途径有直接法与间接法两种：直接法是将微分方程相应的基本解作为权函数，采用加权余量法，并应用 Green 公式推导出积分方程；间接法是采用位势理论中经常采用的单层位势和双重位势作为求解物理量，推导积分方程。这两种途径实质上是等价的，本书中将采用直接法推导积分方程。所获得的积分关系式实质上是将区域中的求解函数和边界上的函数值和法向导数值联系起来的积分表达式。

（2）建立边界积分方程。令积分方程在边界上成立，就获得边界积分方程。它表述了边界上的函数值和法向导数值在边界上积分的关系，而这些边界值中，一部分是在边界条件中给定的，另一部分是待求的未知量。边界元法就是以边界积分方程作为求解的出发点，求出边界上的这些未知函数值或法向导数值。

（3）边界积分方程的离散求解。为了求出边界积分方程中未知的边界函数值和法向导数值，将采用和有限元方法中类似的离散求解方法。通过边界上的单元剖分、单元分析、总体合成等步骤，建立边界元代数方程组，求解后可获得边界上待求的全部节点函数值和法向导数值。

（4）区域内点函数值的计算。将全部边界值代入积分表达式中，即可获得内点函数值的计算表达式，其可以表示成边界节点值的线性组合。

6.2　边界元法基本原理和解题步骤

以 Poisson 方程边值问题为例，说明边界元法解题的基本原理和步骤。方程和边界条件为：

$$\begin{cases} \nabla^2 u(Q) = f & Q \in \Omega \\ u|_{\Gamma_u} = \bar{u} \\ q|_{\Gamma_q} = \bar{q} \end{cases} \tag{6-1}$$

式中，$q = \dfrac{\partial u}{\partial n}$，$\Gamma_u$、$\Gamma_q$ 为 Ω 的边界，Q 为求解区域的场点。

6.2.1 基本解

线性算子方程 $L(G) = f$ 的基本解 G 是指满足算子方程 $L(G) + \delta(P,Q) = 0$ 的解。其中，$\delta(P,Q)$ 为 Dirac δ 函数，具有性质为：

$$(1)\ \delta(P,Q) = \begin{cases} 0 & P \neq Q \\ \infty & P = Q \end{cases}$$

$$(2)\ \int_{\Omega} \delta(P,Q) \mathrm{d}\Omega(Q) = 1 \qquad P \in Q$$

$$(3)\ \int_{\Omega} g(Q)\delta(P,Q) \mathrm{d}\Omega(Q) = g(P) \qquad P \in \Omega$$

基本解 $G = G(P,Q)$ 又称 Green 函数，是区域中任何两个坐标点 P、Q 的函数，P、Q 是对称的，即 $G(P,Q) = G(Q,P)$。通常将其中一点 P 看做是源点，Q 看做是场点。当 G 出现在积分号中时，应注意什么是积分式的参变量，什么是积分变量，将积分式中的微分量后面加括号说明为积分变量，如 $\mathrm{d}\Omega(Q)$。基本解在边界元法中占有很重要的地位，微分方程问题如果要采用边界元法求解，必须事先已知相应方程的基本解。对于一般的微分方程要求出基本解并不容易，在讨论边界元法时将不研究如何求基本解。

相应 Poisson 方程（6-1）的基本解 $u^* = u^*(P,Q)$ 满足 $\nabla^2 u^*(P,Q) + \delta(P,Q) = 0$，$P,Q \in \Omega$，且有

$$\int_{\Omega} \nabla^2 u^*(P,Q) \cdot g(Q) \mathrm{d}\Omega(Q) = -\int_{\Omega} \delta(P,Q) g(Q) \mathrm{d}\Omega(Q) = -g(P) \tag{6-2}$$

$u^* = u^*(P,Q)$ 的表达式为：

$$u^* = \begin{cases} \dfrac{1}{2\pi} \ln \dfrac{1}{r} \\[2mm] \dfrac{1}{4\pi r} \end{cases} \tag{6-3}$$

式中，$r = \overline{PQ}$，为源点 P 和场点 Q 两点间的距离。显然，当 P 点和 Q 点重合时，$r = 0$，u^* 具有奇异性。

6.2.2 积分方程

采用直接法将微分方程边值问题式（6-1）转化为等价的积分方程。取式（6-3）表示的基本解 u^* 作为权函数，令方程余量与权函数正交：

$$\int_{\Omega} [\nabla^2 u(Q) - f(Q)] u^*(P,Q) \mathrm{d}\Omega(Q) = 0$$

利用 Green 公式进行分部积分：

$$\int_{\Omega} \nabla^2 u(Q) u^*(P,Q) \mathrm{d}\Omega(Q) - \int_{\Omega} f(Q) u^*(P,Q) \mathrm{d}\Omega(Q)$$

$$= \int_{\Omega} | \nabla [\nabla u(Q) u^*(P,Q)] - \nabla [\nabla u^*(P,Q) u(Q)] + \nabla^2 u^*(P,Q) u(Q) | \mathrm{d}\Omega(Q) -$$

$$\int_{\Omega} f(Q) u^*(P,Q) \mathrm{d}\Omega(Q)$$

$$= \int_{\Gamma} \left[\frac{\partial u(Q_0)}{\partial n(Q_0)} u^*(P,Q_0) - \frac{\partial u^*(P,Q_0)}{\partial n(Q_0)} u(Q_0) \right] \mathrm{d}\Gamma(Q_0) + \int_{\Omega} \nabla^2 u^*(P,Q) u(Q) \mathrm{d}\Omega(Q) -$$

$$\int_{\Omega} f(Q) u^*(P,Q) \mathrm{d}\Omega(Q) \tag{6-4}$$

记 $q^* = \dfrac{\partial u^*(P,Q)}{\partial n(Q)}$，并利用式（6-2），式（6-4）可改写为：

$$u(P) = \int_{\Gamma} [q(Q_0) u^*(P,Q_0) - q^*(P,Q_0) u(Q_0)] \mathrm{d}\Gamma(Q_0) -$$

$$\int_{\Omega} f(Q) u^*(P,Q) \mathrm{d}\Omega(Q) \tag{6-5}$$

积分式（6-5）中 Q_0 是边界 Γ 上的积分点，式（6-5）是和 Poisson 方程等价的积分表达式。如果考虑到边界条件式（6-1），则式（6-5）可进一步改写为：

$$u(P) = \int_{\Gamma_u} [q(Q_0) u^*(P,Q_0) - q^*(P,Q_0) \bar{u}(Q_0)] \mathrm{d}\Gamma(Q_0) + \int_{\Gamma_q} [\bar{q}(Q_0) u^*(P,Q_0) -$$

$$q^*(P,Q_0) u(Q_0)] \mathrm{d}\Gamma(Q_0) - \int_{\Omega} f(Q) u^*(P,Q) \mathrm{d}\Omega(Q) \tag{6-6}$$

在积分表达式（6-6）中，u^*、q^*、f、$\bar{u}$、$\bar{q}$ 都是已知函数，因此只要设法求出 Γ_u 上的 q 和 Γ_q 上的 u，则式（6-6）便是 Ω 区域内任一点 P 的函数值 $u(P)$ 通过积分形式表示出来的分析解。

6.2.3 边界积分方程

积分表达式（6-5）是将求解区域中任意一点 P 的函数值 $u(P)$ 和边界上的函数值 $u(Q_0)$ 和法向导数值 $q(Q_0)$ 联系起来的表达式。为了求出边界上的未知量，即 Γ_u 上的 $q(Q_0)$ 和 Γ_q 上的 $u(Q_0)$，需要建立边界积分方程，为此将 P 点移到边界上的任意一点 P_0 上。令式（6-5）中 $P \rightarrow P_0$，得

$$u(P_0) = \int_{\Gamma} [q(Q_0) u^*(P_0,Q_0) - q^*(P_0,Q_0) u(Q_0)] \mathrm{d}\Gamma(Q_0) - \int_{\Omega} f(Q) u^*(P_0,Q) \mathrm{d}\Omega(Q)$$

$$\tag{6-7}$$

等式（6-7）右边第一项积分，当 $P_0 = Q_0$ 时被积函数无解，是奇异积分；区别起见，积分号用 $\overline{\int}$ 表示。这一奇异积分需利用 Cauchy 主值积分处理。如图 6-1 所示，在区域边界 Γ 上的源点 P_0 附近，挖去一个以 P_0 为中心、ε 为半径的微元曲面；原来的边界曲面 Γ，在去掉被挖去的含有 P_0 点的微元曲面后，记作 Γ'，它与 Ω 区域外的微元球体的半个球面 Γ_ε

构成了封闭曲面，P_0 点是边界内的内点。显然式（6-7）中的被积函数在 $\Gamma' \cup \Gamma_\varepsilon$ 上是非奇异的，于是式（6-7）右边第一项奇异积分可表示为：

$$\int_{\Gamma}^{=} [\,\cdot\,]\mathrm{d}\Gamma = \lim_{\varepsilon \to 0}\left\{\int_{\Gamma'} [\,\cdot\,]\mathrm{d}\Gamma + \int_{\Gamma_\varepsilon} [\,\cdot\,]\mathrm{d}\Gamma\right\} \tag{6-8}$$

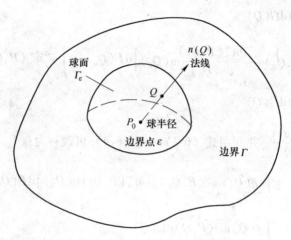

图 6-1　边界积分式中奇异点处理

式（6-8）右端第一项积分即为 Cauchy 主值积分，记为：

$$\int_{\Gamma'} [\,\cdot\,]\mathrm{d}\Gamma = \lim_{\varepsilon \to 0}\int_{\Gamma'} [\,\cdot\,]\mathrm{d}\Gamma$$

而式（6-8）右端第二项积分可以进行计算，注意到在 Γ_ε 上的被积函数中 $u^* = \dfrac{1}{4\pi\varepsilon}$，$q^* = \dfrac{-1}{4\pi\varepsilon^2}$，于是

$$\lim_{\varepsilon \to 0}\int_{\Gamma_\varepsilon} [q(Q_0)u^*(P_0,Q_0) - q^*(P_0,Q_0)u(Q_0)]\mathrm{d}\Gamma(Q_0)$$

$$= \lim_{\varepsilon \to 0}\left\{\left[q(P_0)\frac{1}{4\pi\varepsilon} + u(P_0)\frac{1}{4\pi\varepsilon^2}\right]\cdot\int_{\Gamma_\varepsilon}\mathrm{d}\Gamma(Q_0)\right\}$$

$$= \lim_{\varepsilon \to 0}\left[q(P_0)\frac{2\pi\varepsilon^2}{4\pi\varepsilon} + u(P_0)\frac{2\pi\varepsilon^2}{4\pi\varepsilon^2}\right]$$

$$= \frac{1}{2}u(P_0)$$

于是式（6-7）可改写为：

$$\frac{1}{2}u(P_0) = \int_{\Gamma}[q(Q_0)u^*(P_0,Q_0) - q^*(P_0,Q_0)u(Q_0)]\mathrm{d}\Gamma(Q_0) - \int_{\Omega}f(Q)u^*(P,Q)\mathrm{d}\Omega(Q)$$

$$\tag{6-9}$$

式（6-9）右边第一项是式（6-8）定义的 Cauchy 主值积分。

需要指出，在上述推导过程中，利用了曲面积分 $\displaystyle\int_{\Gamma_\varepsilon}\mathrm{d}\Gamma(Q_0) = 2\pi\varepsilon^2$。这是建立在 Γ 曲

面在 P_0 处是光滑前提下的，如果 P_0 在 Γ 上是导数的间断点，则过 P_0 的切面就不是唯一的，此时 Γ_ε 的表面积为 $2(2\pi - \theta)\varepsilon^2$，如图 6-2 所示，于是边界积分方程一般写为：

$$C(P_0)u(P_0) = \int_\Gamma [q(Q_0)u^*(P_0, Q_0) - q^*(P_0, Q_0)u(Q_0)\mathrm{d}\Gamma(Q_0)] -$$

$$\int_\Omega f(Q)u^*(P_0, Q)\mathrm{d}\Omega(Q) \tag{6-10}$$

其中
$$C(P_0) = \frac{Q(P_0)}{2\pi}$$

图 6-2 中 θ 是求解区域内的切线夹角。显然，当边界线是光滑曲线时，$\theta = \pi$，$C(P_0) = \frac{1}{2}$。

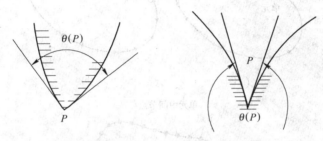

图 6-2　边界上的导数间断点

6.2.4　边界积分方程的离散求解

从上文已经推导得到的积分方程式（6-5）可以看出，求解区域中任何点 P 的函数值 $\bar{u}(P)$ 可以通过边界的积分获得，即只要通过求解获得边界上的函数值和导数值，就可求出区域内任一点的函数值。为了求解边界上的函数值和导数值，推导出了边界积分方程式（6-10）。需要进一步求解式（6-10）。

一般情况下，不可能通过分析的方法去求解边界积分方程式（6-10），而要采用数值求解的方法。边界积分方程式（6-10）的数值求解，采用有限元方法中的单元剖分的离散方法：先将边界剖分成有限个边界单元并布置节点，每个边界单元中的函数和函数的法向导数，可以通过单元中的插值基函数（或称形函数）的线性组合来近似，近似函数表达式中的系数就是边界中节点的函数值或函数导数值，这样就可计算出每个边界单元的边界积分，而整个边界积分可以通过所有单元的边界积分求和产生，进而将边界积分方程转化为代数方程形式的边界元方程，再通过求解边界元方程，获得边界节点全部未知的函数值和函数的法向导数值。

以光滑边界的二维区域为例，讨论边界积分方程式（6-9）的离散求解方法。

如图 6-3 所示的求解区域 Ω，边界 Γ 由 Γ_u 和 Γ_q 组成，Γ_u 上给出函数值 $\bar{u}$，Γ_q 上给出函数的法向导数

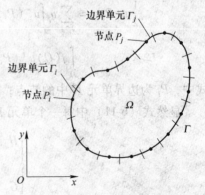

图 6-3　求解区域与边界单元

值 $\bar{q}$（见式（6-1））。不妨将 Γ 剖分为 N 个边界单元 $\Gamma_j(j = 1,2,\cdots,N)$；其中 Γ_n 上的单元序号为 $j = 1$，2，$\cdots$，N；Γ_q 上的单元序号为 $j = n+1$，$n+2$，$\cdots$，N。

边界单元根据单元中节点的个数分成不同类型，常用的有三种类型：常数单元、线性单元、二次单元，如图 6-4 所示。常数单元中只在单元中心处有一个节点，单元中的函数值或法向导数值均为常数。线性单元中有两个节点，单元中的函数或法向导数分别由两个节点的函数值或法向导数值线性插值确定，是线性多项式函数。二次单元中有三个节点，单元中的函数表达式或法向导数表达式由节点函数值或法向导数值的二次插值确定，是二次多项式函数。

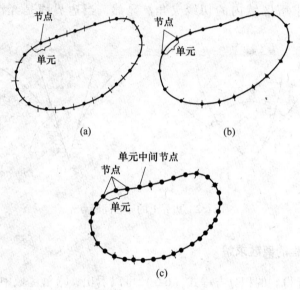

图 6-4   不同类型的边界单元

（a）常数单元；（b）线性单元；（c）二次单元

为便于理解边界积分方程离散求解的过程，以常数单元为例，讨论如何将边界积分方程转化为代数方程形式的边界元方程。

在边界积分方程式（6-9）中，令 P_0 取在边界上的 i 节点，$P_0 = P_i$，并将 Γ 上的积分表示为全部边界单元的积分之和，u 和 q 在单元中是常数，有

$$\frac{1}{2}u(P_i) = \sum_{j=1}^{n} q_j \int_{\Gamma_j} u^*(P_i,Q_0)\,\mathrm{d}\Gamma(Q_0) - \sum_{j=1}^{n} u_j \int_{\Gamma_j} q^*(P_i,Q_0)\,\mathrm{d}\Gamma(Q_0) -$$

$$\int_{\Omega} f(Q)u^*(P_i,Q)\,\mathrm{d}\Omega(Q) \tag{6-11}$$

式中，P_i 为边界单元 Γ_i 中的节点；Q_0 为边界上的积分点；Q 为区域 Ω 中的积分点。

显然式（6-11）中每一个单元 Γ_j 上的积分与 P_i 点和边界单元 Γ_j 有关。记

$$\begin{cases} \hat{H}_{ij} = \int_{\Gamma_j} q^*(P_i,Q_0)\,\mathrm{d}\Gamma(Q_0) \\[2mm] G_{ij} = \int_{\Gamma_j} u^*(P_i,Q_0)\,\mathrm{d}\Gamma(Q_0) \end{cases} \tag{6-12}$$

由于 $u^* = u^*(P,Q)$ 是事先给出的已知基本解，$q^* = \dfrac{\partial u^*}{\partial n}$ 也是已知的，因此式（6-12）的积分是可以通过计算获得的。根据式（6-12）的表示，式（6-11）可以写为：

$$\frac{1}{2}u_i + \sum_{j=1}^{N} \hat{H}_{ij}u_j = \sum_{j=1}^{N} G_{ij}q_j - B_i \tag{6-13}$$

式中，B_i 是式（6-11）等式右边第三项的区域积分。如果令

$$\begin{cases} H_{ij} = \hat{H}_{ij} & i \neq j \\ H_{ij} = \hat{H}_{ij} + \dfrac{1}{2} & i = j \end{cases} \tag{6-14}$$

则式（6-13）可以改写为：

$$\sum_{j=1}^{N} H_{ij}u_j = \sum_{j=1}^{N} G_{ij}q_j - B_i \quad (i = 1,2,\cdots,N) \tag{6-15}$$

由于在 Γ_u 边界上 $u = \bar{u}$ 是已知的，Γ_q 边界上 $q = \bar{q}$ 是已知的，因此式（6-15）中 u_1，u_2，$\cdots$，u_n 是已知的，q_{n+1}，q_{n+2}，$\cdots$，q_N 也是已知的，所以式（6-15）是一个含有 N 个未知量：$q_1,q_2,\cdots,q_n;u_{n+1},u_{n+2},\cdots,u_N$ 的 N 阶线性代数方程，称这个方程组为边界元方程。

如果将边界条件中的已知边值 $u_j = \bar{u}_i(j = n+1,n+2,\cdots,N)$；$q_j = \bar{q}_i(j = 1,2,\cdots,n)$ 代入边界元方程式（6-15），则可以改写为：

$$-\sum_{j=1}^{N} G_{ij}q_j + \sum_{j=n+1}^{N} H_{ij}u_j = \sum_{j=N}^{N} G_{ij}\bar{q}_j - \sum_{j=1}^{N} H_{ij}\bar{u}_j - B_i \quad (i = 1,2,\cdots,N) \tag{6-16}$$

式（6-16）中

$$B_i = \int_{\Omega} f(Q)u^*(P_i,Q)\mathrm{d}\Omega(Q) \tag{6-17}$$

由于 $f(Q)$ 是方程中给出的已知函数，$u^* = u^*(P,Q)$ 是已知的基本解，因此 B_i 是一个已知函数的区域积分，通常可采用数值积分方法求出积分值（参见 6.2.6 节）。

如果将式（6-16）写成常用的矩阵形式的线性代数方程组：

$$\boldsymbol{AX} = \boldsymbol{F} \tag{6-18}$$

式中，求解的未知矢量 $\boldsymbol{X} = [q_1,q_2,\cdots,q_n,u_{n+1},u_{n+2},\cdots,u_N]^T$。

系数矩阵为：

$$\boldsymbol{A} = \begin{bmatrix} -G_{11} & \cdots & -G_{1n} & H_{1(n+1)} & \cdots & H_{1N} \\ \vdots & & \vdots & \vdots & & \vdots \\ -G_{n1} & \cdots & -G_{nn} & H_{n(n+1)} & \cdots & H_{nN} \\ -G_{(n+1)1} & \cdots & -G_{(n+1)n} & H_{(n+1)(n+1)} & \cdots & H_{(n+1)N} \\ \vdots & & \vdots & \vdots & & \vdots \\ -G_{N1} & \cdots & -G_{Nn} & H_{N(n+1)} & \cdots & H_{NN} \end{bmatrix}$$

右端项矢量为：

$$F = \begin{bmatrix} -H_{11} & \cdots & -H_{1n} & G_{1(n+1)} & \cdots & G_{1N} \\ \vdots & & \vdots & \vdots & & \vdots \\ -H_{n1} & \cdots & -H_{nn} & G_{n(n+1)} & \cdots & G_{nN} \\ -H_{(n+1)1} & \cdots & -H_{(n+1)n} & G_{(n+1)(n+1)} & \cdots & G_{(n+1)N} \\ \vdots & & \vdots & \vdots & & \vdots \\ -H_{N1} & \cdots & -H_{Nn} & G_{N(n+1)} & \cdots & G_{NN} \end{bmatrix} \begin{bmatrix} \bar{u}_1 \\ \vdots \\ \bar{u}_n \\ \bar{q}_{n+1} \\ \vdots \\ \bar{q}_N \end{bmatrix} + \begin{bmatrix} B_1 \\ \vdots \\ B_n \\ B_{n+1} \\ \vdots \\ B_N \end{bmatrix}$$

很显然，为了求解边界元方程式（6-18）必须先求出影响系数矩阵 $H = \{H_{ij}\}$ 与 $G = \{G_{ij}\}$ 中各个影响系数 H_{ij}、G_{ij}，而这可以通过式（6-12）和式（6-14）计算获得。

6.2.5　影响系数矩阵的计算

对于二维问题的 Poisson 方程，其相应的基本解 $q^* = u^*(P,Q)$ 已由式（6-3）给出，即 $u^* = \dfrac{1}{2\pi} \ln \dfrac{1}{r}$。

$u^* = u^*(P,Q)$ 的法向导数为：

$$q^* = \frac{\partial}{\partial n}\left(\frac{1}{2\pi}\ln\frac{1}{r}\right) = \frac{-1}{2\pi r}\frac{\partial r}{\partial n} \tag{6-19}$$

式（6-19）的法向导数是指在边界线上外法线的导数。

根据式（6-12）和式（6-14），对影响系数矩阵的各个系数 H_{ij}、G_{ij} 进行计算，包括以下几个方面。

6.2.5.1　对角线元素 H_{ii}、G_{ii} 的计算

根据式（6-12）和式（6-14）有

$$H_{ii} = \int_{\Gamma_i} q^*(P_i,Q_0)\mathrm{d}\Gamma + \frac{1}{2} \tag{6-20}$$

式中，源点 P_i 为边界单元 Γ_i 上的节点，位于 Γ_i 单元中点；Q_0 为边界单元 Γ_i 的积分场点。

如图 6-5（a）所示，此时 $r = \overline{P_iQ_0}$ 与 Γ_i 的边界线是重合的，与边界法向是正交的，因此有

$$\frac{\partial r}{\partial n} = 0$$

于是

$$\int_{\Gamma_i} q^*(P_i,Q_0)\mathrm{d}\Gamma = \int_{\Gamma_i} \frac{-1}{2\pi r}\frac{\partial r}{\partial n}\mathrm{d}\Gamma = 0$$

因此

$$H_{ii} = \frac{1}{2} \tag{6-21}$$

G_{ii} 的表达式可通过式（6-3）和式（6-12）得到的积分式进行计算，G_{ii} 的积分式为：

$$G_{ii} = \int_{\Gamma_i} u^*(P_i,Q_0)\mathrm{d}\Gamma = \int_{\Gamma_i} \frac{1}{2\pi}\ln\frac{1}{r}\mathrm{d}\Gamma$$

为便于计算，不妨在边界单元 Γ_i 内引入无量纲局部坐标 ξ，如图 6-5（b）所示，在单元节点 P_i 处 $\xi = 0$，在单元的两端点分别为 ± 1，记单元 Γ_i 的边界线长度为 s_i，则有

$$\xi = \frac{r}{s_i/2}, \quad \mathrm{d}\Gamma = \frac{s_i}{2}\mathrm{d}\xi$$

于是

$$
\begin{aligned}
G_{ii} &= \int_{\Gamma_i} \frac{1}{2\pi}\ln\frac{1}{r}\mathrm{d}\Gamma = \frac{s_i}{4\pi}\int_{-1}^{1}\ln\left|\frac{2}{\xi s_i}\right|\mathrm{d}\xi \\
&= \frac{s_i}{2\pi}\lim_{\varepsilon\to 0}\int_{-1}^{1}\ln\left(\frac{2}{\xi s_i}\right)\mathrm{d}\xi \\
&= \frac{s_i}{2\pi}\left[\ln\left(\frac{2}{s_i}\right) + \lim_{\varepsilon\to 0}\int_{\varepsilon}^{1}\ln\left(\frac{1}{\xi}\right)\mathrm{d}\xi\right] \\
&= \frac{s_i}{2\pi}\left(\ln\frac{2}{s_i} + 1\right)
\end{aligned}
\tag{6-22}
$$

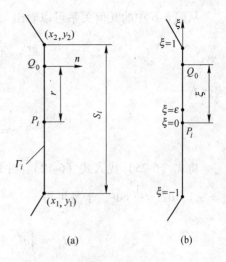

图 6-5　P_i 点在边界单元 Γ_i 中的积分路径

6.2.5.2　非对角线元素 H_{ij}、G_{ij} 的计算

由于 $i \neq j$，式（6-12）中的源点 P_i 所在的单元 Γ_i 和进行积分的单元 Γ_j 是不重合的，因此 $r = \overline{P_i Q_0} = r_{ij}$ 是 P_i 点到单元 Γ_i 中的积分点的距离。另记 P_i 点到 Γ_j 边界线的垂直距离为 h_{ij}，如图 6-6 所示。

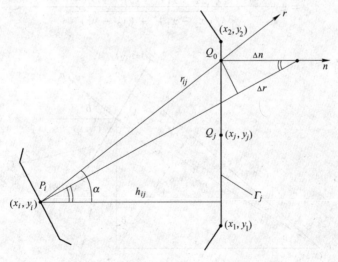

图 6-6　P_i 点不在边界单元 Γ_i 中的积分路径

于是可将 u^*、q^* 的表达式写为：

$$u^* = \frac{1}{2\pi}\ln\frac{1}{r} = \frac{1}{2\pi}\ln\frac{1}{r_{ij}} \tag{6-23}$$

$$q^* = \frac{-1}{2\pi r}\frac{\partial r}{\partial n} = \frac{-1}{2\pi r_{ij}}\frac{\partial r}{\partial n} \tag{6-24}$$

从图6-6中的几何关系可以看出

$$\frac{\partial r}{\partial n} = \lim_{\Delta n \to 0} \frac{\Delta r}{\Delta n} = \cos\alpha = \frac{h_{ij}}{r_{ij}}$$

因此有

$$q^* = \frac{-1}{2\pi r_{ij}}\frac{\partial r}{\partial n} = \frac{-1}{2\pi}\frac{h_{ij}}{r_{ij}^2} \tag{6-25}$$

将式（6-25）代入式（6-12），并采用无量纲局部坐标 ξ，单元中点 $\xi = 0$，单元两端 $\xi = \pm 1$，$\mathrm{d}\varGamma = \frac{1}{2}s_j\mathrm{d}\xi$。于是可得

$$H_{ij} = \int_{\varGamma_j} q^*(P_i,Q_0)\mathrm{d}\varGamma = -\frac{s_j}{4\pi}\int_{-1}^{+1}\frac{h_{ij}}{r_{ij}^2}\mathrm{d}\xi \tag{6-26}$$

如果记边界单元 $\varGamma_j$ 两端点的坐标为 (x_1,y_1) 和 (x_2,y_2)，中点 Q_i 的坐标为 (x_j,y_j)，P_i 点的坐标为 (x_i,y_i)，则 P_i 点到 $\varGamma_j$ 边界线的垂直距离为（见图6-7）：

$$\begin{aligned}
h_{ij} &= (x_j - x_i)\cos\beta + (y_j - y_i)\sin\beta \\
&= (x_j - x_i)\cos(n,x) + (y_j - y_i)\cos(n,y) \\
&= \frac{(x_j - x_i)(y_2 - y_1) - (y_j - y_i)(x_2 - x_1)}{\sqrt{(x_2 - x_1)^2 + (y_2 - y_1)^2}} \\
&= \pm\frac{\left|(x_j - x_i)(y_2 - y_1) - (y_j - y_i)(x_2 - x_1)\right|}{\sqrt{(x_2 - x_1)^2 + (y_2 - y_1)^2}}
\end{aligned} \tag{6-27}$$

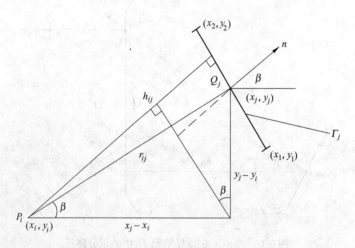

图6-7 P_i 到边界单元 $\varGamma_j$ 垂直距离的几何关系

按照式（6-27）计算 h_{ij} 有可能是正值或负值。r 与 $\varGamma_j$ 的外法线 n 的夹角 θ 为锐角时取正值，θ 为钝角时取负值，如图6-8所示。之所以有正负值的问题，是因为单元边界的积分路径和方向有关，已经约定边界曲线上的积分路径方向是逆时针方向，即边界法线方向是指向边界积分方向的右侧。

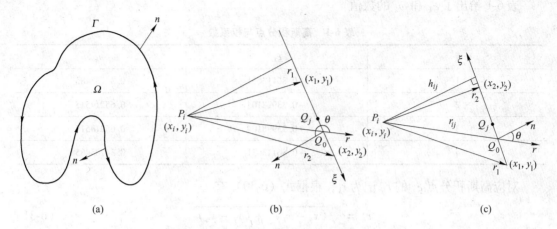

图 6-8　边界积分的取向与 h_{ij} 的正负

（a）边界积分取向；（b）h_{ij} 取负值；（c）h_{ij} 取正值

如果用矢量 $\boldsymbol{r}_1$、$\boldsymbol{r}_2$ 分别表示源点 P_i 到边界单元 Γ 的积分起始点 (x_1, y_1) 和积分终点 (x_2, y_2) 的矢量（见图 6-8），则

$$\boldsymbol{r}_1 \times \boldsymbol{r}_2 = c\boldsymbol{k}$$

式中，$\boldsymbol{k}$ 为方向朝上的单位矢量，c 的表达式为：

$$c = (x_1 - x_i)(y_2 - y_i) - (x_2 - x_i)(y_1 - y_i)$$

于是 h_{ij} 的正负号可按 c 值来判断：$c > 0$，$h_{ij} > 0$，$c < 0$，$h_{ij} < 0$。

G_{ij} 的计算表达式可由式（6-3）和式（6-12）给出：

$$G_{ij} = \int_{\Gamma_j} \frac{1}{2\pi} \ln \frac{1}{r_{ij}} \mathrm{d}\Gamma = \frac{s_j}{4\pi} \int_{-1}^{+1} \ln\left(\frac{1}{r_{ij}}\right) \mathrm{d}\xi \tag{6-28}$$

在计算影响系数 G_{ij}、H_{ij} 的各个计算式中

$$s_j = \sqrt{(x_1 - x_2)^2 + (y_1 - y_2)^2} \tag{6-29}$$

$$r_{ij} = \sqrt{(x_i - x_\varepsilon)^2 + (y_i - y_\varepsilon)^2} \tag{6-30}$$

式中，h_{ij} 由式（6-27）给出。

6.2.5.3　边界单元积分的近似计算

对角线影响系数 H_{ii}、G_{ii} 分别由式（6-21）与式（6-22）给出，非对角线的影响系数 H_{ij}、G_{ij} 是由式（6-26）和式（6-28）给出的边界单元的积分式。由于被积函数中的 r_{ij} 是积分变量 $(x_\varepsilon, y_\varepsilon)$ 的函数，从 r_{ij} 的表达式（6-30）以及式（6-26）、式（6-28）可以看出这两个边界单元的积分计算一般是很难获得精确值的，因此要采用数值积分方法进行计算。式（6-26）和式（6-28）中的 h_{ij}、s_j 与积分变量无关，分别由式（6-27）和式（6-29）计算获得。

在边界元方法中通常采用四点高斯积分公式进行数值积分：

$$\int_{-1}^{+1} f(\xi) \mathrm{d}\xi = \sum_{k=1}^{4} \omega_k f(\xi_k)$$

式中，ξ_k 为高斯积分点的局部坐标；ω_k 为相应高斯积分点的权系数。

表 6-1 给出了 ξ_k 和 ω_k 的数值。

表 6-1 高斯积分点与权系数

k	ξ_k	ω_k
1	-0.86113631	0.34785485
2	-0.33998104	0.65214515
3	$+0.33998104$	0.65214515
4	$+0.86113631$	0.34785485

对应高斯积分点 ξ_k 的 r_{ij} 记为 r_k，根据式（6-30）有

$$r_k = \sqrt{(x_i - x_k)^2 + (y_i - y_k)^2} \tag{6-31}$$

式中，(x_k, y_k) 为高斯积分点 ξ 的坐标，利用插值公式，可得

$$\begin{cases} x_k = x_1 + \dfrac{\xi_k + 1}{2}(x_2 - x_1) \\[2mm] y_k = y_1 + \dfrac{\xi_k + 1}{2}(y_2 - y_1) \end{cases} \tag{6-32}$$

式中，(x_1, y_1) 和 (x_2, y_2) 分别是边界单元 Γ_j 中积分起始端点（$\xi = -1$）和积分终了端点（$\xi = +1$）的坐标。于是 G_{ij}、H_{ij} 的高斯四点数值积分的表达式为：

$$H_{ij} = -\frac{s_j h_{ij}}{4\pi} \sum_{k=1}^{4} \omega_k \frac{1}{r_k} \tag{6-33}$$

$$G_{ij} = -\frac{s_i}{4\pi} \sum_{k=1}^{4} \omega_k \ln \frac{1}{r_k} \tag{6-34}$$

6.2.6 区域内函数值的计算

在计算出边界上的 u 值和 q 值以后，则可以利用式（6-5）计算区域内任一点 P 的函数值 $u(P)$。为保持形式上的一致性，对区域中的任意点记为 P_i，坐标为 (x_i, y_i)，$u(P_i)$ 记为 u_i。现将式（6-5）的边界积分改写成边界单元积分之和：

$$u_i = \sum_{j=1}^{N} q_j \int_{\Gamma_j} u^*(P_i, Q_0)\mathrm{d}\Gamma - \sum_{j=1}^{N} u_j \int_{\Gamma_j} q^*(P_i, Q_0)\mathrm{d}\Gamma - \int_{\Omega} f(Q) u^*(P_i, Q)\mathrm{d}\Omega \tag{6-35}$$

结合式（6-12）和式（6-14），又因为 P_i 点不在 Γ_j 中，式（6-35）可写为：

$$u_i = \sum_{j=1}^{N} G_{ij} q_j - \sum_{j=1}^{N} H_{ij} u_j - B_i \tag{6-36}$$

式中，H_{ij}、G_{ij} 可由式（6-33）和式（6-34）计算，式（6-33）与式（6-34）中 h_{ij}、s_j、r_k 分别由式（6-27）、式（6-29）和式（6-31）给出。此时 P_i 点并不在边界上，而是区域中的内点。

式（6-36）右边的 B_i 由式（6-17）的积分计算给出，由于积分区域 Ω 通常是不规则

的区域，因此要采用数值积分方法计算，通常采用分块多点高斯积分方法进行计算。具体做法是将区域 Ω 剖分成 m 个三角形，如图 6-9 所示，对每个三角形单元采用 7 点高斯积分公式，即

$$B_i = \int_{\Omega} f(Q) u^*(P_i, Q) \mathrm{d}\Omega = \sum_{e=1}^{m} \int_{\Omega^{(e)}} f(Q) u^*(P_i, Q) \mathrm{d}\Omega$$

$$= \sum_{e=1}^{m} \sum_{k=1}^{7} A^{(e)} f_k u_k^* \omega_k \tag{6-37}$$

式中，$A^{(e)}$ 为 e 单元面积；f_k、u_k^* 为第 k 个高斯积分点的 f 值和 u^* 值；ω_k 为第 k 个高斯积分点相应的权系数。

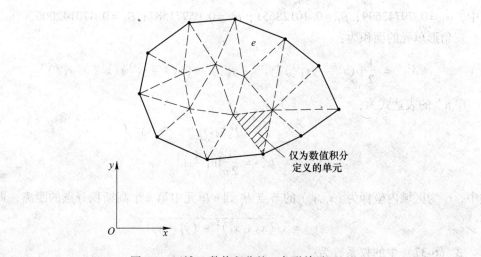

图 6-9　区域 Ω 数值积分的三角形单元

图 6-10 给出了单元中 7 个高斯积分点的位置序号。

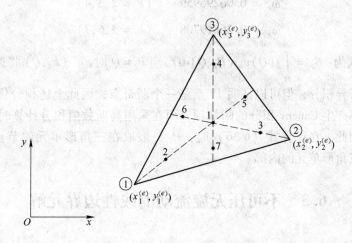

图 6-10　三角形单元中的高斯积分点

假定三角形单元的顶点是单元节点，其坐标 $(x_i^{(e)}, y_i^{(e)})(i = 1, 2, 3)$ 是已知的，则这个 e 单元中的高斯积分点的坐标为：

$$x_1 = \frac{1}{3}(x_1^{(e)} + x_2^{(e)} + x_3^{(e)}) \qquad y_1 = \frac{1}{3}(y_1^{(e)} + y_2^{(e)} + y_3^{(e)})$$

$$x_2 = \alpha_1 x_1^{(e)} + \beta_1 x_2^{(e)} + \beta_1 x_3^{(e)} \qquad y_2 = \alpha_1 y_1^{(e)} + \beta_1 y_2^{(e)} + \beta_1 y_3^{(e)}$$

$$x_3 = \beta_1 x_1^{(e)} + \alpha_1 x_2^{(e)} + \beta_1 x_3^{(e)} \qquad y_3 = \beta_1 y_1^{(e)} + \alpha_1 y_2^{(e)} + \beta_1 y_3^{(e)}$$

$$x_4 = \beta_1 x_1^{(e)} + \beta_1 x_2^{(e)} + \alpha_1 x_3^{(e)} \qquad y_4 = \beta_1 y_1^{(e)} + \beta_1 y_2^{(e)} + \alpha_1 y_3^{(e)}$$

$$x_5 = \alpha_2 x_1^{(e)} + \beta_2 x_2^{(e)} + \beta_2 x_3^{(e)} \qquad y_5 = \alpha_2 y_1^{(e)} + \beta_2 y_2^{(e)} + \beta_2 y_3^{(e)}$$

$$x_6 = \beta_2 x_1^{(e)} + \alpha_2 x_2^{(e)} + \beta_2 x_3^{(e)} \qquad y_6 = \beta_2 y_1^{(e)} + \alpha_2 y_2^{(e)} + \beta_2 y_3^{(e)}$$

$$x_7 = \beta_2 x_1^{(e)} + \beta_2 x_2^{(e)} + \alpha_2 x_3^{(e)} \qquad y_7 = \beta_2 y_1^{(e)} + \beta_2 y_2^{(e)} + \alpha_2 y_3^{(e)}$$

式中，$\alpha_1 = 0.79742699$；$\beta_1 = 0.10128651$；$\alpha_2 = 0.05971587$；$\beta_2 = 0.470142006$。

三角形单元的面积为：

$$A^{(e)} = \frac{1}{2}\left[(x_2^{(e)} - x_1^{(e)})(y_3^{(e)} - y_1^{(e)}) - (y_2^{(e)} - y_1^{(e)})(x_3^{(e)} - x_1^{(e)})\right]$$

f_k、u^* 的表达式为：

$$f_k = f(x_k, y_k)$$

$$u^* = \frac{1}{2\pi}\ln\left(\frac{1}{r_k}\right)$$

式中，r_k 为区域内坐标为 (x_i, y_i) 的节点 P_i 到 e 单元中第 k 个高斯积分点的距离，即

$$r_k = \sqrt{(x_i - x_k)^2 - (y_i - y_k)^2}$$

式（6-37）中的权系数为：

$$\omega_1 = 0.11250000$$

$$\omega_k = 0.06296959 \qquad (k = 2,3,4)$$

$$\omega_k = 0.06619708 \qquad (k = 5,6,7)$$

B_i 的积分式为：$B_i = \int_{\Omega} f(Q)u^*(P_i, Q)\mathrm{d}\Omega$。当 $P_i = Q$ 时，$u^*(P_i, Q)$ 将成为无穷大，因此这个积分是奇异积分，但可以证明 P_i 点是一个弱奇点，因此上述积分仍可按正常积分进行计算，并不产生 Cauchy 积分的附加项。而在采用高斯数值积分计算时，P_i 点不能与高斯点重合。因此，在计算式（6-36）时，P_i 一般取在三角形单元的节点（顶点）上，而高斯点取在三角形单元的内部。

6.3   不可压无旋流动的线性边界元解

6.3.1   不可压无旋流动的数学方程

理想流体的无旋流动，由于没有黏性作用，因此在流体的运动过程中都将保持无旋的性质，即

$$\text{rot} v = 0$$

根据全微分定理，必定存在速度势函数 φ，使得

$$\nabla \varphi = v$$

对于二维平面问题，在笛卡尔坐标中有：

$$\begin{cases} \dfrac{\partial \varphi}{\partial x} = v_x \\ \dfrac{\partial \varphi}{\partial y} = v_y \end{cases} \tag{6-38}$$

对于二维不可压流体，根据连续方程

$$\text{div} v = 0$$

在笛卡尔坐标中有

$$\frac{\partial v_x}{\partial x} = -\frac{\partial v_y}{\partial y}$$

根据全微分定理，必定存在流函数的 ψ 使得

$$\begin{cases} \dfrac{\partial \psi}{\partial y} = v_x \\ \dfrac{\partial \psi}{\partial x} = -v_y \end{cases} \tag{6-39}$$

对于二维理想不可压流体的无旋运动，同时存在速度势函数 φ 与流函数 ψ，根据式（6-38）与式（6-39），可知 φ 与 ψ 满足数学方程：

$$\frac{\partial^2 \varphi}{\partial x^2} + \frac{\partial^2 \varphi}{\partial y^2} = 0 \tag{6-40}$$

$$\frac{\partial^2 \psi}{\partial x^2} + \frac{\partial^2 \psi}{\partial y^2} = 0 \tag{6-41}$$

其所满足的边界条件可按流场的具体情况给出。但根据 Laplace 方程的定解条件，边界条件一般有两种：

（1）在边界 Γ_1 上，给定函数值。如在固壁或自由面上，或者已知速度分布的边界线上，流函数值 $\psi = \overline{\psi}$ 是可以事先给出的。而在切向速度 $v_s = 0$ 的边界线上，速度势函数 φ 为常数。

（2）在边界 Γ_2 上，给定函数的法向导数值。如在已知速度分布的边界线上

$$\frac{\partial \varphi}{\partial n} = \overline{v_x} n_x + \overline{v_y} n_y$$

$$\frac{\partial \psi}{\partial n} = -\overline{v_y} n_x + \overline{v_x} n_y$$

式中，$(\overline{v_x}, \overline{v_y})$ 为 Γ_2 上已知的速度分量；(n_x, n_y) 为 Γ_2 的法向分量。

在切向速度 $v_s = 0$ 的边界上有

$$\frac{\partial \psi}{\partial n} = 0$$

在法向速度 $v_n = 0$ 的固壁或自由面上有

$$\frac{\partial \varphi}{\partial n} = 0$$

总之，理想不可压流体无旋运动的数学方程为下列形式的 Laplace 方程：

$$\begin{cases} \dfrac{\partial^2 u}{\partial x^2} + \dfrac{\partial^2 u}{\partial y^2} = 0 & (x,y) \in \Omega \\[2mm] u\big|_{\Gamma_1} = \overline{u} \\[2mm] \dfrac{\partial u}{\partial n}\Big|_{\Gamma_2} = q\big|_{\Gamma_2} = \overline{q} \end{cases} \tag{6-42}$$

式中，Ω 为求解区域，Ω 的边界为 $\Gamma = \Gamma_1 + \Gamma_2$。

式（6-42）是 6.2 节中分析过的 Poisson 方程 $f = 0$ 的特例，边界元解的求解过程已作了详细的讨论。本节主要讨论的是线性边界单元的求解特点。

6.3.2　线性边界元解题分析

根据 6.2 节中的讨论可知，式（6-42）Laplace 方程的基本解为：

$$u^* = \frac{1}{2\pi}\ln\frac{1}{r}$$

$$q^* = \frac{\partial u^*}{\partial n} = \frac{-1}{2\pi r}\frac{\partial r}{\partial n}$$

式中，$r = \overline{PQ}$，是源点 P 和场点 Q 两点间的距离。

场中任意一点 P 点的函数值 $u(P)$ 的边界积分表达式为：

$$u(P) = \int_{\Gamma}[q(Q_0)u^*(P,Q_0) - q^*(P,Q_0)u(Q_0)]\mathrm{d}\Gamma(Q_0) \tag{6-43}$$

由于在 Γ_1 上的 q 值和 Γ_2 上的 u 值是未知函数，需要通过边界积分方程的求解确定。

记边界上的源点为 P_0，则边界积分方程为：

$$C(P_0)u(P_0) = \int_{\Gamma}[q(Q_0)u^*(P,Q_0) - q^*(P_0,Q_0)u(Q_0)]\mathrm{d}\Gamma(Q_0) \tag{6-44}$$

下面对线性边界单元进行分析。此时单元中有两个节点，单元中的未知函数将表示成单元节点上函数值的线性多项式。从边界积分方程式（6-44）出发，先写出单元的积分形式：

$$C(P_i)u_i = \sum_{j=1}^{N}\int_{\Gamma_j}q(Q_0)u^*(P_i,Q_0)\mathrm{d}\Gamma(Q_0) - \sum_{j=1}^{N}\int_{\Gamma_j}q^*(P_1,Q_0)u(Q_0)\mathrm{d}\Gamma(Q_0) \tag{6-45}$$

式中，u_i 为边界上 i 号节点 P_i 的函数值；Γ_j 为 j 号边界单元子区域。

考虑是光滑边界，$C(P_i) = \dfrac{1}{2}$。

对任意 j 号边界单元，其边界点为节点，分别是 j 号节点与 $j+1$ 号节点。假定边界单元线段长度为 s_j，边界单元线段上积分点到节点 j 的距离为 L，如图 6-11 所示，则可以引进无量纲局部坐标：

$$\xi = \frac{2l}{s_j}, \mathrm{d}\Gamma = \mathrm{d}l = \frac{s_j}{2}\mathrm{d}\xi$$

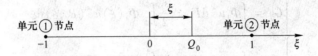

图 6-11　边界单元 Γ_j 上的无量纲局部坐标

单元基函数为：

$$\Phi_1 = \frac{1}{2}(1 - \xi)$$

$$\Phi_2 = \frac{1}{2}(1 + \xi)$$

于是 Γ_j 单元中的 u，q 可以表示为：

$$\begin{cases} u(\xi) = u_j\Phi_1(\xi) + u_{j+1}\Phi_2(\xi) \\ q(\xi) = q_j\Phi_1(\xi) + q_{j+1}\Phi_2(\xi) \end{cases} \tag{6-46}$$

式中，u_j、u_{j+1} 为节点 j 和节点 $(j+1)$ 上的函数值；q_j、q_{j+1} 为节点 j 和节点 $(j+1)$ 上的函数法向导数值。

将式（6-46）代入边界积分方程式（6-45）中的单元积分式，可得

$$\int_{\Gamma_j} u(Q_0)q^*(P_i, Q_0)\mathrm{d}\Gamma(Q_0)$$

$$= \int_{\Gamma_j}(u_j\Phi_1 + u_{j+1}\Phi_2)q^*\mathrm{d}\Gamma$$

$$= u_j\int_{\Gamma_j}\Phi_1 q^*\mathrm{d}\Gamma + u_{j+1}\int_{\Gamma_j}\Phi_2 q^*\mathrm{d}\Gamma$$

记

$$\begin{cases} H_{ij}^1 = \int_{\Gamma_j}\Phi_1 q^*\mathrm{d}\Gamma = \frac{s_j}{2}\int_{-1}^{+1}\Phi_1(\xi)q^*(P_i,\xi)\mathrm{d}\xi \\ H_{ij}^2 = \int_{\Gamma_j}\Phi_2 q^*\mathrm{d}\Gamma = \frac{s_j}{2}\int_{-1}^{+1}\Phi_2(\xi)q^*(P_i,\xi)\mathrm{d}\xi \end{cases} \tag{6-47}$$

于是有

$$\int_{\Gamma_j} u(Q_0)q^*(P_i, Q_0)\mathrm{d}\Gamma(Q_0) = H_{ij}^1 u_j + H_{ij}^2 u_{j+1} \tag{6-48}$$

另一个单元积分式为：

$$\int_{\Gamma_j} q(Q_0) u^* (P_i, Q_0) \, \mathrm{d}\Gamma(Q_0)$$

$$= \int_{\Gamma_j} (q_j \Phi_1 + q_{j+1} \Phi_2) u^* \, \mathrm{d}\Gamma$$

$$= q_j \int_{\Gamma_j} \Phi_1 u^* \, \mathrm{d}\Gamma + q_{j+1} \int_{\Gamma_{j+1}} \Phi_2 u^* \, \mathrm{d}\Gamma$$

同样记

$$\begin{cases} G_{ij}^1 = \int_{\Gamma_j} \Phi_1 u^* \, \mathrm{d}\Gamma = \dfrac{s_j}{2} \int_{-1}^{+1} \Phi_1(\xi) u^*(P_i, \xi) \, \mathrm{d}\xi \\[3mm] G_{ij}^2 = \int_{\Gamma_j} \Phi_2 u^* \, \mathrm{d}\Gamma = \dfrac{s_j}{2} \int_{-1}^{+1} \Phi_2(\xi) u^*(P_i, \xi) \, \mathrm{d}\xi \end{cases} \tag{6-49}$$

于是有

$$\int_{\Gamma_j} q(Q_0) u^* (P, Q) \, \mathrm{d}\Gamma = G_{ij}^1 q_j + G_{ij}^2 q_{j+1} \tag{6-50}$$

将式（6-48）、式（6-50）代入式（6-45）中，得

$$C(\theta) u_i + \sum_{j=1}^{N} (H_{ij}^1 u_j + H_{ij}^2 u_{j+1}) = \sum_{j=1}^{N} (G_{ij}^1 q_j + G_{ij}^2 q_{j+1}) \tag{6-51}$$

将式（6-51）的求和号展开，则有

$$C(\theta) u_i + (H_{i1}^1 u_1 + H_{i1}^2 u_2) + (H_{i2}^1 u_2 + H_{i2}^2 u_3) + \cdots$$

$$= (G_{i1}^1 q_1 + G_{i1}^2 q_2) + (G_{i2}^1 q_2 + G_{i2}^2 q_3) + \cdots \tag{6-52}$$

对于单连通区域，边界首尾相接，应有

$$u_{N+1} = u_1, \quad q_{N+1} = q_1$$

将式（6-52）整理后可得

$$C(\theta) u_i + (H_{iN}^2 + H_{i1}^1) u_1 + (H_{i1}^2 + H_{i2}^1) u_2 + \cdots + (H_{i(j-1)}^2 + H_{ij}^1) u_j + \cdots + (H_{i(N-1)}^2 + H_{iN}^1) u_N$$

$$= (G_{iN}^2 + G_{i1}^1) q_1 + (G_{i1}^2 + G_{i2}^1) q_2 + \cdots + (G_{i(j-1)}^2 + G_{ij}^1) q_j + \cdots + (G_{i(N-1)}^2 + G_{iN}^1) q_N \tag{6-53}$$

记

$$\begin{cases} \hat{H}_{ij} = H_{i(j-1)}^2 + H_{ij}^1 & (i = 1, 2, \cdots, N; j = 2, 3, \cdots, N) \\[2mm] \hat{H}_{i1} = H_{iN}^2 + H_{i1}^1 & (i = 1, 2, \cdots, N) \end{cases} \tag{6-54}$$

$$\begin{cases} G_{ij} = G_{j(j-1)}^2 + G_{ij}^1 & (i = 1, 2, \cdots, N; j = 2, 3, \cdots, N) \\[2mm] G_{i1} = G_{iN}^2 + G_{i1}^1 & (i = 1, 2, \cdots, N) \end{cases} \tag{6-55}$$

于是式（6-53）可写为：

$$C(\theta) u_i + \sum_{j=1}^{N} \hat{H}_{ij} u_j = \sum_{j=1}^{N} G_{ij} q_j \tag{6-56}$$

如果记

$$\begin{cases} H_{ij} = \hat{H}_{ij} & i \neq j \\ H_{ij} = \hat{H}_{ij} + \dfrac{1}{2} & i = j \end{cases} \tag{6-57}$$

则式（6-56）可改写为：

$$\sum_{j=1}^{N} H_{ij} u_j = \sum_{j=1}^{N} G_{ij} q_i \quad (i = 1, 2, \cdots, N) \tag{6-58}$$

和常数单元完全类似，由于在 Γ_u 边界上 $u = \bar{u}$ 是已知的，边界上 $q = \bar{q}$ 是已知的，因此式（6-58）中 u_1、u_2、$\cdots$、u_n 以及 q_{n+1}、q_{n+2}、$\cdots$、q_N 都是已知量，所以式（6-55）是一个含有 N 个未知量：q_1、q_2、$\cdots$、q_n 和 u_{n+1}、u_{n+2}、$\cdots$、u_N 的 N 阶线性代数方程组。形式上和常数单元是完全相同的，同样可以写成和式（6-18）相同的线性代数方程 $\boldsymbol{AX} = \boldsymbol{F}$。式中，求解未知矢量 $X = [q_1, q_2, \cdots, q_n, u_{n+1}, u_{n+2}, \cdots, u_N]^T$。

系数矩阵为：

$$A = \begin{bmatrix} -G_{11} & \cdots & -G_{1n} & H_{1(n+1)} & \cdots & H_{1N} \\ \vdots & & \vdots & \vdots & & \vdots \\ -G_{n1} & \cdots & -G_{nn} & H_{n(n+1)} & \cdots & H_{nN} \\ -G_{(n+1)1} & \cdots & -G_{(n+1)n} & H_{(n+1)(n+1)} & \cdots & H_{(n+1)N} \\ \vdots & & \vdots & \vdots & & \vdots \\ -G_{N1} & \cdots & -G_{Nn} & H_{N(n+1)} & \cdots & H_{NN} \end{bmatrix}$$

右端项矢量为：

$$F = \begin{bmatrix} -H_{11} & \cdots & -H_{1n} & G_{1(n+1)} & \cdots & G_{1N} \\ \vdots & & \vdots & \vdots & & \vdots \\ -H_{n1} & \cdots & -H_{nn} & G_{n(n+1)} & \cdots & G_{nN} \\ -H_{(n+1)1} & \cdots & -H_{(n+1)n} & G_{(n+1)(n+1)} & \cdots & G_{(n+1)N} \\ \vdots & & \vdots & \vdots & & \vdots \\ -H_{N1} & \cdots & -H_{Nn} & G_{N(n+1)} & \cdots & G_{NN} \end{bmatrix} \begin{bmatrix} \bar{u}_1 \\ \vdots \\ \bar{u}_n \\ \bar{q}_{n+1} \\ \vdots \\ \bar{q}_N \end{bmatrix}$$

将 u^*、q^* 的表达式（6-23）和式（6-24）以及基函数 Φ_1、Φ_2 的表达式代入式（6-47）和式（6-49）中，可得影响系数 G_{ij}、H_{ij} 的计算表达式：

$$\begin{cases} H_{ij}^1 = \dfrac{s_j}{2} \int_{-1}^{+1} \dfrac{1}{2}(1 - \xi) \dfrac{-h_{ij}}{2\pi r_{ij}^2} \mathrm{d}\xi = -\dfrac{s_j h_{ij}}{8\pi} \int_{-1}^{+1} \dfrac{1 - \xi}{r_{ij}^2} \mathrm{d}\xi \\[3mm] H_{ij}^2 = \dfrac{s_j}{2} \int_{-1}^{+1} \dfrac{1}{2}(1 + \xi) \dfrac{-h_{ij}}{2\pi r_{ij}^2} \mathrm{d}\xi = -\dfrac{s_j h_{ij}}{8\pi} \int_{-1}^{+1} \dfrac{1 + \xi}{r_{ij}^2} \mathrm{d}\xi \end{cases} \tag{6-59}$$

$$\begin{cases} G_{ij}^1 = \dfrac{s_j}{2} \int_{-1}^{+1} \dfrac{1}{2}(1 - \xi) \dfrac{1}{2\pi} \ln\left(\dfrac{1}{r_{ij}}\right) \mathrm{d}\xi = \dfrac{s_j}{8\pi} \int_{-1}^{+1} (1 - \xi) \ln\left(\dfrac{1}{r_{ij}}\right) \mathrm{d}\xi \\[3mm] G_{ij}^2 = \dfrac{s_j}{2} \int_{-1}^{+1} \dfrac{1}{2}(1 + \xi) \dfrac{1}{2\pi} \ln\left(\dfrac{1}{r_{ij}}\right) \mathrm{d}\xi = \dfrac{s_j}{8\pi} \int_{-1}^{+1} (1 + \xi) \ln\left(\dfrac{1}{r_{ij}}\right) \mathrm{d}\xi \end{cases} \tag{6-60}$$

式（6-59）与式（6-60）中，r_{ij}为源点P_i到j单元中积分点的距离，h_{ij}为源点P_i到j单元的垂直距离。

计算影响系数矩阵$\{H_{ij}\}$、$\{G_{ij}\}$中的对角线元素。由于P_i是i单元中的i节点，其在i单元中的无量纲局部坐标$\xi = -1$，因此有

$$\begin{cases} r_{ii} = \dfrac{1}{2}(1 + \xi)s_i \\ h_{ii} = 0 \end{cases} \tag{6-61}$$

同时P_i也是$(i-1)$单元中的i节点，其在$(i-1)$单元的无量纲局部坐标$\xi = 1$，因此有

$$\begin{cases} r_{i(i-1)} = \dfrac{1}{2}(1 - \xi)s_{i-1} \\ h_{i(i-1)} = 0 \end{cases} \tag{6-62}$$

将式（6-61）和式（6-62）代入式（6-59）中，显然有

$$H_{ii}^1 = 0$$

$$H_{i(i-1)}^1 = 0$$

$$H_{ii}^2 = 0$$

$$H_{i(i-1)}^2 = 0$$

根据式（6-54）和式（6-57），可得

$$H_{ii} = \frac{1}{2} \tag{6-63}$$

同时可计算出

$$G_{ii}^1 = \frac{s_i}{8\pi} \int_{-1}^{+1} (1 - \xi) \ln\left[\frac{2}{(1 + \xi)s_i} \right] \mathrm{d}\xi$$

$$= \frac{s_i}{8\pi} \left[\int_{-1}^{+1} (1 - \xi) \ln\left(\frac{2}{s_i} \right) \mathrm{d}\xi - \int_{-1}^{+1} (1 - \xi) \ln(1 + \xi) \mathrm{d}\xi \right]$$

$$= \frac{s_i}{8\pi} (3 - 2\ln s_i)$$

$$G_{ii}^2 = \frac{s_i}{8\pi} \int_{-1}^{+1} (1 + \xi) \ln\left[\frac{2}{(1 + \xi)s_i} \right] \mathrm{d}\xi$$

$$= \frac{s_i}{8\pi} \left[\int_{-1}^{+1} (1 + \xi) \ln\left(\frac{2}{s_i} \right) \mathrm{d}\xi - \int_{-1}^{+1} (1 + \xi) \ln(1 + \xi) \mathrm{d}\xi \right]$$

$$= \frac{s_i}{8\pi} (1 - 2\ln s_i)$$

$$G^1_{i(i-1)} = \frac{s_{i-1}}{8\pi}\int_{-1}^{+1}(1-\xi)\ln\left[\frac{2}{(1-\xi)s_{i-1}}\right]d\xi$$

$$= \frac{s_{i-1}}{8\pi}\left[\int_{-1}^{+1}(1-\xi)\ln\left(\frac{2}{s_{i-1}}\right)d\xi - \int_{-1}^{+1}(1-\xi)\ln(1-\xi)d\xi\right]$$

$$= \frac{s_{i-1}}{8\pi}(1-2\ln s_{i-1})$$

$$G^2_{i(i-1)} = \frac{s_{i-1}}{8\pi}\int_{-1}^{+1}(1+\xi)\ln\left[\frac{2}{(1-\xi)s_{i-1}}\right]d\xi$$

$$= \frac{s_{i-1}}{8\pi}\left[\int_{-1}^{+1}(1+\xi)\ln\left(\frac{2}{s_{i-1}}\right)d\xi - \int_{-1}^{+1}(1+\xi)\ln(1-\xi)d\xi\right]$$

$$= \frac{s_{i-1}}{8\pi}(3-2\ln s_{i-1})$$

根据式（6-55），可得

$$G_{ii} = G^2_{i(i-1)} + G^1_{ii} = \frac{1}{8\pi}\left[3(s_i+s_{i-1}) - 2(s_i\ln s_i + s_{i-1}\ln s_{i-1})\right] \tag{6-64}$$

根据式（6-54）、式（6-57），并利用式（6-59）、式（6-60），可得影响系数矩阵 $\{H_{ij}\}$、$\{G_{ij}\}$ 中的非对角线元素的表达式：

$$H_{ij} = H^2_{i(j-1)} + H^1_{ij}$$

$$= \frac{-1}{8\pi}\left[s_{j-1}h_{i(j-1)}\int_{-1}^{+1}\frac{1+\xi}{r^2_{i(j-1)}}d\xi + s_jh_{ij}\int_{-1}^{+1}\frac{1-\xi}{r^2_{ij}}d\xi\right] \tag{6-65}$$

$$G_{ij} = G^2_{i(j-1)} + G^1_{ij}$$

$$= \frac{-1}{8\pi}\left\{s_{j-1}\int_{-1}^{+1}(1+\xi)\ln\left(\frac{1}{r_{i(j-1)}}\right)d\xi + s_j\int_{-1}^{+1}(1-\xi)\ln\left(\frac{1}{r_{ij}}\right)d\xi\right\} \tag{6-66}$$

式中，s_j 为 j 单元的线段长度：

$$s_j = \sqrt{(x_j-x_{j-1})^2 + (y_j-y_{j-1})^2} \tag{6-67}$$

h_{ij} 为 P_i 点到 j 单元的垂直距离，根据式（6-27），可得

$$h_{ij} = \pm\frac{\left|(x_{j+\frac{1}{2}}-x_i)(y_{j+1}-y_j) - (y_{j+\frac{1}{2}}-y_i)(x_{j+1}-x_j)\right|}{s_j} \tag{6-68}$$

其中 $$x_{j+\frac{1}{2}} = \frac{1}{2}(x_j+x_{j+1}); \quad y_{j+\frac{1}{2}} = \frac{1}{2}(y_j+y_{j+1})$$

正负号按 C 值的正负决定：

$$C = (x_j-x_i)(y_{j+1}-y_i) - (x_{j+1}-x_i)(y_j-y_i)$$

当 $C>0$ 时取正号，$C<0$ 时取负号。

积分式中 r_{ij} 是 P_i 点到 j 单元中的积分点 (x_ξ,y_ξ) 连线长度，即

$$r_{ij} = \sqrt{(x_i-x_\xi)^2 + (y_i-y_\xi)^2} \tag{6-69}$$

积分点 (x_ξ, y_ξ) 可以通过 j 单元中的无量纲局部坐标表示：

$$\begin{cases} x_\xi = x_j + \dfrac{x_{j+1} - x_j}{2}(1 + \xi) \\[2mm] y_\xi = y_j + \dfrac{y_{j+1} - y_j}{2}(1 + \xi) \end{cases} \tag{6-70}$$

将式（6-67）~式（6-70）代入式（6-65）、式（6-66），即可计算 G_{ij}、H_{ij}。一般可采用高斯数值积分进行计算，具体公式可参见6.2节的有关内容。

求出影响系数矩阵 $\{H_{ij}\}$、$\{G_{ij}\}$ 后，就可求解线性方程组式 $\boldsymbol{AX} = \boldsymbol{F}$，即可获得 q_1，q_2，$\cdots$，q_n 和 u_{n+1}，u_{n+2}，$\cdots$，u_N。这样，边界 Γ 上的所有节点上的函数值 u_i 和法向导数值 q_i 都是已知值。于是可求出求解区域中任意一点的函数值：

$$u_i = \sum_{j=1}^{N} G_{ij} q_j - \sum_{j=1}^{N} H_{ij} u_j$$

6.4　若干线性算子方程的基本解

前两节详细推导了 Laplace 算子方程的边界元解。从求解过程可以看出，一个算子方程 $L(u) = f$ 可以应用边界元法，首要条件是这个算子方程存在基本解，以基本解作为权函数，采用加权余量法，并应用 Green 公式，推导出等价的积分方程。然后以积分方程为出发点，建立边界积分方程，再进行边界有限元的离散求解。可见，算子方程可采用边界元法应具备两个条件：

（1）存在基本解 u^*，满足

$$L(u^*) + \delta(P, Q) = 0$$

式中，P 为求解区域中的源点；Q 为场点；$\delta(P, Q)$ 为 Dirac δ 函数。

（2）$L = L(u)$ 是对称算子，满足

$$\langle L(u), v \rangle = \langle L(v), u \rangle$$

这个条件可保证采用 u^* 作为权函数，采用加权余量法，可推导出等价的积分方程。

6.4.1　一维方程的基本解

（1）Laplace 方程。

$$\frac{\mathrm{d}u^*}{\mathrm{d}x} + \delta(P, Q) = 0$$

$$u^* = \frac{r}{2}$$

（2）Helmholtz 方程。

$$\frac{\mathrm{d}^2 u^*}{\mathrm{d}x^2} + \lambda u^* + \delta(P, Q) = 0$$

$$u^* = -\frac{1}{2\lambda}\sin(\lambda r)$$

（3）波动方程。

$$c^2\frac{\partial^2 u^*}{\partial x^2} - \frac{\partial^2 u^*}{\partial t^2} + \delta(P,Q)\delta(t) = 0$$

$$u^* = \frac{1}{2c}H(ct - r) \quad （H \text{ 为单位阶梯函数}）$$

（4）扩散方程。

$$\frac{\partial^2 u^*}{\partial x^2} - \frac{1}{k}\frac{\partial u^*}{\partial t} + \delta(P,Q)\delta(t) = 0$$

$$u^* = -\frac{H(t)}{\sqrt{4\pi kt}}\exp\left(-\frac{r^2}{4kt}\right)$$

（5）对流衰减方程。

$$\frac{\partial u^*}{\partial t} + \bar{u}\frac{\partial u^*}{\partial x} + \beta u^* + \delta(P,Q)\delta(t) = 0$$

$$u^* = -\exp\left(-\beta\frac{r}{u}\right)\delta\left(t - \frac{r}{u}\right)$$

上述式中 r 为 P、Q 点间的距离，$r = |x_P - x_Q|$。

6.4.2 二维方程的基本解

（1）Laplace 方程。

$$\frac{\partial^2 u^*}{\partial x^2} + \frac{\partial^2 u^*}{\partial y^2} + \delta(P,Q) = 0$$

$$u^* = \frac{1}{2\pi}\ln\left(\frac{1}{r}\right)$$

（2）Helmholtz 方程。

$$\frac{\partial^2 u^*}{\partial x^2} + \frac{\partial^2 u^*}{\partial y^2} + \lambda^2 u^* + \delta(P,Q) = 0$$

$$u^* = \frac{1}{4i}H_0^2(\lambda r) \quad （H_0 \text{ 为 Hankle 函数}）$$

（3）D' Arcy 方程。

$$k_1\frac{\partial^2 u^*}{\partial x^2} + k_2\frac{\partial^2 u^*}{\partial y^2} + \delta(P,Q) = 0$$

$$u^* = \frac{1}{\sqrt{k_1 k_2}}\frac{1}{2\pi}\ln\left(\frac{1}{r_0}\right)$$

（4）波动方程。

$$c^2\left(\frac{\partial^2 u^*}{\partial x^2} + \frac{\partial^2 u^*}{\partial y^2}\right) - \frac{\partial^2 u^*}{\partial t^2} + \delta(P,Q)\delta(t) = 0$$

$$u^* = -\frac{H(ct - r)}{2\pi c(c^2 t^2 - r^2)}$$

（5）热传导方程。

$$\frac{\partial^2 u^*}{\partial x^2} + \frac{\partial^2 u^*}{\partial y^2} - \frac{1}{k}\frac{\partial u^*}{\partial t} + \delta(P,Q)\delta(t) = 0$$

$$u^* = -\frac{1}{\sqrt{4\pi kt}}\exp\left(-\frac{r^2}{4kt}\right)$$

上述式中 $r = \overline{PQ}$，为 P 点到 Q 点的距离：

$$r = \sqrt{(x_P - x_Q)^2 + (y_P - y_Q)^2}$$

$$r_0 = \sqrt{\frac{1}{k_1}(x_P - x_Q)^2 + \frac{1}{k_2}(y_P - y_Q)^2}$$

6.4.3　三维方程的基本解

（1）Laplace 方程。

$$\frac{\partial^2 u^*}{\partial x^2} + \frac{\partial^2 u^*}{\partial y^2} + \frac{\partial^2 u^*}{\partial z^2} + \delta(P,Q) = 0$$

$$u^* = \frac{1}{2\pi r}$$

（2）Helmholtz 方程。

$$\frac{\partial^2 u^*}{\partial x^2} + \frac{\partial^2 u^*}{\partial y^2} + \frac{\partial^2 u^*}{\partial z^2} + \lambda u^* + \delta(P,Q) = 0$$

$$u^* = \frac{1}{4\pi r}\exp(-i\lambda r)$$

（3）D' Arcy 方程。

$$k_1\frac{\partial^2 u^*}{\partial x^2} + k_2\frac{\partial^2 u^*}{\partial y^2} + k_3\frac{\partial^2 u^*}{\partial z^2} + \delta(P,Q) = 0$$

$$u^* = \frac{1}{\sqrt{k_1 k_2 k_3}}\frac{1}{4\pi r_0}$$

（4）波动方程。

$$c^2\left(\frac{\partial^2 u^*}{\partial x^2} + \frac{\partial^2 u^*}{\partial y^2} + \frac{\partial^2 u^*}{\partial z^2}\right) - \frac{\partial^2 u^*}{\partial t^2} + \delta(P,Q)\delta(t) = 0$$

$$u^* = \frac{1}{4\pi r}\delta\left(t - \frac{r}{c}\right)$$

（5）热传导方程。

$$\frac{\partial^2 u^*}{\partial x^2} + \frac{\partial^2 u^*}{\partial y^2} + \frac{\partial^2 u^*}{\partial z^2} - \frac{1}{k}\frac{\partial u^*}{\partial t} + \delta(P,Q)\delta(t) = 0$$

$$u^* = -\frac{1}{(4\pi kt)^{3/2}}\exp\left(-\frac{r^2}{4kt}\right)$$

上述式中 $r = \overline{PQ}$，为 P 点到 Q 点的距离：

$$r = \sqrt{(x_P - x_Q)^2 + (y_P - y_Q)^2 + (z_P - z_Q)^2}$$

$$r_0 = \sqrt{\frac{1}{k_1}(x_P - x_Q)^2 + \frac{1}{k_2}(y_P - y_Q)^2 + \frac{1}{k_3}(z_P - z_Q)^2}$$

以三维 Helmholtz 方程边值问题为例，推导边界积分方程。Helmholtz 方程边值问题如下：

$$\begin{cases} \nabla^2 u + \lambda^2 u = 0 \qquad (x,y,z) \in \Omega \\ u\big|_{\Gamma_1} = \bar{u} \\ \dfrac{\partial u}{\partial n}\bigg|_{\Gamma_2} = q\big|_{\Gamma_2} = \bar{q} \end{cases}$$

方程的相应算子为：

$$L = \nabla^2 + \lambda^2$$

算子方程 $L = L(u) = \nabla^2 u + \lambda^2 u = 0$ 的基本解为：

$$u^* = \frac{1}{4\pi r}\exp(-i\lambda r) \qquad r = r(P,Q) = \overline{PQ}$$

记

$$q^* = \frac{\partial u^*}{\partial n}$$

可验证 $u^* = u^*(P,Q)$ 满足：

(1) $L(u^*) = \nabla^2 u^* + \lambda^2 u^* = -\delta(P,Q)$。这是因为当 $r \neq 0$ 时，有

$$L(u^*) = \nabla^2 u^* + \lambda^2 u^* = 0$$

当 $r = 0$ 时，有 $L(u^*) = \nabla^2 u^* + \lambda^2 u^* = \infty$

(2) 对于任一连续函数 $g = g(Q)$，有

$$\int_\Omega L(u^*)g(Q)\mathrm{d}\Omega(Q)$$

$$= \int_\Omega (\nabla^2 u^* + \lambda^2 u^*)g(Q)\mathrm{d}\Omega(Q)$$

$$= -\int_\Omega \delta(P,Q)g(Q)\mathrm{d}\Omega(Q) = -g(P)$$

现以基本解 $u^* = u^*(P,Q)$ 作为权函数，计算方程余量与权函数的内积，并导出边界积分方程。

$$\int_\Omega (\nabla^2 u + \lambda^2 u)u^*(P,Q)\mathrm{d}\Omega(Q)$$

$$= \int_\Omega \left[\nabla(\nabla u \cdot u^*) - \nabla u \cdot \nabla u^* + \lambda^2 u u^*\right]\mathrm{d}\Omega$$

$$= \int_\Gamma \frac{\partial u}{\partial n}u^*\mathrm{d}\Gamma - \int_\Omega \left[\nabla(\nabla u^* \cdot u) - \nabla^2 u^* \cdot u + \lambda^2 u^* u\right]\mathrm{d}\Omega$$

$$= \int_\Gamma q u^*\mathrm{d}\Gamma - \int_\Gamma \frac{\partial u^*}{\partial n}u\mathrm{d}\Gamma - \int_\Omega (\nabla^2 u^* - \lambda^2 u^*)u\mathrm{d}\Omega$$

$$= \int_{\Gamma} (qu^* - q^*u)\mathrm{d}\Gamma - \int_{\Omega} (\nabla^2 u^* - \lambda^2 u^*)u\mathrm{d}\Omega = 0 \tag{6-71}$$

式（6-71）中第二个积分式中 $u^* = u^*(P, Q)$，P 是源点，Q 是区域 Ω 中的积分点，根据基本解的性质，应有

$$\int_{\Omega} [\nabla^2 u^*(P, Q) - \lambda^2 u^*(P, Q)]u(Q)\mathrm{d}\Omega = u(P)$$

于是可得积分方程

$$u(P) = \int_{\Gamma} [q(Q_0)u^*(P, Q_0) - q^*(Q_0)u(P, Q_0)]\mathrm{d}\Gamma(Q_0) \tag{6-72}$$

式中，P 为 Ω 中的源点；Q_0 为边界 Γ 上的积分点。

当 P 趋向 Γ 上的任一点 P_0 时，则在 Γ 上的积分为奇异积分，此时可获得边界积分方程：

$$\frac{1}{2}u(P_0) = \int_{\Gamma} [q(Q_0)u^*(P, Q_0) - q^*(Q_0)u(P_0, Q_0)]\mathrm{d}\Gamma$$

从上述例子可见，对于一个微分方程，只要可以将原方程变换成已有基本解的算子方程，而且这个算子是对称算子，就可以采用加权余量法，推导出边界积分方程，从而可以采用边界元方法进行求解。

6.5　非线性问题的边界元解法

边界元法的出发点是边界积分方程，而一个微分方程是否能获得边界积分方程，取决于相应的微分算子方程是否存在基本解，而且这个算子是线性对称算子。因此，对于非线性的微分方程问题，由于无法直接导出边界积分方程，从而无法采用边界元法。但是可以通过一种迭代解法，将非线性问题转化为线性问题，进行求解。

这种迭代解法的基本思想是将非线性微分方程中的非线性微分算子与线性微分算子分开，将非线性项移到右端项，作为已知的右端项函数进行处理。即把非线性算子方程写为：

$$L(u) + N(u) = p \tag{6-73}$$

式中，L 为线性微分算子；N 为非线性微分算子；p 为右端项已知函数。将非线性项移到右端，得

$$L(u) = p - N(u) \tag{6-74}$$

如果设法对未知函数 u 给出一个已知的初始值 u_0，再将 u_0 代入非线性项中，于是 $N(u_0)$ 便是一个已知函数，代入式（6-74）中，得

$$L(u) = p - N(u_0) \tag{6-75}$$

这就是一个线性微分算子方程。可以采用边界元法对式（6-75）进行求解，获得一次近似解 u_1。当获得 k 次近似解 u_k 后，可按迭代方程 $L(u_{k+1}) = p - N(u_k)$ （$k = 0, 1, 2, \cdots$）采用边界元法求出 $k+1$ 次近似解 u_{k+1}。当 $|u_{k+1} - u_k| < \varepsilon$ 时，迭代结束，$u = u_{k+1}$ 为收敛解。

　　上述只是给出求解非线性微分方程问题的边界元解法的一般原则，而用这种方法如何才能获得收敛解，如何给出初值等问题，还需深入研究。

思 考 题

6-1　边界元法与有限元法方法区别与联系有哪些?

6-2　边界元法基本思想是什么?

6-3　详述非线性问题的边界元解法。

流体力学有限分析法

教学目的

（1）了解有限分析法的基本思想。

（2）掌握有限分析法解题步骤。

（3）掌握椭圆型方程的有限分析解。

（4）掌握不可压无旋流动的有限分析解。

（5）掌握不可压黏性流动的有限分析解。

（6）掌握非定常不可压黏性流动的有限分析解。

（7）掌握非均匀网格的有限分析解。

7.1 有限分析法的基本思路与求解步骤

7.1.1 基本思路

偏微分方程数值方法有很多种，但基本原则是通过某种数学原理将偏微分方程转化为代数方程组，从而求解出求解区域中各个离散点上的函数值。有限分析法是在有限元方法基础上发展起来的一种数值方法，它通过在矩形单元中求解方程，获得局部分析解的途径，将偏微分方程转化为代数方程组。这种方法是 1977 年，陈景仁为解决求解对流扩散方程出现数值失真的问题首先提出的。

有限分析法的基本思想是：将求解区域分成有限个规则的矩形单元，每个单元中的求解函数，通过微分方程在单元子区域中的分析解来表达（不同于有限元方法中的求解函数是单元基本函数的线性组合表达式），为获得单元中的局部分析解，单元子区域的边界条件将采用插值函数逼近，如果方程非线性，则在单元中将非线性局部线性化。这样，每个单元中心节点的函数值和单元边界节点的函数值可通过单元分析解构成一个代数方程，称为单元有限分析方程，将所有内点上的单元有限分析方程联立，就构成总体有限分析方程，通过代数方程组数值求解，即可获得求解区域中的全部离散点的函数值。

7.1.2 求解步骤

设算子方程为：

$$L(\phi) = G \tag{7-1}$$

式中，ϕ 为求解函数；L 为偏微分算子，是 $G = (x, y)$ 偏微分方程非齐次项。

当 ϕ 表示分量或涡量时，则算子方程式（7-1）可写为：

$$Re(u\phi_x + v\phi_y) = \phi_{xx} + \phi_{yy} + G \tag{7-2}$$

即为 N-S 方程，或涡量输出扩散方程。式中，$\phi_x = \dfrac{\partial \phi}{\partial x}$；$\phi_y = \dfrac{\partial \phi}{\partial y}$；$\phi_{xx} = \dfrac{\partial^2 \phi}{\partial x^2}$；$\phi_{yy} = \dfrac{\partial^2 \phi}{\partial y^2}$。

如果 ϕ 表示温度，则算子方程式（7-1）是温度的对流扩散方程：

$$Pe(u\phi_x + v\phi_y) = \phi_{xx} + \phi_{yy} + G \tag{7-3}$$

式中，Pe 为 Peclet 数。

边界条件是：求解区域的边界上，给定函数值 ϕ 或法向导数 $\dfrac{\partial x}{\partial n}$。

采用有限分析法求解上述问题，可按下列步骤进行：

（1）划分网格单元。由于有限分析法要在单元中求出局部分析解，因此对单元形状有特别的要求，即必须是矩形单元，如不是矩形单元，先要变换成矩形单元。具体做法是将求解区域划分成均匀的矩形网格，网格线沿 x 方向和 y 方向分别编号，以 i、j 表示，如图 7-1 所示。网格线的交点称为节点，每个内部节点对应一个单元，由这个节点相邻的四个网格组成。在单元中建立局部坐标，节点 p 为原点，x 方向网格间距为 h，y 方向网格间距为 k，如图 7-2 所示，单元中的分析解将在这个局部坐标中求解获得。

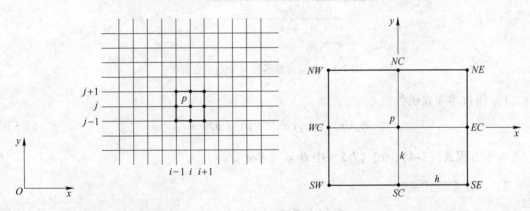

图 7-1　网格与单元　　　　　　　　图 7-2　单元与节点

任取一个网格序号为 i，j 的内部节点 p，它所对应的单元如图 7-2 所示，共有 9 个节点，除中心节点 p 以外，单元边界共有 8 个节点，方便起见以东（E）、西（W）、南（S）、北（N）、中（C）来标记，这样边界上 8 个节点分别记为 NE、EC、SE、SC、SW、WC、NW、NC。

需要注意的是，每个内部节点对应一个单元，这个单元节点由相邻的四个网格组成，因此相邻节点所对应的单元是相互覆盖的。

（2）单元中方程局部线性化。如果求解的偏微分方程是非线性的，则在矩形单元子区域中获得分析解是十分困难的，因此要进行局部线性化的近似处理。以式（7-2）为例，由于对流项中速度分量 u、v 是未知数，因此是非线性方程，局部线性化的方法是在单元中以 p 点的 u、v 值 u_p、v_p 来替代式（7-2）中的 u、v 函数，式（7-2）变成线性偏微分方程：

$$Re(u_p\phi_x + v_p\phi_y) = \phi_{xx} + \phi_{yy} + G \tag{7-4}$$

（3）确定单元子区域边界条件。为了在单元子区域中求出如式（7-4）所表示的偏微分方程的分析解，必须给出单元子区域边界上的函数表达式，即必须给出单元四个边界上的函数表达式 ϕ_E、ϕ_S、ϕ_W、ϕ_N，如图 7-3 所示。但这些边界函数事先是不可能已知的，为了克服这个困难，可以假设边界函数是边界节点值的插值函数，通常有三种形式的插值函数，以 $\phi_E = \phi_E(y)$ 为例：

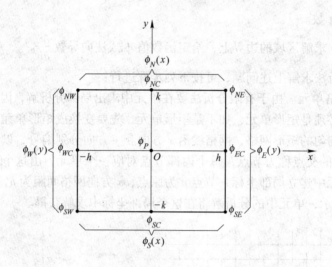

图7-3　单元边界函数与节点函数值

1）指数多项式函数。

$$\phi_E(y) = a_E(e^{2By} - 1) + b_E y + c_E \tag{7-5}$$

对于方程式（7-4），式（7-5）中 $B = \frac{1}{2}Rev_p$。

2）二次多项式函数。

$$\phi_E(y) = a_E + b_E y + c_E y^2 \tag{7-6}$$

3）分段线性函数。

$$\phi_E(y) = \begin{cases} a_E + b_E y & 0 \leqslant y \leqslant k \\ a_E + c_E y & -k \leqslant y \leqslant 0 \end{cases} \tag{7-7}$$

上述边界函数表达式中的系数 a_E、b_E、c_E 可通过单元相应边界上的节点函数值 ϕ_{NE}、ϕ_{EC}、ϕ_{SE} 给出的插值条件确定：$\phi_{NE} = \phi_E(k)$；$\phi_{EC} = \phi_E(0)$；$\phi_{SE} = \phi_E(-k)$。单元子区域另外三个边界上的边界函数 $\phi_S(x)$，$\phi_W(y)$，$\phi_N(x)$ 构成的形式与 ϕ_E 相同。

（4）求出单元中的分析解。由于求解函数 $\phi = \phi(x,y)$ 在单元子区域中的边界条件已经确定，因此可以对局部线性化的偏微分方程式（7-4）进行求解。在本章后几节可以看到，通过变量分离法可以获得分析解。这个分析解可以写成如下形式：

$$\phi(x,y) = f(\phi_E,\phi_W,\phi_S,\phi_N,x,y,h,k,G) \tag{7-8}$$

式中，ϕ_E，ϕ_W，ϕ_S，ϕ_N 为单元边界函数，与边界节点函数值有关：

$$\phi_E = \phi_E(\phi_{NE}, \phi_{EC}, \phi_{SE}, k, y)$$

$$\phi_W = \phi_W(\phi_{NW}, \phi_{WC}, \phi_{SW}, k, y)$$

$$\phi_S = \phi_S(\phi_{SW}, \phi_{SC}, \phi_{SE}, h, x)$$

$$\phi_N = \phi_N(\phi_{NW}, \phi_{NC}, \phi_{NE}, h, x)$$

（5）建立单元有限分析方程。单元中的分析解表达式（7-8）一般是一个很复杂的级数解，通过这个分析解可以将单元中原点（p 点）的函数值和单元边界上的 8 个节点函数值联系起来。由于在 p 点 $x=0$，$y=0$，因此这个关系式变得十分简单，是一个线性表达式：

$$\phi_p = C_{EC}\phi_{EC} + C_{NE}\phi_{NE} + C_{SE}\phi_{SE} + C_{NC}\phi_{NC} + C_{NW}\phi_{NW} +$$

$$C_{WC}\phi_{WC} + C_{SW}\phi_{SW} + C_{SC}\phi_{SC} + C_p G \tag{7-9}$$

式（7-9）将 p 节点函数值与相邻的 8 个节点的函数值联系起来，称为单元有限分析方程。如果以整个区域的网格点序号来表示，则式（7-9）可以写为：

$$\phi_{i,j} = C_{i+1,j}\phi_{i+1,j} + C_{i+1,j+1}\phi_{i+1,j+1} + C_{i+1,j-1}\phi_{i+1,j-1} +$$

$$C_{i,j+1}\phi_{i,j+1} + C_{i-1,j+1}\phi_{i-1,j+1} + C_{i-1,j}\phi_{i-1,j} +$$

$$C_{i-1,j-1}\phi_{i-1,j-1} + C_{i,j-1}\phi_{i,j-1} + C_{i,j}G \tag{7-10}$$

有限分析方程式（7-9）、式（7-10）中的各项系数，可通过单元分析解的计算获得，对于给定的常系数微分方程，只和网格间距有关，对任何网格间距相同的单元，这些系数都是相同的。

（6）求解总体有限分析方程。对于求解区域中任一个网格序号为 i，j 的节点 $p(i,j)$，都对应有一个如式（7-10）所示的单元有限分析方程。如求解区域有 N 个内点，则有 N 个单元有限分析方程，联立起来成为总体有限分析方程，这是一个 N 阶的线性代数方程组。将区域边界节点上的已知函数值代入后，就可通过数值计算获得全部内点上的函数值。如果有若干边界节点上给出的不是函数值，而是法向导数值，则可采用合适的差分格式，建立起与这些节点数目相同的补充代数方程，然后联立求解。

从上述有限分析法的基本思想和解题过程可以看出，有限分析法具有如下几个特点：

（1）一个偏微分方程是否可以采用有限分析法求解，关键是看这个偏微分方程经局部线性化处理后，能否在矩形单元子区域中获得分析解。

（2）虽然有限分析解数值计算后获得的是求解区域各个离散节点上的函数值，但是由于每一个内点在它对应的单元内都有分析解表达式，因此有限分析解在每一个节点的局部区域内，都是连续可微的。这样，对于需要计算求解函数导数的数学物理问题（如位势流动中的流函数、势函数方程）具有明显的优点。

（3）和有限元方法、有限差分法相比较，有限分析法是通过单元中的分析解将中心点与相邻 8 个节点发生联系，有限分析法是通过单元中加权余量积分式，将单元中各个节点函数值联系起来，而有限差分法，通常是通过差分格式将中心点与前后上下 4 个点联系起来，因此有限分析法具有较高精度。

（4）由于单元有限分析法方程式通过单元中偏微分方程的分析解推导出来的，单元边界上的 8 个节点对中心节点的影响，一般是不对称的。深入研究表明，其具有自动迎风特性，可较好地模拟流体运动中的对流效应，避免对流项给数值计算带来的振荡失真现象。

（5）有限分析法必须将区域划分成规则的矩形单元，这样就很难适应复杂形状的求解区域。为此，对于复杂形状的非规则的网格，必须先进行变化，这显然会给有限分析法的应用带来一些麻烦。

7.2　椭圆型方程的有限分析解

流体力学中的位势流动的流函数、势函数方程，定常的 Navier-Stokes 方程，定常的对流扩散方程都是椭圆型偏微分方程。因此本节将对一般的二维椭圆型方程进行有限分析法的求解，推导这一类方程在单元子区域中的分析解，建立单元有限分析方程。

在矩形单元子区域内，局部线性化的二维定常椭圆型方程，一般可以表示为：

$$2A\phi_x + 2B\phi_y = \phi_{xx} + \phi_{yy} \tag{7-11}$$

式中，A、B 为单元内局部线性化后的常系数。当 ϕ 表示速度分量，$2A = Reu_p$，$2B = Rev_p$ 时，式（7-11）表示的是 N-S 方程。当 ϕ 表示涡量，$2A = Reu_p$，$2B = Rev_p$ 时，式（7-11）表示的是涡量的对流扩散方程。当 ϕ 表示流函数，$2A = 0$，$2B = 0$ 时，式（7-11）表示的是位势流动的流函数 Laplace 方程。式中 u_p，v_p 是单元中心节点 p 处的速度分量。

在如图 7-3 所给出的单元子区域内，求方程式（7-11）的分析解，定解的条件是先给定单元四个边界上的边界函数 $\phi_E(y)$，$\phi_W(y)$，$\phi_S(x)$，$\phi_N(x)$。下面将对三种不同类型的边界函数，求出方程（7-11）在单元中的分析解。

7.2.1　边界函数为指数多项式的有限分析解

7.2.1.1　确定边界函数

在如图 7-3 所示的局部坐标中的单元子区域内，求解式（7-11）所示的椭圆型偏微分方程 $2A\phi_x + 2B\phi_y = \phi_{xx} + \phi_{yy}$。

边界条件如下：

东边界 $x = h$ 上：　$\phi = \phi_E(y) = a_E(e^{2By} - 1) + b_E y + c_E \tag{7-12}$

西边界 $x = -h$ 上：　$\phi = \phi_W(y) = a_W(e^{2By} - 1) + b_W y + c_W \tag{7-13}$

北边界 $x = k$ 上：　$\phi = \phi_N(x) = a_N(e^{2Ax} - 1) + b_N x + c_N \tag{7-14}$

南边界 $x = -k$ 上：　$\phi = \phi_S(x) = a_S(e^{2Ax} - 1) + b_S x + c_S \tag{7-15}$

式（7-12）~式（7-15）中的系数 a_E，b_E，c_E，a_W，b_W，c_W，a_N，b_N，c_N，a_S，b_S，c_S 通过插值条件，由各个边界上的节点函数值来确定。例如在东边界上，有插值条件：

$$\phi_{EC} = \phi_E(0) = c_E$$

$$\phi_{NE} = \phi_E(k) = a_E(e^{2Bk} - 1) + b_E k + c_E$$

$$\phi_{SE} = \phi_E(-k) = a_E(e^{-2Bk} - 1) - b_E k + c_E$$

联立求解上述代数方程可得

$$\begin{cases} a_E = \dfrac{\phi_{NE} + \phi_{SE} - 2\phi_{EC}}{4\sinh^2(Bk)} \\[2ex] b_E = \dfrac{1}{2k}\big[\phi_{NE} - \phi_{SE} - \coth(Bk)(\phi_{NE} + \phi_{SE} - 2\phi_{EC})\big] \\[2ex] c_E = \phi_{EC} \end{cases} \tag{7-16}$$

用同样的方法，不难获得其他各个系数：

$$\begin{cases} a_W = \dfrac{\phi_{NW} + \phi_{SW} - 2\phi_{WC}}{4\sinh^2(Bk)} \\[2ex] b_W = \dfrac{1}{2k}\big[\phi_{NW} - \phi_{SW} - \coth(Bk)(\phi_{NW} + \phi_{SW} - 2\phi_{WC})\big] \\[2ex] c_W = \phi_{WC} \end{cases} \tag{7-17}$$

$$\begin{cases} a_N = \dfrac{\phi_{NE} + \phi_{NW} - 2\phi_{NC}}{4\sinh^2(Ah)} \\[2ex] b_N = \dfrac{1}{2h}\big[\phi_{NE} - \phi_{NW} - \coth(Ah)(\phi_{NE} + \phi_{NW} - 2\phi_{NC})\big] \\[2ex] c_N = \phi_{NC} \end{cases} \tag{7-18}$$

$$\begin{cases} a_S = \dfrac{\phi_{SE} + \phi_{SW} - 2\phi_{SC}}{4\sinh^2(Ah)} \\[2ex] b_S = \dfrac{1}{2h}\big[\phi_{SE} - \phi_{SW} - \coth(Ah)(\phi_{SE} + \phi_{SW} - 2\phi_{SC})\big] \\[2ex] c_S = \phi_{SC} \end{cases} \tag{7-19}$$

7.2.1.2 求解函数的替换与线性分解

为求解方便，引进函数替换

$$\phi(x,y) = \phi^*(x,y)\,\mathrm{e}^{Ax+By} \tag{7-20}$$

代入方程 (7-11)，求解方程变换为：

$$\phi_{xx}^* + \phi_{yy}^* = (A^2 + B^2)\phi^* \tag{7-21}$$

根据边界条件式 (7-12) ~式 (7-15)，方程 (7-21) 的边界条件为：

$$\begin{cases} \phi^*(x,k) = \phi_N^*(x) = \mathrm{e}^{-Bk}\big[a_N\mathrm{e}^{Ax} + b_N x\mathrm{e}^{-Ax} + (c_N - a_N)\mathrm{e}^{-Ax}\big] \\[1.5ex] \phi^*(x,-k) = \phi_S^*(x) = \mathrm{e}^{Bk}\big[a_S\mathrm{e}^{Ax} + b_S x\mathrm{e}^{-Ax} + (c_S - a_S)\mathrm{e}^{-Ax}\big] \\[1.5ex] \phi^*(h,y) = \phi_E^*(x) = \mathrm{e}^{-Ah}\big[a_E\mathrm{e}^{By} + b_E y\mathrm{e}^{-By} + (c_E - a_E)\mathrm{e}^{-By}\big] \\[1.5ex] \phi^*(-h,y) = \phi_W^*(x) = \mathrm{e}^{Ah}\big[a_W\mathrm{e}^{By} + b_W y\mathrm{e}^{-By} + (c_W - a_W)\mathrm{e}^{-By}\big] \end{cases} \tag{7-22}$$

为了顺利求解满足非齐次边界条件式 (7-22) 的线性偏微分方程 (7-21)，可将求解函数 $\phi^*(x,y)$ 进行线性分解，令

$$\phi^*(x,y) = N(x,y) + S(x,y) + E(x,y) + W(x,y) \tag{7-23}$$

函数 N、S、E、W 将满足下列 4 个方程及简化的边界条件：

$$\begin{cases} N_{xx} + N_{yy} = (A^2 + B^2)N \\ N(x,k) = \phi_N^*(x) \\ N(x, -k) = N(h,y) = N(-h,y) = 0 \end{cases} \qquad (7\text{-}24)$$

$$\begin{cases} S_{xx} + S_{yy} = (A^2 + B^2)S \\ S(x, -k) = \phi_S^*(x) \\ S(x,k) = S(h,y) = S(-h,y) = 0 \end{cases} \qquad (7\text{-}25)$$

$$\begin{cases} E_{xx} + E_{yy} = (A^2 + B^2)E \\ E(h,y) = \phi_E^*(y) \\ E(-h,y) = E(x,k) = E(x, -k) = 0 \end{cases} \qquad (7\text{-}26)$$

$$\begin{cases} W_{xx} + W_{yy} = (A^2 + B^2)W \\ W(-h,y) = \phi_W^*(y) \\ W(h,y) = W(x,k) = W(x, -k) = 0 \end{cases} \qquad (7\text{-}27)$$

通过式（7-23）所表示的线性分解，将方程式（7-21）转化为式（7-24）~式（7-27）4 个方程，而这 4 个方程由于边界条件得到简化，求解比较容易。

7.2.1.3　分离变量法求出方程分析解

由式（7-24）~式（7-27）所表示的方程可以采用分离变量法获得分析解。以 $N(x,y)$ 为例说明求解过程。

设 $N(x,y)$ 的解具有如下形式：

$$N(x,y) = X(x)Y(y) \qquad (7\text{-}28)$$

代入式（7-24）的方程中得

$$X''Y + XY'' = (A^2 + B^2)XY \qquad (7\text{-}29)$$

由于线性化方程中的系数 A，B 都是常数，因此由式（7-29）可得

$$-\frac{X''}{X} = \frac{Y''}{Y} + (A^2 + B^2) = \lambda^2 \qquad (7\text{-}30)$$

式中，λ 为常数，在求解过程中确定。

从式（7-30）不难推导出 X、Y 所满足齐次边界条件的方程：

$$\begin{cases} X'' + \lambda^2 X = 0 \\ X(-h) = X(h) = 0 \end{cases} \qquad (7\text{-}31)$$

$$\begin{cases} Y'' - (A^2 + B^2 + \lambda^2)Y = 0 \\ Y(-k) = 0 \end{cases} \qquad (7\text{-}32)$$

满足式（7-31）、式（7-32）的通解分别是：

$$X = c_1 \sin[\lambda(x + h)] \quad \lambda = \lambda_n = \frac{n\pi}{2h} \quad (n = 1, 2\cdots) \tag{7-33}$$

$$Y = c_2 \sinh[\mu(y + k)] \quad \mu = \mu_n = \sqrt{A^2 + B^2 + \lambda_n} \quad (n = 1, 2\cdots) \tag{7-34}$$

于是满足方程式 (7-24) 的解可以表示为级数形式:

$$N(x, y) = \sum_{n=1}^{\infty} A_n^N \sinh[\mu_n(y + k)] \sin[\lambda_n(x + h)] \tag{7-35}$$

系数 A_n^N 可以利用式 (7-24) 中的非齐次边界条件确定:

$$N(x, k) = \phi_N^*(x) = \sum_{n=1}^{\infty} A_n^N \sinh(2\mu_n k) \sin[\lambda_n(x + h)] \tag{7-36}$$

显然 $A_n^N = \sinh(2\mu_n k)$ 正是式 (7-36) 的 Fourier 的系数。

$$A_n^N \sinh(2\mu_n k) = \frac{1}{h} \int_{-h}^{h} \phi_N^*(x) \sin[\lambda_n(x + h)] \mathrm{d}x$$

$$= \frac{\mathrm{e}^{-Bk}}{h} \int_{-h}^{h} [a_N \mathrm{e}^{Ax} + b_N \mathrm{e}^{-Ax} + (c_N - a_N) \mathrm{e}^{-Ax}] \sin[\lambda_n(x + h)] \mathrm{d}x \tag{7-37}$$

积分式 (7-37),可以求出 A_n^N 的表达式:

$$A_n^N = \frac{\mathrm{e}^{-Bk}}{\sinh(2\mu_n k)} [a_N e_{0n} + b_N h e_{1n} + (c_N - a_N) e_{2n}] \tag{7-38}$$

式中

$$e_{0n} = \frac{1}{h} \int_{-h}^{h} \mathrm{e}^{Ax} \sin[\lambda_n(x + h)] \mathrm{d}x$$

$$= \frac{\lambda_n h}{(Ah)^2 + (\lambda_n h)^2} [\mathrm{e}^{-Ah} - (-1)^n \mathrm{e}^{Ah}] \tag{7-39}$$

$$e_{1n} = \frac{1}{h^2} \int_{-h}^{h} x \mathrm{e}^{-Ax} \sin[\lambda_n(x + h)] \mathrm{d}x$$

$$= \frac{2(Ah)(\lambda_n h)}{[(Ah)^2 + (\lambda_n h)^2]^2} [\mathrm{e}^{Ah} - (-1)^n \mathrm{e}^{-Ah}] \tag{7-40}$$

$$e_{2n} = \frac{1}{h} \int_{-h}^{h} \mathrm{e}^{-Ax} \sin[\lambda_n(x + h)] \mathrm{d}x$$

$$= \frac{\lambda_n h}{(Ah)^2 + (\lambda_n h)^2} [\mathrm{e}^{Ah} - (-1)^n \mathrm{e}^{-Ah}] \tag{7-41}$$

式 (7-35) 与式 (7-38) ~ 式 (7-41) 给出了方程式 (7-24) 的解 $N(x, y)$,采用类似的方法,可以获得式 (7-25)、式 (7-26) 和式 (7-27) 的解:

$$S(x, y) = \sum_{n=1}^{\infty} A_n^S \sinh[\mu_n(y - k)] \sin[\lambda_n(x + h)] \tag{7-42}$$

$$E(x, y) = \sum_{n=1}^{\infty} A_n^E \sinh[\mu_v'(x + h)] \sin[\lambda_n'(y + k)] \tag{7-43}$$

$$W(x,y) = \sum_{n=1}^{\infty} A_n^W \sinh[\mu'_n(x-h)]\sin[\lambda'_n(y+k)]　\qquad (7\text{-}44)$$

式中，$\lambda'_n = \dfrac{n\pi}{2k}$，$\mu'_n = \sqrt{A^2 + B^2 + \lambda'^2_n}$；系数 A_n^S、A_n^E、A_n^W 可以通过相应的非齐次边界条件确定。

根据已经获得分析表达式的 $N(x,y)$，$S(x,y)$，$E(x,y)$，$W(x,y)$，得到满足方程式 (7-11) 和边界条件式 (7-12)~式 (7-15) 的分析解：

$$\phi(x,y) = [N(x,y) + S(x,y) + E(x,y) + W(x,y)]e^{Ax+By}　\qquad (7\text{-}45)$$

7.2.1.4　建立有限分析方程

单元中的有限分析方程是通过分析解 (7-45) 将单元中心节点 p 处的函数值与单元边界上 8 个节点联系起来的代数方程式。p 点的坐标为 $x=0$，$y=0$，为此需要通过分析解表达式，推导 $N(0,0)$、$S(0,0)$、$E(0,0)$ 和 $W(0,0)$ 的代数表达式。下面对 $W(0,0)$ 的代数表达式进行推导。

$$N_p = N(0,0) = \sum_{n=1}^{\infty} A_n^N \sinh(\mu_n k)\sin(\lambda_n h)　\qquad (7\text{-}46)$$

将式 (7-38) 所示的 A_n^N 代入式 (7-46)，并注意到

$$\sin(\lambda_n h) = \sin\frac{n\pi}{2} = \begin{cases} 0 & n = 2m \\ (-1)^{m+1} & n = 2m-1 \end{cases}　(m = 1,2\cdots)$$

则可以将式 (7-46) 写为：

$$N_p = \sum_{n=1}^{\infty} \frac{(-1)^{m+1}e^{-Bk}\sinh(\mu_m k)}{\sinh(2\mu_m k)}[a_N e_{0m} + b_N e_{1m} + (c_N - a_N)e_{2m}]　\qquad (7\text{-}47)$$

式中，$\mu_m = \sqrt{A^2 + B^2 + \lambda_m^2}$；$\lambda_m = \dfrac{(2m-1)\pi}{2h}$。

因为

$$\frac{\sinh(\mu_m k)}{\sinh(2\mu_m k)} = \frac{1}{2\cosh(\mu_m k)}$$

将 e_{0m}，e_{1m}，e_{2m} 的表达式 (7-39)~式 (7-41) 代入式 (7-47) 中，得

$$N_p = \frac{1}{2}e^{-Bk}\{2a_N E_1 \cosh(Ah) + b_N h[4AhE_2\cosh(Ah) -$$
$$2E_1\sinh(Ah)] + 2(c_N - a_N)E_1\cosh(Ah)\}　\qquad (7\text{-}48)$$

其中

$$E_i = \sum_{m=1}^{\infty} \frac{(-1)^{m+1}\lambda_m h}{[(Ah)^2 + (\lambda_m h)^2]^i \cosh(\lambda_m k)}　(i = 1,2)　\qquad (7\text{-}49)$$

为了使 N_p 与边界上的节点值联系起来，将 a_N、b_N、c_N 的表达式 (7-18) 代入式 (7-48) 中，得

$$N_p = e^{-Bk}\left\{\left[\frac{1}{2}E_1 - AhE_2\coth(Ah)\right](e^{-Ah}\phi_{NE} + e^{Ah}\phi_{NW}) + [2AhE_2\cosh(Ah)\coth(Ah)]\phi_{NC}\right\}$$

$$(7\text{-}50)$$

用相同的方法，可以推导出

$$S_p = \mathrm{e}^{Bk}\left\{\left[\frac{1}{2}E_1 - AhE_2\coth(Ah)\right](\mathrm{e}^{-Ah}\phi_{SE} + \mathrm{e}^{Ah}\phi_{SE}) + \left[2AhE_2\cosh(Ah)\coth(Ah)\right]\phi_{SC}\right\}$$

$$(7\text{-}51)$$

$$E_p = \mathrm{e}^{-Ah}\left\{\left[\frac{1}{2}E_1' - BkE_2'\coth(Bk)\right](\mathrm{e}^{-Bk}\phi_{NE} + \mathrm{e}^{Bk}\phi_{SE}) + \left[2BkE_2'\cosh(Bk)\coth(Bk)\right]\phi_{EC}\right\}$$

$$(7\text{-}52)$$

$$W_p = \mathrm{e}^{Ah}\left\{\left[\frac{1}{2}E_1' - BkE_2'\coth(Bk)\right](\mathrm{e}^{-Bk}\phi_{NW} + \mathrm{e}^{Bk}\phi_{SW}) + \left[2BkE_2'\cosh(Bk)\coth(Bk)\right]\phi_{WC}\right\}$$

$$(7\text{-}53)$$

式中，E_i 如式（7-49）所示；E_i' 表达式为：

$$E_i' = \sum_{m=1}^{\infty}\frac{(-1)^{m+1}\lambda_m' k}{[(Bk)^2 + (\lambda_m' k)^2]^i\cosh(\mu_m' h)} \quad (i = 1,2)$$

$$(7\text{-}54)$$

式中，$\lambda_m' = \dfrac{(2m-1)\pi}{2k}$；$\mu_m' = \sqrt{A^2 + B^2 + \lambda_m'^2}$。

根据式（7-45），求解函数在单元中心节点 p 处的函数值为：

$$\phi_p = \phi(0,0) = N_p + S_p + E_p + W_p \tag{7-55}$$

将式（7-50）～式（7-53）代入式（7-55），即可获得中心节点函数值 ϕ_p 与相邻的边界节点函数值的代数关系式：

$$\phi_p = (\mathrm{e}^{-Ah-Bk}\phi_{NE} + \mathrm{e}^{Ah-Bk}\phi_{NW} + \mathrm{e}^{-Ah+Bk}\phi_{SE} + \mathrm{e}^{Ah+Bk}\phi_{SW})$$

$$\left[\frac{1}{2}(E_1 + E_1') - AhE_2\coth(Ah) - BkE_2'\coth(Bk)\right] +$$

$$2AhE_2\cosh(Ah)\coth(Ah) \cdot (\mathrm{e}^{-Bk}\phi_{NC} + \mathrm{e}^{Bk}\phi_{SC}) + 2BkE_2'\cosh(Bk)\coth(Bk) \cdot$$

$$(\mathrm{e}^{-Ah}\phi_{EC} + \mathrm{e}^{Ah}\phi_{WC}) \tag{7-56}$$

由于式（7-56）中参数 A、B、h、k 都是方程中给出的常数，因此上述表达式中所有系数都是常数，即式（7-56）是一个线性代数表达式。这个表达式将单元中心点的函数值 ϕ_p 与单元边界上的 8 个函数值 ϕ_{NE}，ϕ_{NW}，$\cdots$，ϕ_{EC}，ϕ_{WC} 联系起来，称为单元中的有限分析方程。有限分析方程可以简化表示为如下形式：

$$\phi_p = C_{NE}\phi_{NE} + C_{NW}\phi_{NW} + C_{SE}\phi_{SE} + C_{SW}\phi_{SW} + C_{WC}\phi_{WC} + C_{EC}\phi_{EC} + C_{SC}\phi_{SC} + C_{NC}\phi_{NC}$$

$$(7\text{-}57)$$

式中各个系数为：

$$\begin{cases} C_{NE} = \mathrm{e}^{-Ah-Bk}E^* & C_{NW} = \mathrm{e}^{Ah-Bk}E^* \\ C_{SE} = \mathrm{e}^{-Ah+Bk}E^* & C_{SW} = \mathrm{e}^{Ah+Bk}E^* \\ C_{NC} = \mathrm{e}^{-Bk}E_A & C_{SC} = \mathrm{e}^{Bk}E_A \\ C_{EC} = \mathrm{e}^{-Ah}E_B & C_{WC} = \mathrm{e}^{Ah}E_B \end{cases} \tag{7-58}$$

其中

$$\begin{cases} E^* = \dfrac{1}{2}(E_1 + E_1') - AhE_2\coth(Ah) - BkE_2'\coth(Bk) \\[2mm] E_A = 2AhE_2\cosh(Ah)\coth(Ah) \\[2mm] E_B = 2BhE_2'\cosh(Bk)\coth(Bk) \end{cases} \tag{7-59}$$

7.2.1.5　系数的简化

在对全部内点的单元有限分析方程进行联立求解时，必须先计算式（7-57）中各个系数值。不难看出，系数计算工作量中主要是计算 E_1，E_2，E_1'，E_2' 四个无穷级数。对系数进行简化，可以证明下面两个关系式：

$$E_1 + E_1' = \frac{1}{2\cosh(Ah)\cosh(Bk)} \tag{7-60}$$

$$E_2' = \left(\frac{h}{k}\right)^2 E_2 + \frac{Ak\tanh(Bk) - Bk\tanh(Ah)}{4AkBh\cosh(Ah)\cosh(Bk)} \tag{7-61}$$

这样，只需要计算 E_2 一个无穷级数，就可以通过式（7-58）~式（7-61）的简单代数计算获得式（7-57）中的 8 个系数。多数情况下，E_2 的无穷级数表达式（7-49）只需要计算 10 项，就可以使 E_2 的值达到 10^{-6} 的精度。

式（7-60）与式（7-61）两个关系式的证明如下：

（1）式（7-60）的证明。由于 $\phi = 1$ 是方程式（7-11）的精确解，而且可以用边界函数式（7-12）~式（7-15）精确表示其边界条件，因此其一定满足有限分析方程式（7-56）。将 $\phi_p = \phi_{EC} = \phi_{WC} = \phi_{NC} = \phi_{SC} = \phi_{NE} = \phi_{EC} = \phi_{NW} = \phi_{SE} = \phi_{SW} = 1$ 代入方程式（7-56），可得

$$\phi_p = 1 = (\mathrm{e}^{-Ah} + \mathrm{e}^{Ah})(\mathrm{e}^{-Bk} + \mathrm{e}^{Bk})\left[\frac{1}{2}(E_1 + E_1') - AhE_2\coth(Ah) - BkE_2'\coth(Bk)\right] +$$

$$2AhE_2\cosh(Ah)\coth(Ah)(\mathrm{e}^{-Bk} + \mathrm{e}^{Bk}) + BkE_2'\cosh(Bk)\coth(Bk)(\mathrm{e}^{-Ah} + \mathrm{e}^{Ah}) \tag{7-62}$$

对式（7-62）进行代数运算，得

$$1 = 2\cosh(Ah)\cosh(Bk)(E_1 + E_1')$$

$$E_1 + E_1' = \frac{1}{2\cosh(Ah)\cosh(Bk)}$$

（2）式（7-61）的证明。取 $\phi = -Bx + Ay$，显然其满足方程式（7-11）和边界条件式（7-12）~式（7-15），因此必定满足有限分析方程式（7-56）。由于 $\phi_p = 0$，$\phi_{EC} = -Bh$，$\phi_{NC} = Ak$，$\phi_{WC} = Bh$，$\phi_{SC} = -Ak$，$\phi_{NE} = -Bh + Ak$，$\phi_{NW} = Bh + Ak$，$\phi_{SE} = -Bh - Ak$，$\phi_{SW} = Bh - Ak$。因此式（7-56）可以表示为：

$$0 = \left[Ak(\mathrm{e}^{-Ah-Bk} + \mathrm{e}^{Ah-Bk} - \mathrm{e}^{-Ah+Bk} - \mathrm{e}^{Ah+Bk}) + Bh(\mathrm{e}^{Ah-Bk} + \mathrm{e}^{Ah+Bk} - \mathrm{e}^{-Ah-Bk} - \mathrm{e}^{-Ah+Bk})\right] \cdot$$

$$\left[\frac{1}{2}(E_1 + E_1') - AhE_2\coth(Ah) - BkE_2'\coth(Bk)\right] + 2AhE_2\cosh(Ah)\coth(Ah) \cdot$$

$$Ak(\mathrm{e}^{-Bk} - \mathrm{e}^{Bk}) + 2BkE_2'\cosh(Bk)\coth(Bk) \cdot Bh(\mathrm{e}^{Ah} - \mathrm{e}^{-Ah}) \tag{7-63}$$

将式（7-60）代入式（7-63），并进行代数运算，可得

$$4(h^2 E_2 - k^2 E'_2)AB\cosh(Ah)\cosh(Bk) = Bh\tanh(Ah) - Ak\tanh(Bk)$$

于是有

$$E'_2 = \left(\frac{h}{k}\right)^2 E_2 + \frac{Ak\tanh(Bk) - Bh\tanh(Ah)}{4ABk^2\cosh(Ah)\cosh(Bk)} \tag{7-64}$$

7.2.1.6 节点上的导数值

有限分析解不仅可以求出区域中所有离散节点上的函数值，而且由于有限分析解在节点所在的单元内连续可微，因此可以求出每一个节点上的导数值。这是有限分析法的优点之一。

当通过求解总体有限分析方程获得区域中全部节点上的函数值后，如式（7-45）所表示的单元中的分析解就是一个已知表达式的函数。显然，通过对其求导，可以获得相应节点上的导数值。如同推导节点上的有限分析方程一样，此推导过程比较冗长，这里只给出最后的表达式。

节点 p 上对 x、y 的偏导数值分别记为 ϕ_{xp}、ϕ_{yp}，表达式如下所示：

$$\phi_{xp} = A\phi_p + C_{xNE}\phi_{NE} + C_{xNW}\phi_{NW} + C_{xSE}\phi_{SE} + C_{xSW}\phi_{SW} + C_{xEC}\phi_{EC} + C_{xWC}\phi_{WC} \tag{7-65}$$

$$\phi_{yp} = B\phi_p + C_{yNE}\phi_{NE} + C_{ySE}\phi_{SE} + C_{yNW}\phi_{NW} + C_{ySW}\phi_{SW} + C_{yNC}\phi_{NC} + C_{ySC}\phi_{SC} \tag{7-66}$$

式中，ϕ_{NE}，ϕ_{NW}，ϕ_{SE}，$\cdots$，ϕ_{SC} 为边界节点的函数值；ϕ_p 为中心节点函数值；A、B 为方程式（7-11）中的参数，其他系数的表达式如下：

$$\begin{cases} C_{xNE} = \mathrm{e}^{-Ah-Bk}G_A & C_{xNW} = -\mathrm{e}^{Ah-Bk}G_A \\ C_{xSE} = \mathrm{e}^{-Ah+Bk}G_A & C_{xSW} = -\mathrm{e}^{Ah+Bk}G_A \\ C_{xEC} = \mathrm{e}^{-Ah}G_B & C_{xWC} = -\mathrm{e}^{Ah}G_B \end{cases} \tag{7-67}$$

$$\begin{cases} C_{yNE} = \mathrm{e}^{-Ah-Bk}H_A & C_{ySE} = -\mathrm{e}^{Ah+Bk}H_A \\ C_{yNW} = \mathrm{e}^{Ah-Bk}H_A & C_{ySW} = -\mathrm{e}^{Ah+Bk}H_A \\ C_{yNC} = \mathrm{e}^{-Bk}H_B & C_{ySC} = -\mathrm{e}^{Bk}H_B \end{cases} \tag{7-68}$$

其中

$$\begin{cases} G_A = \dfrac{1}{2}G'_1 - Bk\coth(Bk)G'_2 \\ G_B = (\mathrm{e}^{Bk} + \mathrm{e}^{-Bk})Bk\coth(Bk)G'_2 \\ G'_1 = \dfrac{A}{2\sinh(Ah)\cosh(Bk)} \\ G'_2 = \dfrac{1}{4ABk^2\sinh(Bk)\cosh(Ah)}\left\{B\left[1 - \dfrac{Ah\cosh(Ah)}{\sinh(Ah)}\right] + \dfrac{A^2 k\sinh(Bk)}{\cosh(Bk)}\right\} \end{cases} \tag{7-69}$$

$$\begin{cases} H_A = \dfrac{1}{2}G_1 - Ah\coth(Ah)G_2 \\ H_B = (\mathrm{e}^{Ah} + \mathrm{e}^{-Ah})Ah\coth(Ah)G_2 \\ G_1 = \dfrac{B}{2\sinh(Bk)\cosh(Ah)} \\ G_2 = \dfrac{1}{4ABh^2\sinh(Bk)\cosh(Ah)}\left\{A\left[1 - \dfrac{Bk\cosh(Ah)}{\sinh(Ah)}\right] + \dfrac{B^2 h\sinh(Ah)}{\cosh(Ah)}\right\} \end{cases} \tag{7-70}$$

陈景仁通过计算比较发现，当 $A > 10$，$B > 10$ 时，E_2 和 G_2 之间以及 E_2' 和 G_2' 之间具有下列近似关系：

$$E_2 \approx G_2 \frac{\tanh(\mu_1 k)}{\mu_1}$$

$$E_2' \approx G_2' \frac{\tanh(\mu_1' k)}{\mu_1'}$$

其中

$$\mu_1 = \sqrt{A^2 + B^2 + \left(\frac{\pi}{2h}\right)^2}$$

$$\mu_2 = \sqrt{A^2 + B^2 + \left(\frac{\pi}{2k}\right)^2}$$

这样，E_1，E_1'，E_2，E_2' 和 G_1，G_1'，G_2，G_2' 都可以通过代数运算而获得，不必求级数和，使计算时间大为节省。

7.2.2　边界函数为二次多项式的有限分析解

由于在 7.2.1 节中已对边界函数为指数多项式的分析解作了详细推导，因此在本节中，主要给出重要结果，求解过程与 7.2.1 节相类似，不过多讨论。

7.2.2.1　单元边界条件

在如图 7-3 所示的单元子区域的 4 个边界上，假定给出二次多项式分布的边界条件：

$$\begin{cases} y = k, & \phi(x,k) = \phi_N(x) = a_N + b_N x + c_N x^2 \\ y = -k, & \phi(x,-k) = \phi_S(x) = a_S + b_S x + c_S x^2 \\ x = h, & \phi(h,y) = \phi_E(y) = a_E + b_E y + c_E y^2 \\ x = -h, & \phi(-h,y) = \phi_W(y) = a_W + b_W y + c_W y^2 \end{cases} \tag{7-71}$$

式中，二次多项式系数 a_N，b_N，c_N，a_S，$\cdots$，c_W 将通过由边界节点函数值 ϕ_{NE}，ϕ_{NW}，ϕ_{NC}，$\cdots$，ϕ_{WC} 所决定的插值条件确定。通过简单的代数方程求解，得到

$$\begin{cases} a_N = \phi_{NC}, & b_N = \dfrac{1}{2h(\phi_{NE} - \phi_{NW})}, & c_N = \dfrac{1}{2h^2}(\phi_{NE} + \phi_{NW} - 2\phi_{NC}) \\[2mm] a_S = \phi_{SC}, & b_S = \dfrac{1}{2h(\phi_{SE} - \phi_{SW})}, & c_S = \dfrac{1}{2h^2}(\phi_{SE} + \phi_{SW} - 2S_{NC}) \\[2mm] a_E = \phi_{EC}, & b_E = \dfrac{1}{2k(\phi_{NE} - \phi_{SE})}, & c_E = \dfrac{1}{2k^2}(\phi_{NE} + \phi_{SE} - 2\phi_{EC}) \\[2mm] a_W = \phi_{WC}, & b_W = \dfrac{1}{2k(\phi_{NW} - \phi_{SW})}, & c_W = \dfrac{1}{2k^2}(\phi_{NW} + \phi_{SW} - 2\phi_{WC}) \end{cases} \tag{7-72}$$

对于如式（7-20）给出的替换函数 $\phi^*(x,y)$，边界条件为：

$$\begin{cases} \phi^*(x,k) = e^{-Bk}(a_N + b_N x + c_N x^2)e^{-Ax} = \phi_N^*(x) \\ \phi^*(x,-k) = e^{Bk}(a_S + b_S x + c_S x^2)e^{-Ax} = \phi_S^*(x) \\ \phi^*(h,y) = e^{-Ah}(a_E + b_E y + c_E y^2)e^{-By} = \phi_E^*(y) \\ \phi^*(-h,y) = e^{Ah}(a_W + b_W y + c_W y^2)e^{-By} = \phi_W^*(y) \end{cases} \tag{7-73}$$

7.2.2.2 分析解表达式

求解函数 $\phi(x,y)$ 可表示为 4 个函数的叠加：

$$\phi(x,y) = [N(x,y) + S(x,y) + E(x,y) + W(x,y)]e^{Ax+By} \tag{7-74}$$

通过分离变量法，可得

$$\begin{cases} N(x,y) = \sum_{n=1}^{\infty} A_n^N \sinh[\mu_n(y+k)]\sin[\lambda_n(x+h)] \\ S(x,y) = \sum_{n=1}^{\infty} A_n^S \sinh[\mu_n(y-k)]\sin[\lambda_n(x+h)] \\ E(x,y) = \sum_{n=1}^{\infty} A_n^E \sinh[\mu_n'(x+h)]\sin[\lambda_n'(y+k)] \\ W(x,y) = \sum_{n=1}^{\infty} A_n^W \sinh[\mu_n'(x-h)]\sin[\lambda_n'(y+k)] \end{cases} \tag{7-75}$$

式中，$\lambda_n = \dfrac{n\pi}{2h}$；$\mu_n = \sqrt{A^2 + B^2 + \lambda_n^2}$；$\lambda_n' = \dfrac{n\pi}{2k}$；$\mu_n' = \sqrt{A^2 + B^2 + \lambda_n'^2}$。系数 A_n^N、A_n^S、A_n^E、A_n^W 可以通过求解边界函数 ϕ_N^*，ϕ_S^*，ϕ_E^*，ϕ_W^* 的 Fourier 系数方法确定：

$$\begin{cases} A_n^N = \dfrac{e^{-Bk}}{h\sinh(2\mu_n k)}(a_N e_{0n} + b_N e_{1n} + c_N e_{2n}) \\ A_n^S = \dfrac{-e^{Bk}}{h\sinh(2\mu_n k)}(a_S e_{0n} + b_S e_{1n} + c_S e_{2n}) \\ A_n^E = \dfrac{e^{-Ah}}{h\sinh(2\mu_n' k)}(a_E e_{0n}' + b_E e_{1n}' + c_E e_{2n}') \\ A_n^W = \dfrac{-e^{Ah}}{k\sinh(2\mu_n' h)}(a_W e_{0n}' + b_W e_{1n}' + c_W e_{2n}') \end{cases} \tag{7-76}$$

其中

$$\begin{cases} e_{0n} = \dfrac{\lambda_n}{A^2 + \lambda_n^2}[e^{Ah} - (-1)^n e^{-Ah}] \\ e_{1n} = \dfrac{-\lambda_n h}{A^2 + \lambda_n^2}[e^{Ah} + (-1)^n e^{-Ah}] + \dfrac{2\lambda_n A}{(A^2 + \lambda_n^2)^2}[e^{Ah} - (-1)^n e^{-Ah}] \\ e_{2n} = \dfrac{\lambda_n h^2}{A^2 + \lambda_n^2}[e^{Ah} - (-1)^n e^{-Ah}] - \dfrac{4\lambda_n Ah}{(A^2 + \lambda_n^2)^2}[e^{Ah} + (-1)^n e^{-Ah}] + \\ \qquad \dfrac{2\lambda_n(3A^2 - \lambda_n^2)}{(A^2 + \lambda_n^2)^3}[e^{Ah} - (-1)^n e^{-Ah}] \end{cases} \tag{7-77}$$

e'_{0n}、e'_{1n}、e'_{2n} 的表达式与 e_{0n}、e_{1n}、e_{2n} 类似，只需将表达式（7-77）中的 A 换成 B，λ_n 换成 λ'_n，h 换成 k 即可。

7.2.2.3　有限分析方程

单元中心节点 $p(x=0, y=0)$ 的函数值为：

$$\phi_p = \phi(0,0) = N(0,0) + S(0,0) + E(0,0) + W(0,0)$$

其具体表达式可以根据式（7-75）以及式（7-72）、式（7-76）和式（7-77）进行计算，最终的结果，可以表示成单元边界节点函数值的线性代数式：

$$\phi_p = C_{NW}\phi_{NW} + C_{NC}\phi_{NC} + C_{NE}\phi_{NE} + C_{WC}\phi_{WC} + C_{EC}\phi_{EC} + C_{SW}\phi_{SW} + C_{SC}\phi_{SC} + C_{SE}\phi_{SE}$$

$$(7\text{-}78)$$

在 p 点，由于 $x = y = 0$，式（7-75）的级数中每一项都含有 $\sin(\lambda_n h) = \sin\dfrac{n\pi}{2}$，因此，$n$ 为偶数的项均为零，n 可取 $2m-1$，于是有

$$\begin{cases}
C_{NW} = \sum_{m=1}^{\infty} \frac{(-1)^{m+1}}{4}\left[\frac{\mathrm{e}^{Ah}}{\cosh(\mu'_m h)}\left(\frac{e'_{1m}}{k^2} + \frac{e'_{2m}}{k^3}\right) + \frac{\mathrm{e}^{-Bk}}{\cosh(\mu_m k)}\left(-\frac{e_{1m}}{h^2} + \frac{e_{2m}}{h^3}\right)\right] \\[3mm]
C_{NC} = \sum_{m=1}^{\infty} \frac{(-1)^{m+1}\mathrm{e}^{-Bk}}{2\cosh(\mu_m k)}\left(\frac{e_{0m}}{h^2} - \frac{e_{2m}}{h^3}\right) \\[3mm]
C_{NE} = \sum_{m=1}^{\infty} \frac{(-1)^{m+1}}{4}\left[\frac{\mathrm{e}^{-Ah}}{\cosh(\mu'_m h)}\left(\frac{e'_{1m}}{k^2} + \frac{e'_{2m}}{k^3}\right) + \frac{\mathrm{e}^{-Bk}}{\cosh(\mu_m k)}\left(\frac{e_{1m}}{h^2} + \frac{e_{2m}}{h^3}\right)\right] \\[3mm]
C_{WC} = \sum_{m=1}^{\infty} \frac{(-1)^{m+1}\mathrm{e}^{Ah}}{2\cosh(\mu'_m h)}\left(\frac{e'_{0m}}{k^2} - \frac{e'_{2m}}{k^3}\right) \\[3mm]
C_{EC} = \sum_{m=1}^{\infty} \frac{(-1)^{m+1}\mathrm{e}^{-Ah}}{2\cosh(\mu'_m h)}\left(\frac{e'_{0m}}{k^2} - \frac{e'_{2m}}{k^3}\right) \\[3mm]
C_{SW} = \sum_{m=1}^{\infty} \frac{(-1)^{m+1}}{4}\left[\frac{\mathrm{e}^{Ah}}{\cosh(\mu'_m h)}\left(\frac{-e'_{1m}}{k^2} + \frac{e'_{2m}}{k^3}\right) + \frac{\mathrm{e}^{Bk}}{\cosh(\mu_m h)}\left(\frac{-e_{1m}}{h^2} + \frac{e_{2m}}{h^3}\right)\right] \\[3mm]
C_{SC} = \sum_{m=1}^{\infty} \frac{(-1)^{m+1}\mathrm{e}^{Bk}}{2\cosh(\mu_m k)}\left(\frac{e_{0m}}{h^2} - \frac{e_{2m}}{h^3}\right) \\[3mm]
C_{SE} = \sum_{m=1}^{\infty} \frac{(-1)^{m+1}}{4}\left[\frac{\mathrm{e}^{-Ah}}{\cosh(\mu'_m h)}\left(\frac{-e'_{1m}}{k^2} + \frac{e'_{2m}}{k^3}\right) + \frac{\mathrm{e}^{Bk}}{\cosh(\mu_m k)}\left(\frac{e_{1m}}{h^2} + \frac{e_{2m}}{h^3}\right)\right]
\end{cases} \quad (7\text{-}79)$$

式（7-79）中有

$$\mu_m = \sqrt{A^2 + B^2 + \lambda_m^2},\ \lambda_m = \frac{(2m-1)\pi}{2h}$$

$$\mu'_m = \sqrt{A^2 + B^2 + \lambda'^2_m},\ \lambda'_m = \frac{(2m-1)\pi}{2k}$$

e_{0m}、e_{1m}、e_{2m} 可按照式（7-77）进行计算，但要将式（7-77）中的 n 取为 $2m-1$，因此有 $(-1)^n = (-1)^{2m-1} = -1$；于是

$$e_{0m} = \frac{\lambda_m}{A^2 + \lambda_m^2}(\mathrm{e}^{Ah} + \mathrm{e}^{-Ah})$$

$$e_{1m} = \frac{-\lambda_m}{A^2 + \lambda_m^2}(e^{Ah} - e^{-Ah}) + \frac{2\lambda_m A}{(A^2 + \lambda_m^2)^2}(e^{Ah} + e^{-Ah})$$

$$e_{2m} = \frac{\lambda_m h^2}{A^2 + \lambda_m^2}(e^{Ah} + e^{-Ah}) - \frac{4\lambda_m Ah}{(A^2 + \lambda_m^2)^2}(e^{Ah} - e^{-Ah}) + \frac{2\lambda_m(3A^2 - \lambda_m^2)}{(A^2 + \lambda_m^2)^3}(e^{Ah} + e^{-Ah})$$

e'_{0m}、e'_{1m}、e'_{2m} 具有和 e_{0m}、e_{1m}、e_{2m} 类似的表达式，只需将表达式中的 A、h、λ_m 改写为 B、k、λ'_m 即可。

7.2.3 边界函数为分段线性多项式的有限分析解

7.2.3.1 单元边界条件

在如图 7-3 所示的单元子区域的 4 个边界上，假定给出分段线性多项式分布的边界条件：

$$\begin{cases} y = k, \quad \phi(x,k) = \phi_N(x) = \begin{cases} a_N + b_N x & 0 \leqslant x \leqslant h \\ a_N + c_N x & -h \leqslant x \leqslant 0 \end{cases} \\[2mm] y = -k, \quad \phi(x,-k) = \phi_S(x) = \begin{cases} a_S + b_S x & 0 \leqslant x \leqslant h \\ a_S + c_S x & -h \leqslant x \leqslant 0 \end{cases} \\[2mm] x = h, \quad \phi(h,y) = \phi_E(y) = \begin{cases} a_E + b_E y & 0 \leqslant y \leqslant k \\ a_E + c_E y & -k \leqslant y \leqslant 0 \end{cases} \\[2mm] x = -h, \quad \phi(-h,y) = \phi_W(y) = \begin{cases} a_W + b_W y & 0 \leqslant y \leqslant k \\ a_W + c_W y & -k \leqslant y \leqslant 0 \end{cases} \end{cases} \tag{7-80}$$

上述线性多项式中的系数 a_N, b_N, c_N, a_S, $\cdots$, c_W 将通过由边界节点函数值 ϕ_{NE}, ϕ_{NW}, ϕ_{NC}, ϕ_{SE}, $\cdots$, ϕ_{SW} 所决定的插值条件确定。通过简单计算可得

$$\begin{cases} a_N = \phi_{NC}, b_N = \frac{1}{h}(\phi_{NE} - \phi_{NC}), c_N = \frac{1}{h}(\phi_{NC} - \phi_{NW}) \\[2mm] a_S = \phi_{SC}, b_S = \frac{1}{h}(\phi_{SE} - \phi_{SC}), c_S = \frac{1}{h}(\phi_{SC} - \phi_{SW}) \\[2mm] a_E = \phi_{EC}, b_E = \frac{1}{k}(\phi_{NE} - \phi_{EC}), c_E = \frac{1}{k}(\phi_{EC} - \phi_{SE}) \\[2mm] a_W = \phi_{WC}, b_W = \frac{1}{k}(\phi_{NW} - \phi_{WC}), c_W = \frac{1}{k}(\phi_{WC} - \phi_{SW}) \end{cases}$$

对于替换函数 $\phi^*(x,y) = \phi(x,y)e^{-(Ax+By)}$，相应的边界条件为：

$$\begin{cases} \phi^*(x,k) = e^{-Bk}\phi_N(x)e^{-Ax} = \phi_N^*(x) \\[2mm] \phi^*(x,-k) = e^{Bk}\phi_S(x)e^{-Ax} = \phi_S^*(x) \\[2mm] \phi^*(h,y) = e^{-Ah}\phi_E(y)e^{-By} = \phi_E^*(y) \\[2mm] \phi^*(-h,y) = e^{Ah}\phi_W(y)e^{-By} = \phi_W^*(y) \end{cases} \tag{7-81}$$

7.2.3.2 分析解表达式

类似前面两种边界函数所进行的推导，可获得分析解：

$$\phi(x,y) = [N(x,y) + S(x,y) + E(x,y) + W(x,y)]e^{Ax+By} \tag{7-82}$$

其中
$$\begin{cases} N(x,y) = \sum_{n=1}^{\infty} A_n^N \sinh[\mu_n(y+k)]\sin[\lambda_n(x+h)] \\ S(x,y) = \sum_{n=1}^{\infty} A_n^S \sinh[\mu_n(y-k)]\sin[\lambda_n(x+h)] \\ E(x,y) = \sum_{n=1}^{\infty} A_n^E \sinh[\mu_n'(x+h)]\sin[\lambda_n'(y+k)] \\ W(x,y) = \sum_{n=1}^{\infty} A_n^W \sinh[\mu_n'(x-h)]\sin[\lambda_n'(y+k)] \end{cases} \tag{7-83}$$

式（7-83）中系数可通过下列积分式获得：

$$\begin{cases} A_n^N = \dfrac{1}{\sinh(2\mu_n k)h}\displaystyle\int_{-h}^{h}\phi_N^*(x)\sin[\lambda_n(x+h)]\mathrm{d}x \\ A_n^S = \dfrac{-1}{\sinh(2\mu_n k)h}\displaystyle\int_{-h}^{h}\phi_S^*(x)\sin[\lambda_n(x+h)]\mathrm{d}x \\ A_n^E = \dfrac{1}{\sinh(2\mu_n'h)k}\displaystyle\int_{-k}^{k}\phi_E^*(y)\sin[\lambda_n(y+k)]\mathrm{d}y \\ A_n^W = \dfrac{-1}{\sinh(2\mu_n'h)k}\displaystyle\int_{-k}^{k}\phi_W^*(y)\sin[\lambda_n(y+k)]\mathrm{d}y \end{cases} \tag{7-84}$$

将 $\phi_N^*(x)$，$\phi_S^*(x)$，$\phi_E^*(y)$，$\phi_W^*(y)$ 的表达式（7-81）代入式（7-84），通过积分运算即可获得具体表达式。

7.2.3.3　有限分析方程

类似前面两种边界函数情况中的推导，可以获得单元中心节点的函数值 ϕ_p 和单元边界节点函数值相关的有限分析方程：

$$\phi_p = C_{NE}\phi_{NE} + C_{NW}\phi_{NW} + C_{SE}\phi_{SE} + C_{SW}\phi_{SW} + C_{EC}\phi_{EC} + C_{WC}\phi_{WC} + C_{NC}\phi_{NC} + C_{SC}\phi_{SC} \tag{7-85}$$

式（7-85）中各系数的表达式如下：

$$\begin{cases} C_{NE} = \dfrac{1}{2}(e^{-Bk}F_2 + e^{-Ah}F_2') + \left(\dfrac{E_1 + E_1'}{2} + AhE_2 + BkE_2'\right)e^{-Ah-Bk} \\ C_{NW} = \dfrac{1}{2}(e^{-Bk}F_2 + e^{Ah}F_2') + \left(\dfrac{E_1 + E_1'}{2} - AhE_2 + BkE_2'\right)e^{Ah-Bk} \\ C_{SE} = \dfrac{1}{2}(e^{Bk}F_2 + e^{-Ah}F_2') + \left(\dfrac{E_1 + E_1'}{2} + AhE_2 - BkE_2'\right)e^{-Ah+Bk} \\ C_{SW} = \dfrac{1}{2}(e^{Bk}F_2 + e^{Ah}F_2') + \left(\dfrac{E_1 + E_1'}{2} - AhE_2 - BkE_2'\right)e^{Ah+Bk} \\ C_{EC} = -e^{-Ah}F_2' + (e^{-Ah+Bk} - e^{-Ah-Bk})BkE_2 \\ C_{WC} = -e^{Ah}F_2' + (e^{Ah+Bk} - e^{Ah-Bk})BkE_2' \\ C_{NC} = -e^{-Bk}F_2 + (e^{Ah-Bk} - e^{-Ah-Bk})AhE_2 \\ C_{SC} = -e^{Bk}F_2 + (e^{Ah+Bk} - e^{-Ah+Bk})AhE_2 \end{cases} \tag{7-86}$$

$$
\begin{cases}
E_i = \sum_{n=1}^{\infty} \dfrac{(-1)^{n+1}\lambda_n h}{\left[(Ah)^2 + (\lambda_n h)^2\right]^i \cosh(\mu_n k)} & (i = 1,2) \\[3mm]
F_2 = \sum_{n=1}^{\infty} \dfrac{(Ah)^2 - (\lambda_n h)^2}{\left[(Ah)^2 + (\lambda_n h)^2\right]^2 \cosh(\mu_n k)} \\[3mm]
E_i' = \sum_{n=1}^{\infty} \dfrac{(-1)^{n+1}\lambda_n' h}{\left[(Bk)^2 + (\lambda_n' k)^2\right]^i \cosh(\mu_n' h)} & (i = 1,2) \\[3mm]
F_2' = \sum_{n=1}^{\infty} \dfrac{(Bk)^2 - (\lambda_n' k)^2}{\left[(Bk)^2 + (\lambda_n' k)^2\right]^2 \cosh(\mu_n' h)}
\end{cases}
$$

其中 (7-87)

其中

$$
\begin{cases}
\mu_n = \sqrt{A^2 + B^2 + \lambda_n^2}, & \lambda_n = \dfrac{(2n-1)\pi}{2h} \\[3mm]
\mu_n' = \sqrt{A^2 + B^2 + \lambda_n'^2}, & \lambda_n' = \dfrac{(2n-1)\pi}{2k}
\end{cases}
$$

7.2.4 有限分析法的自动迎风效应

在数值求解流体力学对流扩散方程时，由于对流项的非线性效应，将会出现数值振荡，为解决这个问题，数值计算方法中提出了迎风格式。所谓"迎风格式"，是一种数值计算格式，在这种代数表达式中，将充分考虑流场中流体来流方向的重要影响。一般的数值计算格式，形式上都是局部区域中节点函数值的关联代数表达式，如有限差分格式是节点的函数值与坐标线前后上下节点函数值的关联代数式，有限元方法中的单元有限元方程是单元中若干节点函数值关联代数式，有限分析方程是单元中心节点函数值与 8 个单元边界节点函数值之间关联的代数式。在具有迎风效应的格式中，将加大来流方向上节点函数值的影响权重，体现在计算格式中，就是来流方向上的节点函数值的系数相对要大一些。

有限分析法的一个突出优点，是具有自动迎风效应，体现在有限分析方程中，就是 8 个边界节点函数值的系数中，来流方向的系数要相对大些。以式（7-11）表示的涡量对流扩散方程为例进行讨论，此时 $\phi = \omega$，$2A = Reu$，$2B = Rev$。在局部线性化的单元子区域中，$2A = Reu_p$，$2B = Rev_p$，显然，对单元而言，来流速度的方向与 x 坐标的夹角 α 取决于 A 与 B 的比值，$\tan\alpha = v_p/u_p = A/B$。另外，$A$、$B$ 的大小还反映了对流项与扩散项比值的大小，A、B 越大，对流项的非线性效应越强。现将式（7-57）表示的有限分析方程表示为：

$$
\phi_p = \sum_{m=1}^{8} C_m \phi_m \tag{7-88}
$$

式中，下标 m 表示单元边界节点位置标记，m 为 NE，NW，…，NC。系数 C_m 值按式（7-58）给出的表达式进行计算，计算结果按 C_m 下标表示的节点位置，列在表格的相应位置上。现先对三种情况的 A、B 值进行讨论。

（1）$A = 2$，200，2000；$B = 0$。此时 $v_p = 0$，来流从单元的西面进入。从列在表 7-1 ～ 表 7-3 中的 C_m 数据可以看出，随着 A 值的增大（来流速度增大），上游点 WC 的影响逐步增强，系数 C_{WC} 从 0.21568 增大到 0.98，而下游点 EC 的影响逐渐减弱，系数 C_{EC} 从 0.1951 减到零。这充分反映出有限分析方程具有自动迎风格式的特点。

表 7-1 $A = 2$，$B = 0$ 时系数 C_m 值

$C_{NW} = 0.04690$	$C_{NC} = 0.2051$	$C_{NE} = 0.04240$
$C_{WC} = 0.21568$		$C_{EC} = 0.1951$
$C_{SW} = 0.04690$	$C_{SC} = 0.2051$	$C_{SE} = 0.04240$

表 7-2 $A = 200$，$B = 0$ 时系数 C_m 值

$C_{NW} = 0.08143$	$C_{NC} = 0.01860$	$C_{NE} = -2.6 \times 10^{-3}$
$C_{WC} = 0.8052$		$C_{EC} = 3.6 \times 10^{-4}$
$C_{SW} = 0.08143$	$C_{SC} = 0.01860$	$C_{SE} = -2.6 \times 10^{-3}$

表 7-3 $A = 2000$，$B = 0$ 时系数 C_m 值

$C_{NW} = 0.01$	$C_{NC} = 10^{-10}$	$C_{NE} = 10^{-11}$
$C_{WC} = 0.98$		$C_{EC} = 10^{-43}$
$C_{SW} = 0.01$	$C_{SC} = 10^{-10}$	$C_{SE} = 10^{-11}$

（2） $A = B = 20$，200，4000。此时 $v_p = u_p$，来流与 x 轴夹角为 45°，从单元西南方向进入。从列在表 7-4～表 7-6 中的 C_m 数据可以看出：系数沿速度方向是对称的，随着 A、B 值的增大（来流速度增大），迎风点 SW 的影响逐渐增强，即 C_{SW} 值从 0.099 增大到 0.84084，下游点 NE 的影响逐渐变小，C_{NE} 值从 0.01268 下降到零。

表 7-4 $A = B = 20$ 时系数 C_m 值

$C_{NW} = 0.03547$	$C_{NC} = 0.1098$	$C_{NE} = 0.01268$
$C_{WC} = 0.2987$		$C_{EC} = 0.1098$
$C_{SW} = 0.099$	$C_{SC} = 0.2987$	$C_{SE} = 0.03547$

表 7-5 $A = B = 200$ 时系数 C_m 值

$C_{NW} = -0.043$	$C_{NC} = 10^{-4}$	$C_{NE} = 10^{-5}$
$C_{WC} = 0.324$		$C_{EC} = 10^{-4}$
$C_{SW} = 0.436$	$C_{SC} = 0.324$	$C_{SE} = -0.043$

表 7-6 $A = B = 4000$ 时系数 C_m 值

$C_{NW} = -0.0234$	$C_{NC} = 0$	$C_{NE} = 0$
$C_{WC} = 0.10305$		$C_{EC} = 0$
$C_{SW} = 0.84084$	$C_{SC} = 0.10305$	$C_{SE} = -0.0234$

（3） $A = 1000$，$B = 2000$。此时 $v_p / u_p = B/A = 2$，来流速度方向与 x 轴的夹角约为 63°，迎风点在节点 SW 和 SC 之间，因此 C_{SC} 最大，C_{SW} 其次，其他系数都比较小，见表 7-7。

表 7-7 $A = 1000$，$B = 2000$ 时系数 C_m 值

$C_{NW} = 10^{-4}$	$C_{NC} = 10^{-48}$	$C_{NE} = 10^{-35}$
$C_{WC} = 0.38 \times 10^{-4}$		$C_{EC} = 10^{-25}$
$C_{SW} = 0.2871$	$C_{SC} = 0.725$	$C_{SE} = -0.1125$

从以上讨论中可以看出，有限分析法具有自动形成迎风格式的优点，在求解区域的不同节点上，可根据各个节点不同的流动速度方向和大小，给出边界上 8 个节点系数的大小，在不同节点上，会自动体现出迎风效应的不同方向和强度。

7.3　不可压无旋流动的有限分析解

不可压无旋流动在数学描述时，最重要的简化是引进流函数 ψ 和速度势函数 ϕ，并建立流函数和速度势函数满足的 Laplace 方程，可以表示为：

$$\nabla^2 \phi = \phi_{xx} + \phi_{yy} = 0 \tag{7-89}$$

显然，这是二维椭圆型方程式（7-11）的特例。此时 $A = B = 0$，于是可以将 7.2 节中所推导的有限分析解的结果直接应用到式（7-89）。

对于 $k = h$ 均匀网格的单元有限分析方程，单元子区域的边界函数分两种类型：

（1）边界函数为指数多项式分布。此时可采用 7.2.1 节中所获得的结果。由于式（7-89）是式（7-11）中 $A = B = 0$ 的特例，有限分析方程式（7-56）可以进行简化，在式（7-57）~式（7-59）中，令 $A = B = 0$，可得

$$C_{NE} = C_{NW} = C_{SE} = C_{SW} = 0.25$$
$$C_{NC} = C_{SC} = C_{EC} = C_{WC} = 0$$

于是有

$$\phi_p = 0.25\phi_{NE} = 0.25\phi_{NE} + 0.25\phi_{SE} + 0.25\phi_{SW} \tag{7-90}$$

（2）边界函数为二次多项式分布。此时可直接应用 7.2.2 节中的结果，令有限分析解系数表达式（7-76）与式（7-77）中的 $A = B = 0$，于是可得

$$\begin{cases} e_{0n} = e'_{0n} = \dfrac{1}{\lambda_n}\left[1 - (-1)^n\right] \\[3mm] e_{1n} = e'_{1n} = -\dfrac{h}{\lambda_n}\left[1 + (-1)^n\right] \\[3mm] e_{2n} = e'_{2n} = \dfrac{1}{\lambda_n}\left(h^2 - \dfrac{2}{\lambda_n^2}\right)\left[1 - (-1)^n\right] \end{cases} \tag{7-91}$$

将式（7-91）代入单元有限分析方程式（7-78）的各项数学表达式中，并注意到有限分析解的表达式（7-75）在 p 点上，n 为偶数的项全为零，因此只取 $n = 2m - 1$，于是有

$$\begin{cases} e_{0m} = e'_{0m} = \dfrac{1}{\lambda_m}\left[1 - (-1)^{2m-1}\right] = \dfrac{2}{\lambda_m} \\[3mm] e_{1m} = e'_{1m} = \dfrac{-h}{\lambda_m}\left[1 + (-1)^{2m-1}\right] = 0 \\[3mm] e_{2m} = e'_{2m} = \dfrac{1}{\lambda_m}\left(h^2 - \dfrac{2}{\lambda_m^2}\right)\left[1 - (-1)^{2m-1}\right] = \dfrac{2}{\lambda_m}\left(h^2 - \dfrac{2}{\lambda_m^2}\right) \\[3mm] \lambda_m = \dfrac{(2m - 1)\pi}{2h} \end{cases} \tag{7-92}$$

将式（7-92）代入式（7-78）的各个系数的级数表达式中，取级数 12 项至 20 项，

可得

$$C_{EC} = C_{WC} = C_{SC} = C_{NC} = 0.20535$$

$$C_{SE} = C_{SW} = C_{NW} = C_{NE} = 0.044685$$

则单元有限分析方程为：

$$\phi_p = 0.20535(\phi_{EC} + \phi_{WC} + \phi_{SC} + \phi_{NC}) + 0.044685(\phi_{SE} + \phi_{SW} + \phi_{NW} + \phi_{NE}) \quad (7\text{-}93)$$

由于 Laplace 方程式（7-89）是常系数偏微分方程，因此不论式（7-90），还是式（7-93）对任何一个单元都是相同的。另外，从以上结果还可以看出：

（1）对于 Laplace 方程，单元中心节点的函数值决定边界上的节点函数值，各个节点的影响是对称的。

（2）单元边界函数类型对于有限分析解的结果具有明显的影响。指数多项式分布只有单元边界上的 4 个角点 NE、NW、SE、SW 对中心点产生影响。而二次多项式分布，边界上的 8 个节点对中心节点都有影响，边界中点的影响较大，各占 20.5%，每个边界角点影响仅占 4.5%。从上面两种边界条件的不同结果看，对于 Laplace 方程，显然采用二次多项式分布的边界条件，效果要好很多。

7.4　不可压黏性流动的有限分析解

不可压黏性流动有限分析法求解时，通常采用两种数学描述形式：流函数涡量式和基本变量式。它们都是一个以上未知函数的联立偏微分方程组，需采用迭代方法求解。

7.4.1　给定涡量的流函数方程有限分析解

不可压黏性流动的流函数方程为：

$$\nabla^2 \psi = -\omega \quad (7\text{-}94)$$

如果将涡量看做是已知函数，式（7-94）是 Poisson 方程，现在先求出作为 Poisson 方程的流函数有限分析解。

假定 $\omega = \omega(x,y)$ 在求解区域的各个节点上的函数值是已知的，则在单元子区域中，ω 可以通过插值多项式形式给出。设 $\omega(x,y)$ 在单元中为二次多项式分布：

$$\omega(x,y) = a_1 + a_2 x + a_3 y + a_4 x^2 + a_5 y^2 + a_6 xy + a_7 x^2 y + a_8 y^2 x + a_9 x^2 y^2 \quad (7\text{-}95)$$

通过单元中 9 个节点的插值，可以确定：

$$a_1 = \omega_p$$

$$a_2 = \frac{1}{2h}(\omega_{EC} - \omega_{WC})$$

$$a_3 = \frac{1}{2k}(\omega_{NC} - \omega_{SC})$$

$$a_4 = \frac{1}{2h^2}(\omega_{EC} + \omega_{WC} - 2\omega_p)$$

$$a_5 = \frac{1}{2k^2}(\omega_{NC} + \omega_{SC} - 2\omega_p)$$

$$a_6 = \frac{1}{4hk}(\omega_{NE} - \omega_{NW} - \omega_{SE} + \omega_{SW})$$

$$a_7 = \frac{1}{4h^2k}(\omega_{NE} - \omega_{SE} - 2\omega_{NC} + 2\omega_{SC} + \omega_{NW} - \omega_{SW})$$

$$a_8 = \frac{1}{4hk^2}(\omega_{NE} + \omega_{SE} - 2\omega_{EC} + 2\omega_{WC} - \omega_{NW} - \omega_{SW})$$

$$a_9 = \frac{1}{4h^2k^2}(\omega_{NE} + \omega_{SE} - 2\omega_{EC} - 2\omega_{NC} + 4\omega_p - 2\omega_{SC} - 2\omega_{WC} + \omega_{NW} + \omega_{SW})$$

现将方程式（7-94）分解成两个问题：一是解齐次方程，即 Laplace 方程，但单元边界条件是非齐次的；二是解非齐次方程，即 Poisson 方程，但边界条件是齐次的。令

$$\psi = \psi_1 + \psi_2$$

其中 ψ_1 满足非齐次边界条件的 Laplace 方程：

$$\begin{cases} \nabla^2 \psi_1 = 0 \\ \psi_1(h,y) = \psi_E(y) \\ \psi_1(-h,y) = \psi_W(y) \\ \psi_1(x,-k) = \psi_S(x) \\ \psi_1(x,k) = \psi_N(x) \end{cases} \tag{7-96}$$

ψ_2 满足齐次条件的 Poisson 方程：

$$\begin{cases} \nabla^2 \psi_2 = -\omega \\ \psi_2(h,y) = 0 \\ \psi_2(-h,y) = 0 \\ \psi_2(x,-k) = 0 \\ \psi_2(x,k) = 0 \end{cases} \tag{7-97}$$

满足式（7-96）的 ψ_1，已在 7.3 节中推导出单元有限元方程，假定单元子区域边界上取二次多项式插值函数，且采用 $k = h$ 的正方形均匀网格，则由式（7-93）给出

$$\psi_{1p} = 0.20535(\psi_{EC} + \psi_{WC} + \psi_{SC} + \psi_{NC}) + 0.044685(\psi_{SE} + \psi_{SW} + \psi_{NW} + \psi_{NE}) \tag{7-98}$$

满足式（7-97）的 ψ_2，可以通过分离变量法获得。先将 $\psi_2(x,y)$，$\omega(x,y)$ 展开成 Fourier 级数，即

$$\begin{cases} \psi_2(x,y) = \sum_{n=1}^{\infty} X_n(x) \sin\lambda_n(y+k) \\ \omega(x,y) = \sum_{n=1}^{\infty} D_n(x) \sin\lambda_n(y+k) \end{cases} \tag{7-99}$$

式中，$\lambda_n = \dfrac{n\pi}{2h}$；$n = 1, 2, 3, \cdots$。

利用正弦函数的正交性，可以确定 $D_n(x)$：

$$D_n(x) = \frac{1}{k}\int_{-k}^{k}\omega(x,y)\sin\lambda_n(y+k)\mathrm{d}y$$

由于 $\omega(x,y)$ 已经通过式（7-95）表示成二次多项式，因此可以通过积分计算获得 $D_n(x)$：

$$D_n(x) = \frac{1}{k}\big[(a_1 + a_2 x + a_4 x^2)G_1 + (a_3 + a_6 x + a_7 x^2)G_2 + (a_5 + a_8 x + a_9 x^2)G_3\big]$$

其中

$$G_1 = \int_{-k}^{k}\sin\lambda_n(y+k)\mathrm{d}y = \frac{1}{\lambda_n}\big[1 - (-1)^n\big]$$

$$G_2 = \int_{-k}^{k}y\sin\lambda_n(y+k)\mathrm{d}y = \frac{-k}{\lambda_n}\big[1 - (-1)^n\big]$$

$$G_3 = \int_{-k}^{k}y^2\sin\lambda_n(y+k)\mathrm{d}y = \frac{1}{\lambda_n}\Big(k^2 - \frac{2}{\lambda_n^2}\Big)\big[1 - (-1)^n\big]$$

再将 $\psi_2(x,y)$，$\omega(x,y)$ 级数展开式（7-99）代入式（7-97）的方程中，比较等式两边系数，可得

$$X_n''(x) - \lambda_n^2 X_n(x) = -D_n(x)$$

相应的边界条件为：

$$X(h) = X(-h) = 0$$

上述问题的解为：

$$X_n(x) = C_1\sinh(\lambda_n x) + C_2\cosh(\lambda_n x) + C_3 x^2 + C_4 x + C_5$$

其中

$$C_1 = \frac{-hC_4}{\sinh(\lambda_n x)}$$

$$C_2 = \frac{-(C_5 + h^2 C_3)}{\cosh(\lambda_n h)}$$

$$C_3 = \frac{1}{\lambda_n^2 k}(a_4 G_1 + a_7 G_2 + a_9 G_3)$$

$$C_4 = \frac{1}{\lambda_n^2 k}(a_2 G_1 + a_6 G_2 + a_8 G_3)$$

$$C_5 = \frac{1}{\lambda_n^2 k}(a_1 G_1 + a_3 G_2 + a_5 G_3) + \frac{2}{\lambda_n^2}C_3$$

于是可以获得 $\psi_2(x,y)$ 的表达式：

$$\psi_2(x,y) = \sum_{n=1}^{\infty}\big[C_1\sinh(\lambda_n x) + C_2\cosh(\lambda_n x) + C_3 x^2 + C_4 x + C_5\big]\sin\lambda_n(y+k)$$

$$(7\text{-}100)$$

$\psi_2(x,y)$ 在单元中点 $(x = y = 0)$ 上取值，即得单元有限分析方程：

$$\psi_{2p} = \psi_2(0,0) = \sum_{n=1}^{\infty} \sin\frac{n\pi}{2}(C_2 + C_5) \tag{7-101}$$

将 C_2，C_5 的表达式代入式（7-101），并联系 G_1, G_2, G_3 以及 $a_1, a_2, \cdots, a_9$ 的表达式，即可获得

$$\psi_{2p} = B_{NE}\omega_{NE} + B_{EC}\omega_{EC} + B_{SE}\omega_{SE} + B_{SC}\omega_{SC} + B_{SW}\omega_{SW} +$$
$$B_{WC}\omega_{WC} + B_{NW}\omega_{NW} + B_{NC}\omega_{NC} + B_p\omega_p \tag{7-102}$$

式（7-102）中的系数为已知表达式，若取 $k = h$，即对于均匀网格单元，可以计算得到

$$B_{EC} = B_{WC} = B_{NC} = B_{SC} = 0.018522h^2$$

$$B_{NE} = B_{SE} = B_{NW} = B_{SW} = 0.01895h^2$$

$$B_p = 0.21289h^2$$

将式（7-98）、式（7-102）叠加，即得 ψ 的有限分析方程：

$$\psi_p = 0.20535(\psi_{EC} + \psi_{WC} + \psi_{SC} + \psi_{NC}) + 0.044685(\psi_{SE} + \psi_{SW} + \psi_{NW} + \psi_{NE}) +$$
$$0.018522h^2(\omega_{EC} + \omega_{WC} + \omega_{NC} + \omega_{SC}) + 0.01895h^2(\omega_{NE} + \omega_{SE} +$$
$$\omega_{NW} + \omega_{SW}) + 0.21289h^2\omega_p \tag{7-103}$$

由于速度分量与流函数的关系为：

$$u = \psi_y, v = -\psi_x$$

因此，为获得节点上的导数值，还需要求出 ψ 的导数，由于 $\psi_1 = \psi_1(x,y)$ 可通过式（7-74）～式（7-77）给出（令这些表达式中 $A = B = 0$，且假定 $h = k$），$\psi_2 = \psi_2(x,y)$ 由式（7-100）给出，因此 $\psi = \psi_1(x,y) + \psi_2(x,y)$ 的导数是不难获得的。单元中心节点导数值与单元边界上 8 个节点函数值之间关系的有限分析方程为：

$$u_p = \psi_{yp} = C_{yNE}\psi_{NE} + C_{yEC}\psi_{EC} + C_{ySE}\psi_{SE} + \cdots + C_{yNC}\psi_{NC} +$$
$$B_{yNE}\omega_{NE} + B_{yEC}\omega_{EC} + \cdots + B_{ySW}\omega_{SW} + B_{yp}\omega_p$$
$$v_p = -\psi_{xp} = C_{xNE}\psi_{NE} + C_{xEC}\psi_{EC} + \cdots + C_{xNC}\psi_{NC} + B_{xNE}\omega_{NE} +$$
$$B_{xEC}\omega_{EC} + \cdots + B_{xSW}\omega_{SW} + B_{xp}\omega_p \tag{7-104}$$

式（7-104）中各项系数经计算可得

$$C_{NE} = C_{yNW} = -C_{ySE} = C_{ySW} = 0.07468/h$$

$$C_{yWC} = C_{yEC} = 0$$

$$C_{yNC} = -C_{ySC} = 0.35063/h$$

$$B_{yNB} = -B_{yNW} = B_{ySE} = -B_{ySW} = 0.00451h$$

$$B_{yp} = B_{yWC} = B_{yEC} = 0$$

$$B_{yNC} = -B_{ySC} = 0.06553h$$

$$C_{xNW} = C_{xSW} = - C_{xNE} = - C_{xSE} = 0.07468/h$$

$$C_{xNC} = C_{xSC} = 0$$

$$C_{xWC} = - C_{xSC} = 0$$

$$C_{xNE} = - C_{xEC} = 0.35063/h$$

$$B_{xNE} = B_{xNW} = - B_{xSW} = - B_{xSE} = 0.00451h$$

$$B_{xWC} = - B_{xEC} = 0.06553h$$

$$B_{xNC} = B_{xSC} = B_{xp} = 0$$

7.4.2　流函数涡量式的有限分析解

7.4.2.1　数学方程与边界条件

二维不可压黏性流动若采用流函数涡量式, 数学方程如下:

$$\begin{cases} Re(u\omega_x + v\omega_y) = \omega_{xx} + \omega_{yy} \\ \omega_{xx} + \omega_{yy} = -\omega \\ u = \psi_y \\ v = -\psi_x \end{cases} \tag{7-105}$$

式 (7-105) 中含有四个未知数 ψ, ω, u, v。流函数 ψ 与速度分量 u、v 的边界条件是比较容易给出的。在固壁上有

$$u = v = 0, \psi = \text{const}$$

在求区域的流体进出口的边界上, 可根据具体给出的条件确定边界上的 u, v 以及 ψ 或者 $\frac{\partial \psi}{\partial n}$ 值。固壁上的涡量条件是比较难给出的, 通常要通过壁面的流函数值或速度值给出。

A　通过壁面附近的流函数表示

如图 7-4 所示, 固壁上的节点 w, 沿着内法线上的节点 i 的距离 l 是小量。将 i 点的流函数值 ψ_1 在 w 点进行 Taylor 展开, 有

$$\psi_i = \psi_w + \left(\frac{\partial \psi}{\partial n}\right)_w l + \frac{l^2}{2}\left(\frac{\partial^2 \psi}{\partial n^2}\right)_w + O(l^3)$$

涡量 w 在固壁上有

$$\omega_w = -\left(\frac{\partial^2 \psi}{\partial S^2} + \frac{\partial^2 \psi}{\partial n^2}\right)_w = -\left(\frac{\partial^2 \psi}{\partial n^2}\right)_w$$

且

$$\left(\frac{\partial \psi}{\partial n}\right)_w = (v_s)_w = 0$$

因此

$$\psi_i = \psi_w - \frac{l^2}{2}\omega_w + O(l^3)$$

忽略 l 小量, 可得壁面上的涡量条件:

$$\omega_w = \frac{2}{l^2}(\psi_w - \psi_i) \tag{7-106}$$

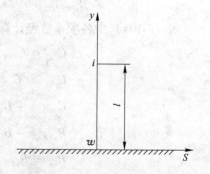

图 7-4　涡量在固壁上

B 通过壁面附近的速度表示

由于有限分析法的网格单元都是规则的矩形单元，因此壁面上单元可分为四种情况，如图 7-5 所示。

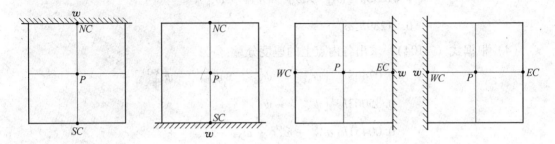

图 7-5 不同位置固壁上的单元节点

在上水平壁面上，$\dfrac{\partial v}{\partial x} = 0$，涡量 ω 在壁面上：

$$\omega_w = \left(\frac{\partial v}{\partial x} - \frac{\partial u}{\partial y}\right)_w = -\left(\frac{\partial u}{\partial y}\right)_w = \frac{-1}{2}\left(3\,\frac{u_{NC} - u_p}{k} - \frac{u_p - u_{SC}}{k}\right)$$

$$= \frac{1}{2k}(-3u_{NC} + 4u_p - u_{SC})$$

因为在固壁上 $u_{NC} = 0$，于是上水平壁面上：

$$\omega_w = \frac{1}{2k}(4u_p - u_{SC}) \tag{7-107}$$

同理可得到不同位置固壁面上节点的涡量条件：

在下水平壁面上 $\qquad \omega_w = \dfrac{1}{2k}(-4u_p + u_{NC}) \tag{7-108}$

在右垂直壁面上 $\qquad \omega_w = \dfrac{1}{2h}(-4v_p + v_{WC}) \tag{7-109}$

在左垂直壁面上 $\qquad \omega_w = \dfrac{1}{2h}(4v_p - v_{EC}) \tag{7-110}$

7.4.2.2 有限分析法求解步骤

根据 7.2 节中给出的求解式（7-105）中 $Re(uw_x + vw_y) = w_{xx} + w_{yy}$ 的有限分析法以及 7.4.1 节中给出的求解式（7-105）$w_{xx} + w_{yy} = -w$ 的有限分析法，可迭代求解联立的式（7-105），步骤如下：

（1）给出 ψ，u，v 与 ω 在所有内部节点上的初值，例如 $k=0$ 时取 $u^{(k)} = 0$，$v^{(k)} = 0$，$\psi^{(k)} = 0$，$\omega^{(k)} = 0.1$。

（2）给出或计算出所有边界节点上的 ψ，u，v 与 ω 的边界值。

（3）根据 ψ 的有限分析方程式（7-103），并利用边界条件，可以求出所有内点上的 ψ 的新值 $\psi^{(k+1)}$，即联立求解有限分析方程：

$$\psi_p^{(k+1)} = 0.20535\left[\psi_{EC}^{(k+1)} + \psi_{WC}^{(k+1)} + \psi_{SC}^{(k+1)} + \psi_{NC}^{(k+1)}\right] +$$

$$0.044685\left[\psi_{SE}^{(k+1)} + \psi_{SW}^{(k+1)} + \psi_{NW}^{(k+1)} + \psi_{NE}^{(k+1)}\right] +$$

$$0.018522h^2\left[\omega_{EC}^{(k)} + \omega_{WC}^{(k)} + \omega_{NC}^{(k)} + \omega_{SC}^{(k)}\right] +$$

$$0.01895h^2\left[\omega_{NE}^{(k)} + \omega_{SE}^{(k)} + \omega_{NW}^{(k)} + \omega_{SW}^{(k)}\right] +$$

$$0.21289h^2\omega_p^{(k)}$$

（4）根据式（7-104），求出各内点上的速度分量：

$$u_p^{(k+1)} = 0.07468h^{-1}\left[\psi_{NE}^{(k+1)} - \psi_{SE}^{(k+1)} + \psi_{NW}^{(k+1)} - \psi_{SW}^{(k+1)}\right] +$$

$$0.35063h^{-1}\left[\psi_{NC}^{(k+1)} - \psi_{SC}^{(k+1)}\right] +$$

$$0.00451h\left[\omega_{NE}^{(k)} + \omega_{SE}^{(k)} - \omega_{NW}^{(k)} - \omega_{SW}^{(k)}\right] +$$

$$0.06553h\left[\omega_{NC}^{(k)} - \omega_{SC}^{(k)}\right]$$

$$v_p^{(k+1)} = 0.07468h^{-1}\left[\psi_{NW}^{(k+1)} + \psi_{SW}^{(k+1)} - \psi_{NE}^{(k+1)} - \psi_{SE}^{(k+1)}\right] +$$

$$0.35063h^{-1}\left[\psi_{WC}^{(k+1)} - \psi_{EC}^{(k+1)}\right] +$$

$$0.00451h\left[\omega_{NW}^{(k)} + \omega_{NE}^{(k)} - \omega_{SW}^{(k)} - \omega_{SE}^{(k)}\right] +$$

$$0.06553h\left[\omega_{WC}^{(k)} - \omega_{EC}^{(k)}\right]$$

于是可计算出涡量输运扩展方程式（7-105）$Re(uw_x + vw_y) = w_{xx} + w_{yy}$ 在各个单元中的局部线性化系数：

$$2A = Reu_p, 2B = Rev_p$$

（5）根据式（7-106）或式（7-107）~式（7-110），计算出壁面上的涡量值 $\omega_w^{(k+1)}$，并根据式（7-78），联立求解有限分析方程组：

$$\omega_p^{(k+1)} = C_{NW}\omega_{NW}^{(k+1)} + C_{NC}\omega_{NC}^{(k+1)} + C_{NE}\omega_{NE}^{(k+1)} + C_{WC}\omega_{WC}^{(k+1)} + C_{EC}\omega_{EC}^{(k+1)} +$$

$$C_{SW}\omega_{SW}^{(k+1)} + C_{SC}\omega_{SC}^{(k+1)} + C_{SE}\omega_{SE}^{(k+1)}$$

（6）检验迭代的收敛性。若 $\left|\psi^{(k+1)} - \psi^{(k)}\right| < \varepsilon_1$，且 $\left|\omega^{(k+1)} - \omega^{(k)}\right| < \varepsilon_2$，则所获得的 $\psi^{(k+1)}$、$\omega^{(k+1)}$ 为收敛解；否则重复（3）~（5）各个求解步骤，直至达到收敛精度。其中，ε_1、ε_2 是事先给定精度要求的某个小正数。

7.4.3　基本变量式的有限分析解

以 u、v、p 为求解函数的二维 Navier-Stokes 方程为：

$$u_x + u_y = 0 \tag{7-111}$$

$$uu_x + vu_y = -p_x + \frac{1}{Re}(u_{xx} + u_{yy}) \tag{7-112}$$

$$uv_x + vv_y = -p_y + \frac{1}{Re}(v_{xx} + v_{yy}) \tag{7-113}$$

有限分析法求解偏微分方程时，在一个方程中只考虑一个函数是求解的未知函数，非线性项要进行局部线性化处理。例如在式（7-111）中，可认为 u 是求解的未知函数，式（7-113）中，可认为 v 是求解的未知函数。显然，还需要以压力 p 为求解函数的方程式。

为建立关于压力 p 的方程式，可把式（7-112）对 x 求偏导数，把式（7-113）对 y 求偏导数，相加后再利用不可压连续性方程式（7-111），可得

$$p_{xx} + p_{yy} = 2(u_x v_y - u_y v_x) \tag{7-114}$$

采用有限分析法求解上偏微分方程，通常采用迭代求解方法。常规的迭代步骤如下：

（1）假设 $u^{(0)}$、$v^{(0)}$ 值，代入压力 Possion 方程式（7-114），此时可根据 7.4.1 节中的有限分析获得各个节点上的压力值 $p^{(1)}$。

（2）将 $u^{(0)}$、$p^{(1)}$ 代入速度分量 u 的方程式（7-112），此时可按照 7.4.2 节中所提供的有限分析解，获得各个节点上的速度分量 $u^{(1)}$。

（3）将 $u^{(0)}$、$p^{(1)}$ 代入速度分量 v 的方程式（7-113），此时可按照 7.4.2 节中所提供的有限分析解，获得各个节点上的速度分量 $v^{(1)}$。

（4）把 $u^{(1)}$、$v^{(1)}$ 代入连续性方程式（7-111），由于 $u^{(1)}$、$v^{(1)}$ 在单元中具有分析表达式，因此可检验式（7-111）是否满足。

（5）若在所有节点上，$|u_x + v_y| < \varepsilon$，则 $u^{(1)}$、$v^{(1)}$、$p^{(1)}$ 为方程的收敛解，否则对 $u^{(1)}$、$v^{(1)}$ 进行修正，替代（1）步中的 $u^{(0)}$、$v^{(0)}$，再重复上述迭代过程，直至收敛。

这种常规的迭代方法收敛很慢，有时甚至不收敛。而速度平均迭代法收敛较快，具体步骤为：

（1）假设 $u^{(0)}$、$v^{(0)}$ 值，代入压力 p 的 Possion 方程式（7-114），可求出有限分析解 $p^{(1)}$。

（2）将 $u^{(0)}$、$p^{(1)}$ 代入式（7-112），可求出有限分析解 u_1。

（3）将 u_1 代入连续性方程式（7-111），由于 u_1 在单元中具有分析表达式，因此不难求出节点上的 v_1 值。

（4）将 $u^{(0)}$、$p^{(1)}$ 代入式（7-113），可求出有限分析解 v_2。

（5）将 v_2 代入连续性方程式（7-111），由于 v_2 在单元中具有分析表达式，因此不难求出节点上的 u_2 值。

（6）做如下速度值的平均运算：

$$u^{(1)} = \frac{u_1 [u^{(0)}]^2 + u_2 [v^{(0)}]^2}{[u^{(0)}]^2 + [v^{(0)}]^2}$$

$$v^{(1)} = \frac{v_1 [u^{(0)}]^2 + v_2 [v^{(0)}]^2}{[u^{(0)}]^2 + [v^{(0)}]^2}$$

（7）用新获得的 $u^{(1)}$、$v^{(1)}$ 替换第（1）步中的 $u^{(0)}$、$v^{(0)}$，进行（1）~（6）步的迭代运算。直至 $u^{(1)}$、$v^{(1)}$ 和 $u^{(0)}$、$v^{(0)}$ 两组解的差小于给定的收敛精度。

速度平均迭代方法可以推广到三维情形。

7.5　非定常不可压黏性流动的有限分析解

非定常不可压黏性流动的数学方程是抛物型方程，可以表示为如下形式：

$$\phi_t + u\phi_x + y\phi_y = \frac{1}{Re}(\phi_{xx} + \phi_{yy}) + G \tag{7-115}$$

若 ϕ 表示速度分量 u、v，则式（7-115）是非定常的 Navier-Stokes 方程；若 ϕ 表示涡量 ω，则式（7-115）是非定常的涡量对流扩散方程。式（7-115）除给出边界条件外，还需要给出初始条件。

和定常情形一样，先把 (x,y) 平面上的求解区域划分成矩形网格，x 和 y 方向的网格步长分别是 h 和 k，再把时间 t 划分成若干间隔，每一时间步长为 τ。设初始时刻 $t = 0$，$t^n = n\tau$ 时刻的函数值记为 ϕ^n，单元中心节点 p 的速度分量为 u_p^n、v_p^n。

为了方便地采用有限分析法，要设法将抛物型方程式（7-115）转化为局部线性化的定常椭圆型方程。记 t^{n-1} 时刻单元中心节点 p 的速度为 u_p^{n-1}、v_p^{n-1}，并记速度分量时间步长的增量为：

$$\Delta u_p^{n-1} = u_p^{n-1} - u_p^{n-2}, \Delta v_p^{n-1} = v_p^{n-1} - v_p^{n-2}$$

为了使式（7-115）线性化，将单元中的速度分量 u，v 用中心节点 p 上的 n 时刻的近似值代替：

$$u_p^n = u_p^{n-1} + \Delta u_p^{n-1}, v_p^n = v_p^{n-1} + \Delta v_p^{n-1}$$

同时将非定常项 ϕ_t 近似取为 p 点 n 时刻的差分离散值：

$$\phi_{pt}^n = \frac{\phi_p^n - \phi_p^{n-1}}{\tau}$$

此时，方程式（7-115）可线性化处理为：

$$u_p^{n-1}\phi_x^n + v_p^{n-1}\phi_y^n - \frac{1}{Re}(\phi_{xx}^n + \phi_{yy}^n) = G^n - \phi_{pt}^n - (\Delta u_p\phi_x + \Delta v_p\phi_y)^{n-1} \tag{7-116}$$

记
$$2A = Reu_p^{n-1}, 2B = Rev_p^{n-1}$$

$$F^{n-1} = \left[G^n - \phi_{pt}^n - (\Delta u_p\phi_x + \Delta v_p\phi_y)^{n-1} \right] Re$$

于是式（7-116）可改写为：

$$2A\phi_x^n + 2B\phi_y^n - (\phi_{xx}^n + \phi_{yy}^n) = F^{n-1} \tag{7-117}$$

显然，在求解过程中，第 $n-1$ 步各点的物理量 u_p^{n-1}、v_p^{n-1}、ϕ_p^{n-1} 都已获得，因此式（7-117）是一个常系数的非齐次椭圆型方程，为了将其转化为齐次方程，可引进变量替换：

$$\overline{\phi_n} = \phi_n - \frac{F^{n-1}(Ax + By)}{2(A^2 + B^2)} \tag{7-118}$$

代入式（7-117），可得

$$2A\overline{\phi_x^n} + 2B\overline{\phi_y^n} = \overline{\phi_{xx}^n} + \overline{\phi_{yy}^n} \tag{7-119}$$

式（7-119）和定常齐次椭圆型方程式（7-11）形式上是完全一致的，且式（7-11）已在 7.2 节中推导出有限分析解。

由于式（7-119）具有下列形式的通解：

$$\overline{\phi^n} = c_0 + c_1 \frac{-Bx + Ay}{\sqrt{A^2 + B^2}} + c_2 e^{2Ax + 2By}$$

因此，单元子区域中的边界条件以取指数多项式分布为宜。于是，式（7-119）可以采用 7.2.1 节中所获得的结果，单元中的有限分析方程如式（7-57）所示，即

$$\overline{\phi_p^n} = C_{NE}\,\overline{\phi_{NE}^n} + C_{NW}\,\overline{\phi_{NW}^n} + C_{SE}\,\overline{\phi_{SE}^n} + C_{SW}\,\overline{\phi_{SW}^n} +$$

$$C_{WC}\,\overline{\phi_{WC}^n} + C_{EC}\,\overline{\phi_{EC}^n} + C_{SC}\,\overline{\phi_{SC}^n} + C_{NC}\,\overline{\phi_{NC}^n} \tag{7-120}$$

式中系数为：$C_{NE} = \mathrm{e}^{-Ah-Bk}E^*$，$C_{NW} = \mathrm{e}^{Ah-Bk}E^*$，$C_{SE} = \mathrm{e}^{-Ah+Bk}E^*$，$C_{SW} = \mathrm{e}^{Ah+Bk}E^*$，$C_{NC} = \mathrm{e}^{-Bk}E_A$，$C_{SC} = \mathrm{e}^{Bk}E_A$，$C_{EC} = \mathrm{e}^{-Ah}E_B$，$C_{WC} = \mathrm{e}^{Ah}E_B$。

其中 E_A、E_B、E^* 可通过式（7-49）、式（7-54）、式（7-59）等表达式给出。

根据式（7-118）给出的变量关系，应有

$$\begin{cases} \overline{\phi_p^n} = \phi_p^n \\[2mm] \overline{\phi_{NE}^n} = \phi_{NE}^n - \dfrac{1}{2(A^2+B^2)}F^{n-1}(Ah+Bk) \\[3mm] \overline{\phi_{NW}^n} = \phi_{NW}^n - \dfrac{1}{2(A^2+B^2)}F^{n-1}(-Ah+Bk) \\[3mm] \overline{\phi_{SE}^n} = \phi_{SE}^n - \dfrac{1}{2(A^2+B^2)}F^{n-1}(Ah-Bk) \\[3mm] \overline{\phi_{SW}^n} = \phi_{SW}^n - \dfrac{1}{2(A^2+B^2)}F^{n-1}(-Ah-Bk) \\[3mm] \overline{\phi_{NC}^n} = \overline{\phi_{NC}^n} - \dfrac{1}{2(A^2+B^2)}F^{n-1}(Bk) \\[3mm] \overline{\phi_{SC}^n} = \overline{\phi_{SC}^n} - \dfrac{1}{2(A^2+B^2)}F^{n-1}(-Bk) \\[3mm] \overline{\phi_{EC}^n} = \overline{\phi_{EC}^n} - \dfrac{1}{2(A^2+B^2)}F^{n-1}(Ah) \\[3mm] \overline{\phi_{WC}^n} = \overline{\phi_{WC}^n} - \dfrac{1}{2(A^2+B^2)}F^{n-1}(-Ah) \end{cases} \tag{7-121}$$

将式（7-121）各项代入式（7-120），可得方程式（7-115）的单元有限分析方程：

$$\phi_p^n = C_{NE}\phi_{NE}^n + C_{NW}\phi_{NW}^n + C_{SE}\phi_{SE}^n + C_{SW}\phi_{SW}^n + C_{WC}\phi_{WC}^n + C_{EC}\phi_{EC}^n +$$

$$C_{SC}\phi_{SC}^n + C_{NC}\phi_{NC}^n + C_p F^{n-1} \tag{7-122}$$

其中

$$C_p = \frac{1}{2(A^2+B^2)}\big[Ah(C_{NW}+C_{SW}+C_{WC}-C_{NE}-C_{SE}-C_{EC}) +$$

$$Bk(C_{SE}+C_{SW}+C_{SC}-C_{NE}-C_{NW}-C_{NC})\big]$$

$$F^{n-1} = \big[G-(\Delta u_p\phi_x+\Delta v_p\phi_y)\big]^{n-1}Re - \frac{\phi_p^n-\phi_p^{n-1}}{\tau}Re$$

注意到 F^{n-1} 表达式中含有 ϕ_p^n，因此将 F^{n-1} 代入式（7-122），整理后可得联立求解的单元有限分析方程：

$$\phi_p^n = \frac{1}{1 + \frac{C_p Re}{\tau}}(C_{NE}\phi_{NE}^n + C_{NW}\phi_{NW}^n + C_{SE}\phi_{SE}^n + C_{SW}\phi_{SW}^n + C_{WC}\phi_{WC}^n +$$

$$C_{EC}\phi_{EC}^n + C_{SC}\phi_{SC}^n + C_{NC}\phi_{NC}^n + \frac{C_p Re}{\tau}\phi_p^{n-1} + C_p \overline{G^{n-1}}Re) \tag{7-123}$$

其中
$$\overline{G^{n-1}} = G^n - (\Delta u_p^{n-1}\phi_x^{n-1} + \Delta v_p^{n-1}\phi_y^{n-1})$$

采用有限分析法求解非定常不可压黏性流动问题时，每推进一个时间步后，就将抛物型的非定常问题转化为定常的椭圆型方程，从而可利用前面已获得的有限分析解的结果。进而可以将这个方法推广到求解三维空间的非定常不可压黏性流中。

7.6　非均匀网格的有限分析解

从前面几节推导有限分析解的过程可以看出，有限分析法对网格单元有严格要求，要将求解区域划分成均匀的矩形网格（见图 7-1），有限分析方程式建立在由四个相同形状网格所构成的单元中。但实际流场中，根据流场特点，为节省计算量，常常在流动变化剧烈的区域要求有较多节点，而流动变化小的区域，节点可以少一些。因此需要划分不均匀的网格，此时单元如图 7-6 所示，对于节点 p 所在的单元将由四个几何尺寸不一样的网格组成，网格步长如图 7-6 所示，假定 $H > h$，$K > k$。

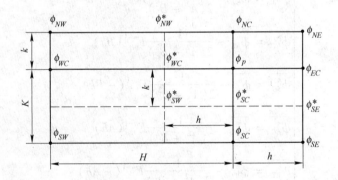

图 7-6　非均匀网格的矩形单元

以定常二维椭圆型方程为例：

$$2A\phi_x + 2B\phi_y = \phi_{xx} + \phi_{yy}$$

在均匀网格的单元中，有限分析方程如式（7-57）所示，而这个方程显然不适用非均匀网格单元。为解决这个问题，以 p 点为中心，作宽为 $2h$，高为 $2k$ 的矩形单元（见图 7-6），在这个新构造的单元中，式（7-57）所表示的有限分析方程是完全适用的，即

$$\phi_p = C_{NE}\phi_{NE} + C_{NW}\phi_{NW}^* + C_{SE}\phi_{SE}^* + C_{SW}\phi_{SW}^* + C_{WC}\phi_{WC}^* +$$

$$C_{EC}\phi_{EC} + C_{SC}\phi_{SC}^* + C_{NC}\phi_{NC} \tag{7-124}$$

式中的各个系数 C_{NE}，C_{NW}，$\cdots$，C_{NC} 与均匀网格单元中推导出来的完全相同，由式（7-58）表示。而 ϕ_{SC}^*，ϕ_{NW}^*，ϕ_{SE}^*，ϕ_{SW}^*，ϕ_{WC}^* 并非网格节点上的函数值，而是新构造单元上辅助节点的函数值。

显然，根据有限分析法的求解思想，这些辅助节点上的函数值，必须通过真正节点上的函数值来表示，此时可以通过插值方法得到解决。下面给出通过线性插值方法获得的关系式：

$$\begin{cases} \phi_{NW}^* = \phi_{NC} + \dfrac{h}{H}(\phi_{NW} - \phi_{NC}) \\[2mm] \phi_{SE}^* = \phi_{EC} + \dfrac{k}{K}(\phi_{SE} - \phi_{EC}) \\[2mm] \phi_{SC}^* = \phi_p + \dfrac{k}{K}(\phi_{SC} - \phi_p) \\[2mm] \phi_{WC}^* = \phi_p + \dfrac{h}{H}(\phi_{WC} - \phi_p) \\[2mm] \phi_{SW}^* = \phi_p + \dfrac{k}{K}(\phi_{SC} - \phi_p) + \dfrac{h}{H}(\phi_{WC} - \phi_p) + \\[2mm] \qquad \dfrac{hk}{HK}(\phi_{SW} - \phi_{WC} - \phi_{SC} + \phi_p) \end{cases} \tag{7-125}$$

将式（7-125）代入式（7-124）中，即可获得非均匀网格单元中的有限分析方程：

$$\phi_p = \frac{1}{C_p}\left\{ C_{NE}\phi_{NE} + \frac{h}{H}C_{NW}\phi_{NW} + \frac{k}{K}C_{SE}\phi_{SE} + \frac{hk}{HK}C_{SW}\phi_{SW} + \left[\frac{h}{H}C_{WC} + \left(\frac{h}{H} - \frac{hk}{HK} \right)C_{SW} \right]\phi_{WC} + \right.$$

$$\left. \left[C_{EC} + \left(1 - \frac{k}{K} \right)C_{SE} \right]\phi_{EC} + \left[C_{SC}\frac{k}{K} + \left(\frac{k}{K} - \frac{hk}{HK} \right)C_{SW} \right]\phi_{SC} + \left[C_{NC} + \left(1 - \frac{h}{H} \right)C_{NW} \right]\phi_{NC} \right\}$$

其中　　　　$$C_p = 1 - \left(1 - \frac{k}{K} \right)C_{SC} - \left(1 - \frac{h}{H} \right)C_{WC} - \left(1 - \frac{k}{K} - \frac{h}{H} - \frac{hk}{HK} \right)C_{SW}$$

当然，辅助节点上的函数值 ϕ_{SC}^*、ϕ_{NW}^*、ϕ_{SE}^*、ϕ_{SW}^*、ϕ_{WC}^* 也可以通过二次多项式插值或其他合适的插值函数和真实节点上的函数值发生联系，构成不同形式的关系式。

思 考 题

7-1　有限分析法基本思想是什么？

7-2　详述有限分析法解题步骤。

7-3　试推导不可压黏性流动、非定常不可压黏性流动的有限分析解。

8 **有限体积法**

教学目的

（1）掌握稳态扩散问题的有限体积法节点划分、方程离散。

（2）掌握非稳态扩散问题的有限体积法节点划分、方程离散。

（3）了解线性方程组的求解方法（TDMA 算法、迭代法）。

（4）掌握稳态及非稳态对流—扩散问题的有限体积法。

（5）掌握离散格式的性质。

（6）掌握中心差分格式、迎风格式、混合格式、幂指数格式、对流—扩散问题的高阶差分格式——QUICK 格式。

（7）了解边界条件的处理方法。

8.1　扩散问题的有限体积法

流动与传热问题守恒形式的输运方程，其通用形式如下：

$$\frac{\partial(\rho\phi)}{\partial t} + \text{div}(\rho\boldsymbol{U}\phi) = \text{div}(\Gamma\,\text{grad}\phi) + S_\phi \tag{8-1}$$

式中，第一项为瞬变项或时间项；第二项为对流项；第三项为扩散项；Γ 为对应于变量 ϕ 的扩散系数（如流体的黏性系数或导热系数）；末项 S_ϕ 为源项。

在应用有限体积法（控制容积法）进行数值求解时，通常首先将式（8-1）在一个容积上进行积分，将微分方程转化为积分方程，然后采用不同的近似方式在控制容积的边界上对积分项进行处理，从而得到不同的差分格式。

对式（8-1）在一个控制容积（control volume，CV）上积分：

$$\int_{CV}\frac{\partial(\rho\phi)}{\partial t}\mathrm{d}V + \int_{CV}\text{div}(\rho\boldsymbol{U}\phi)\mathrm{d}V = \int_{CV}\text{div}(\Gamma\,\text{grad}\phi)\mathrm{d}V + \int_{CV}S_\phi\mathrm{d}V \tag{8-2}$$

应用高斯定理把体积分化为面积分：

$$\int_{CV}\text{div}(\boldsymbol{a})\mathrm{d}V = \int_{A}\boldsymbol{n}\cdot\boldsymbol{a}\mathrm{d}A$$

则式（8-2）中对流项与扩散项改写为：

$$\int_{CV}\text{div}(\rho\boldsymbol{U}\phi)\mathrm{d}V = \int_{A}\boldsymbol{n}\cdot(\rho\phi\boldsymbol{U})\mathrm{d}A$$

$$\int_{CV} \mathrm{div}(\varGamma\,\mathrm{grad}\phi)\,\mathrm{d}V = \int_A \boldsymbol{n} \cdot (\varGamma\,\mathrm{grad}\phi)\,\mathrm{d}A$$

则式（8-2）变为：

$$\frac{\partial}{\partial t}\int_{CV}(\rho\phi)\,\mathrm{d}V + \int \boldsymbol{n} \cdot (\rho\phi\boldsymbol{U})\,\mathrm{d}A = \int \boldsymbol{n} \cdot (\varGamma\,\mathrm{grad}\phi)\,\mathrm{d}A + \int_{CV} S_\phi\,\mathrm{d}V \tag{8-3}$$

式（8-3）中，第一项的物理意义是流体的待求量 ϕ 在控制体积内的总的变化率；第二项中 $\boldsymbol{n} \cdot (\rho\phi\boldsymbol{U})$ 表示流体沿控制体的外法线方向的对流通量（流出控制体的），该项的物理意义表示控制体中 ϕ 因对流而引起的净减少量；$\boldsymbol{n} \cdot (\varGamma\,\mathrm{grad}\phi)\,\mathrm{d}A$ 表示流体沿控制体的外法线方向的扩散通量（流出控制体的），所以 $\boldsymbol{n} \cdot (\varGamma\,\mathrm{grad}\phi)\,\mathrm{d}A = -\boldsymbol{n} \cdot (-\varGamma\,\mathrm{grad}\phi)\,\mathrm{d}A$ 表示流体沿控制体的内法线方向的扩散通量（流进控制体的），该项的物理意义表示控制中 ϕ 因扩散而引起的净增加量；最后一项表示控制体内的源项引起的 ϕ 的增加率。

稳态时，式（8-3）为：

$$\int_A \boldsymbol{n} \cdot (\rho\phi\boldsymbol{U})\,\mathrm{d}A = \int \boldsymbol{n} \cdot (\varGamma\,\mathrm{grad}\phi)\,\mathrm{d}A + \int_{CV} S_\phi\,\mathrm{d}V \tag{8-4}$$

非稳态时，必须对一个时间段进行积分。输运方程最通用的形式的积分方程如下：

$$\int_{\Delta t}\frac{\partial}{\partial t}\int_{CV}(\rho\phi)\,\mathrm{d}V\mathrm{d}t + \iint_{\Delta t\,A}\boldsymbol{n} \cdot (\rho\phi\boldsymbol{U})\,\mathrm{d}A\mathrm{d}t = \iint_{\Delta t\,A}\boldsymbol{n} \cdot (\varGamma\,\mathrm{grad}\phi)\,\mathrm{d}A\mathrm{d}t + \iint_{\Delta t\,CV}S_\phi\,\mathrm{d}V\mathrm{d}t \tag{8-5}$$

稳态的纯扩散问题可简化为：

$$\mathrm{div}(\varGamma\,\mathrm{grad}\phi) + S_\phi = 0 \tag{8-6}$$

将方程（8-6）在一个控制容积上积分：

$$\int_{CV}\mathrm{div}(\varGamma\,\mathrm{grad}\phi)\,\mathrm{d}V + \int_{CV} S_\phi\,\mathrm{d}V = 0 \tag{8-7}$$

应用高斯定理把体积分化为面积分：

$$\int_A \boldsymbol{n} \cdot (\varGamma\,\mathrm{grad}\phi)\,\mathrm{d}A + \int_{CV} S_\phi\,\mathrm{d}V = 0 \tag{8-8}$$

8.1.1 一维稳态扩散问题的有限体积法

一维稳态扩散问题的方程可由式（8-1）写作以下形式：

$$\frac{\mathrm{d}}{\mathrm{d}x}\left(\varGamma\frac{\mathrm{d}\phi}{\mathrm{d}x}\right) + S = 0 \tag{8-9}$$

8.1.1.1 节点划分

有限体积法的第一步是把求解域划为离散的控制容积。

图 8-1 中阴影部分为控制容积或控制体，点 P 在它的中心。变量 ϕ 在整个容积上的值由 ϕ 在点 P 的值来表示。控制体的长度 δx_{we} 即为网格的步长 Δx。

如图 8-2 所示，控制容积的取法有两种，一种是把控制容积的界面放在相邻 2 个节点中间，而对于非均匀网格，中心节点 P 并不在该控制容积的中心，记方法 A；另一种为首先把求解域划分为离散的控制容积，然后把控制容积的中心节点 P 放在该控制容积的几何

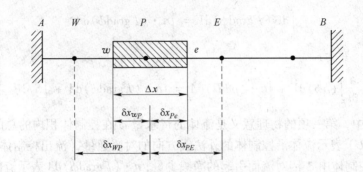

图 8-1　控制容积和节点

图 8-2　控制容积的取法

（a）方法 A；（b）方法 B

中心，记为方法B。对于均匀网格来说，两种方法是一样的。

由于方法 A 没有将节点 P 放在控制容积的中心，因而变量 ϕ 在 P 点的值不能很好地代表整个控制容积的 ϕ 值。方法 B 在建立网格时先划分出控制容积，然后把节点放在该控制容积的中心，因而比较方便，特别是当计算域中边界条件不连续或变化的时候，比较容易选取恰当的控制容积，以避免出现控制容积的一部分界面是一种边界条件，而其余部分是另一种边界条件。此外，方法 A 是先划分节点，然后再确定控制容积，这种情况是很难处理的。而按方法 B 建立的网络体系，边界上没有节点，而是控制容积的界面。因此，在对边界节点建立离散方程时，守恒微分方程在控制容积界面上的积分值可直接利用边界条件而不需要再做任何近似。本书的控制容积采用方法 B 来划分。

8.1.1.2　方程的离散

将式（8-9）在控制容积上积分，可得到节点 P 的离散方程：

$$\int_{CV}\frac{\mathrm{d}}{\mathrm{d}x}\left(\Gamma\frac{\mathrm{d}\phi}{\mathrm{d}x}\right)\mathrm{d}V + \int_{CV}S\mathrm{d}V = \left(\Gamma A\frac{\mathrm{d}\phi}{\mathrm{d}x}\right)_e - \left(\Gamma A\frac{\mathrm{d}\phi}{\mathrm{d}x}\right)_w + \bar{S}\Delta V = 0 \qquad (8\text{-}10)$$

式（8-10）的物理意义为：ϕ 的扩散通量 $\Gamma A\dfrac{\mathrm{d}\phi}{\mathrm{d}x}$ 从左侧进入控制容积的和从右侧离开控制容积的差，就等于在控制体内 ϕ 的生成量。

式（8-10）的扩散通量为：

$$\begin{cases} \left(\Gamma A\dfrac{\mathrm{d}\phi}{\mathrm{d}x}\right)_e = \Gamma_e A_e\dfrac{\phi_E - \phi_P}{\delta x_{PE}} \\[3mm] \left(\Gamma A\dfrac{\mathrm{d}\phi}{\mathrm{d}x}\right)_w = \Gamma_w A_w\dfrac{\phi_P - \phi_W}{\delta x_{WP}} \end{cases} \qquad (8\text{-}11)$$

Γ 和 ϕ 都是在节点上计算的，而式（8-10）的积分结果却是计算 w 和 e 界面的值，因此首先应计算出节点 P 所在的控制容积的左右界面上 Γ 和 ϕ 的值。即需要把 w 和 e 界面的 Γ 和 ϕ 值与其中心节点的 P 处的值联系起来，做以下的线性分布近似：

$$\begin{cases} \Gamma_w = \dfrac{\Gamma_W + \Gamma_P}{2} \\[3mm] \Gamma_e = \dfrac{\Gamma_E + \Gamma_P}{2} \end{cases} \tag{8-12}$$

源项通常是因变量的函数，在控制容积内把源项做线性分布近似：

$$\bar{S}\Delta V = S_u + S_P \phi_P \tag{8-13}$$

将式（8-11）~式（8-13）代入式（8-10），得：

$$\Gamma_e A_e \frac{\phi_E - \phi_P}{\delta x_{PE}} - \Gamma_w A_w \frac{\phi_P - \phi_W}{\delta x_{WP}} + S_u + S_P \phi_P = 0 \tag{8-14}$$

整理得：

$$\left(\frac{\Gamma_e A_e}{\delta x_{PE}} + \frac{\Gamma_w A_w}{\delta x_{WP}} - S_P\right)\phi_P = \left(\frac{\Gamma_e A_e}{\delta x_{PE}}\right)\phi_E + \left(\frac{\Gamma_w A_w}{\delta x_{WP}}\right)\phi_W + S_u \tag{8-15}$$

式（8-15）可写成以下更简洁的形式：

$$a_P \phi_P = a_E \phi_E + a_W \phi_W + S_u \tag{8-16}$$

式中，$a_P = a_E + a_W - S_P$；$a_E = \dfrac{\Gamma_e A_e}{\delta x_{PE}}$；$a_W = \dfrac{\Gamma_w A_w}{\delta x_{WP}}$。

由式（8-12）对边界上的 Γ 值采用了相邻两节点的 Γ 值的线性平均，因此上述离散方法称为中心差分格式。

用有限体积法建立离散方程的一般步骤为：首先将微分方程在控制容积上进行积分，利用高斯定理把体积分转化为控制容积边界界面上的面积分，然后通过对界面上的参数的近似得到最终的离散方程。其中，对 Γ 和 ϕ 等参数的近似方法的不同就产生了不同的离散格式。因此，从这个角度上来说，对界面上的有关参数的近似方法是确定最终离散格式的核心。

8.1.1.3 方程的求解

在每个节点都建立上述离散（对于内部节点，并不需要在每个节点上重复上述过程，内部节点的离散方程适用于所有内部节点，而对边界节点则须重新按上述过程进行推导，因为不同的边界节点界面上有关参数的近似处理方法不同），得到一个线性方程组。求解该方程组即可得每个节点的 ϕ 值。

8.1.2 二维和三维稳态扩散问题的有限体积法

8.1.2.1 二维稳态扩散问题

二维网格划分如图 8-3 所示。

二维稳态问题的控制微分方程为：

$$\frac{\partial}{\partial x}\left(\Gamma \frac{\partial \phi}{\partial x}\right) + \frac{\partial}{\partial y}\left(\Gamma \frac{\partial \phi}{\partial y}\right) + S = 0 \tag{8-17}$$

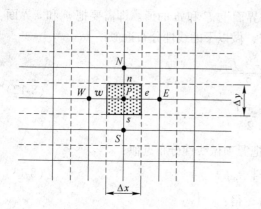

图 8-3　二维网格

将控制方程(8-17)在控制容积上积分，则有

$$\int_{CV} \frac{\partial}{\partial x}\left(\Gamma \frac{\partial \phi}{\partial x}\right)\mathrm{d}V + \int_{CV} \frac{\partial}{\partial y}\left(\Gamma \frac{\partial \phi}{\partial y}\right)\mathrm{d}V + \int_{CV} S\mathrm{d}V = 0$$

$$(8-18)$$

应用高斯定理把体积分转换为面积分，得

$$\left(\Gamma A \frac{\partial \phi}{\partial x}\right)_e - \left(\Gamma A \frac{\partial \phi}{\partial x}\right)_w + \left(\Gamma A \frac{\partial \phi}{\partial y}\right)_n -$$

$$\left(\Gamma A \frac{\partial \phi}{\partial y}\right)_s + \bar{S}\Delta V = 0 \qquad (8-19)$$

式（8-19）表示 ϕ 在控制容积内的生成量和穿过其边界的通量的平衡关系。若控制容积在另一个方向上，如垂直纸面方向取单位长，则 $A_e = A_w = \Delta y$，$A_s = A_n = \Delta x$。

对式（8-19）中各项的展开方法同前，即：

x 方向 e，w 两个界面有

$$\left(\Gamma A \frac{\partial \phi}{\partial x}\right)_e = \Gamma_e A_e \frac{\phi_E - \phi_P}{\delta x_{PE}}, \left(\Gamma A \frac{\partial \phi}{\partial x}\right)_w = \Gamma_w A_w \frac{\phi_P - \phi_W}{\delta x_{WP}} \qquad (8-20)$$

y 方向 n，s 两个界面有

$$\left(\Gamma A \frac{\partial \phi}{\partial y}\right)_n = \Gamma_n A_n \frac{\phi_N - \phi_P}{\delta y_{NP}}, \left(\Gamma A \frac{\partial \phi}{\partial y}\right)_s = \Gamma_s A_s \frac{\phi_P - \phi_S}{\delta y_{PS}} \qquad (8-21)$$

将式（8-20）和式（8-21）代入式（8-19），得

$$\Gamma_e A_e \frac{\phi_E - \phi_P}{\delta x_{PE}} - \Gamma_w A_w \frac{\phi_P - \phi_W}{\delta x_{WP}} + \Gamma_n A_n \frac{\phi_N - \phi_P}{\delta y_{NP}} - \Gamma_s A_s \frac{\phi_P - \phi_S}{\delta y_{PS}} + \bar{S}\Delta V = 0 \quad (8-22)$$

将源项 $\bar{S}\Delta V = S_u + S_P\phi_P$ 代入式（8-22），整理得

$$\left(\frac{\Gamma_e A_e}{\delta x_{PE}} + \frac{\Gamma_w A_w}{\delta x_{WP}} + \frac{\Gamma_s A_s}{\delta y_{SP}} + \frac{\Gamma_n A_n}{\delta y_{PN}} - S_P\right)\phi_P$$

$$= \left(\frac{\Gamma_e A_e}{\delta x_{PE}}\right)\phi_E + \left(\frac{\Gamma_w A_w}{\delta x_{WP}}\right)\phi_W + \left(\frac{\Gamma_s A_s}{\delta y_{SP}}\right)\phi_S + \left(\frac{\Gamma_n A_n}{\delta y_{PN}}\right)\phi_n + S_u \qquad (8-23)$$

式（8-23）可写成以下更简洁的形式：

$$a_P\phi_P = a_E\phi_E + a_W\phi_W + a_S\phi_S + a_N\phi_N + S_u \qquad (8-24)$$

式中，$a_E = \dfrac{\Gamma_e A_e}{\delta x_{PE}}$；$a_W = \dfrac{\Gamma_w A_w}{\delta x_{WP}}$；$a_S = \dfrac{\Gamma_s A_s}{\delta y_{SP}}$；$a_N = \dfrac{\Gamma_n A_n}{\delta y_{PN}}$；$a_P = a_E + a_W + a_S + a_N - S_P$。

在每个内部节点写出上述离散方程，在边界上对上述离散方程分别按边界条件进行修正，即可求解 ϕ。

8.1.2.2　三维稳态扩散问题

三维网格的控制体积如图 8-4 所示。

三维稳态问题的控制微分方程为：

$$\frac{\partial}{\partial x}\left(\Gamma \frac{\partial \phi}{\partial x}\right) + \frac{\partial}{\partial y}\left(\Gamma \frac{\partial \phi}{\partial y}\right) + \frac{\partial}{\partial z}\left(\Gamma \frac{\partial \phi}{\partial z}\right) + S = 0 \qquad (8-25)$$

按上述相同的方法可得到三维问题的离散方程如下：

$$a_P\phi_P = a_E\phi_E + a_W\phi_W + a_S\phi_S + a_N\phi_N +$$

$$a_B\phi_B + a_T\phi_T + S_{\mathrm{u}} \qquad (8\text{-}26)$$

式中，$a_E = \dfrac{\Gamma_e A_e}{\delta x_{PE}}$；$a_W = \dfrac{\Gamma_w A_w}{\delta x_{WP}}$；$a_S = \dfrac{\Gamma_s A_s}{\delta y_{SP}}$；$a_N = \dfrac{\Gamma_n A_n}{\delta y_{PN}}$；$a_B = \dfrac{\Gamma_b A_b}{\delta z_{BP}}$；$a_T = \dfrac{\Gamma_t A_t}{\delta z_{PT}}$；$a_P = a_E + a_W + a_S + a_N + a_B + a_T - S_P$。

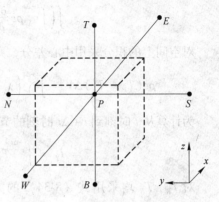

图 8-4 三维网格的控制体积

8.1.3 非稳态扩散问题的有限体积法

非稳态流动与传热的输运方程最通用形式的积分方程如下：

$$\int_{\Delta t}\frac{\partial}{\partial t}\int_{CV}(\rho\phi)\,\mathrm{d}V\mathrm{d}t + \iint_{\Delta t A}\boldsymbol{n}\cdot(\rho\phi\boldsymbol{U})\,\mathrm{d}A\mathrm{d}t = \iint_{\Delta t A}\boldsymbol{n}\cdot(\Gamma\mathrm{grad}\phi)\,\mathrm{d}A\mathrm{d}t + \iint_{\Delta t CV}S_\phi\,\mathrm{d}V\mathrm{d}t$$

对于非稳态扩散问题，去掉对流项即可得

$$\int_{\Delta t}\frac{\partial}{\partial t}\int_{CV}(\rho\phi)\,\mathrm{d}V\mathrm{d}t = \iint_{\Delta t A}\boldsymbol{n}\cdot(\Gamma\mathrm{grad}\phi)\,\mathrm{d}A\mathrm{d}t + \iint_{\Delta t CV}S_\phi\,\mathrm{d}V\mathrm{d}t \qquad (8\text{-}27)$$

8.1.3.1 一维非稳态扩散问题

典型一维非稳态导热问题的控制微分方程为：

$$\rho c\frac{\partial T}{\partial t} = \frac{\partial}{\partial x}\left(\lambda\frac{\partial T}{\partial x}\right) + S \qquad (8\text{-}28)$$

式中，T 为温度；t 为时间；c 为物体的比热容，$\mathrm{J/(kg\cdot K)}$。

节点划分和控制容积如图 8-5 所示。将式（8-28）在控制容积和时间段上进行积分：

$$\int_t^{t+\Delta t}\int_{CV}\rho c\frac{\partial T}{\partial t}\mathrm{d}V\mathrm{d}t = \int_t^{t+\Delta t}\int_{CV}\frac{\partial}{\partial x}\left(\lambda\frac{\partial T}{\partial x}\right)\mathrm{d}V\mathrm{d}t + \int_t^{t+\Delta t}\int_{CV}S\mathrm{d}V\mathrm{d}t \qquad (8\text{-}29)$$

$$\int_{CV}\left(\int_t^{t+\Delta t}\rho c\frac{\partial T}{\partial t}\mathrm{d}t\right)\mathrm{d}V = \int_t^{t+\Delta t}\left[\left(\lambda A\frac{\partial T}{\partial x}\right)_e - \left(\lambda A\frac{\partial T}{\partial x}\right)_w\right]\mathrm{d}t + \int_t^{t+\Delta t}\bar{S}\Delta V\mathrm{d}t \qquad (8\text{-}30)$$

式中，A 为控制体的横截面面积；ΔV 为控制体的体积，$\Delta V = A\Delta x$；Δx 为控制体的宽度，$\Delta x = \delta x_{we}$，是网格长度或步长；$\bar{S}$ 为 S 在控制容积内的平均值。

假定在节点处的温度 T_P 能代表整个控制容积的温度，则对非稳态项进行如下处理：

$$\frac{\partial T}{\partial t} = \frac{T_P - T_P^0}{\Delta t} \qquad (8\text{-}31)$$

式中，T_P^0 为 t 时刻的温度；T_P 为当前时刻 $t + \Delta t$ 的节点温度。

式（8-31）为对时间的一阶向后差分。非稳态项在控制容积上的积分可写为：

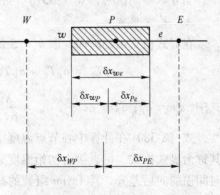

图 8-5 控制体积

$$\int_{CV} \left(\int_t^{t+\Delta t} \rho c\, \frac{\partial T}{\partial t}\mathrm{d}t \right) \mathrm{d}V = \rho c (T_P - T_P^0)\Delta V \tag{8-32}$$

对空间上的积分采用中心差分，则式（8-30）可写为：

$$\rho c (T_P - T_P^0)\Delta V = \int_t^{t+\Delta t} \left(\lambda_e A\, \frac{T_E - T_P}{\delta x_{PE}} - \lambda_w A\, \frac{T_P - T_W}{\delta x_{WP}} \right)\mathrm{d}t + \int_t^{t+\Delta t} \bar{S}\Delta V \mathrm{d}t \tag{8-33}$$

为计算从 t 时刻到 $t+\Delta t$ 时刻的节点的温度，引入一个权系数 $\theta(0 \leqslant \theta \leqslant 1)$，并定义：

$$I_T = \int_t^{t+\Delta t} T_P \mathrm{d}t = \left[\theta T_P + (1-\theta) T_P^0 \right] \tag{8-34}$$

对 T_W，T_E 均采用式（8-34）的方法计算，代入式（8-33），在等号两边同时除以 $A\Delta t$，得

$$\rho c\, \frac{T_P - T_P^0}{\Delta t}\Delta x$$

$$= \theta\left(\lambda_e\, \frac{T_E - T_P}{\delta x_{PE}} - \lambda_w\, \frac{T_P - T_W}{\delta x_{WP}} \right) + (1-\theta)\left(\lambda_e\, \frac{T_E^0 - T_P^0}{\delta x_{PE}} - \lambda_w\, \frac{T_P^0 - T_W^0}{\delta x_{WP}} \right) + \bar{S}\Delta x \tag{8-35}$$

整理，得

$$\left[\rho c\, \frac{\Delta x}{\Delta t} + \theta\left(\frac{\lambda_e}{\delta x_{PE}} + \frac{\lambda_w}{\delta x_{WP}} \right) \right] T_P$$

$$= \frac{\lambda_e}{\delta x_{PE}}\left[\theta T_E + (1-\theta) T_E^0 \right] + \frac{\lambda_w}{\delta x_{WP}}\left[\theta T_W + (1-\theta) T_W^0 \right] +$$

$$\left[\rho c\, \frac{\Delta x}{\Delta t} - (1-\theta)\, \frac{\lambda_e}{\delta x_{PE}} - (1-\theta)\, \frac{\lambda_w}{\delta x_{WP}} \right] T_P^0 + \bar{S}\Delta x \tag{8-36}$$

记 $a_W = \dfrac{\lambda_w}{\delta x_{WP}}$，$a_E = \dfrac{\lambda_e}{\delta x_{PE}}$，$b = \bar{S}\Delta x$，$a_P^0 = \rho c\, \dfrac{\Delta x}{\Delta t}$，$a_P = a_P^0 + \theta(a_W + a_E)$，则式（8-36）可写为：

$$a_P T_P = a_E \left[\theta T_E + (1-\theta) T_E^0 \right] + a_W \left[\theta T_W + (1-\theta) T_W^0 \right] +$$

$$\left[a_P^0 - (1-\theta) a_W - (1-\theta) a_E \right] T_P^0 + b \tag{8-37}$$

当 θ 取不同值时，式（8-37）可得到不同性质的离散方程。

A　显式格式

在显式格式中，$\theta = 0$，取 $b = \bar{S}\Delta x = S_u + S_P T_P^0$，代入式（8-37）得

$$a_P T_P = a_E T_E^0 + a_W T_W^0 + \left[a_P^0 - (a_E + a_W - S_P) \right] T_P^0 + S_u \tag{8-38}$$

式中，$a_P = a_P^0$；$a_P^0 = \rho c\, \dfrac{\Delta x}{\Delta t}$；$a_W = \dfrac{\lambda_w}{\delta x_{WP}}$；$a_E = \dfrac{\lambda_e}{\delta x_{PE}}$。

式（8-38）在计算中心节点温度 T_P 时，只用到了上一时刻的 T_W，T_E，T_P 的值，因此其称为显式格式，可直接由初始温度分布计算出其他时刻的温度分布。此格式由于采用了时间项的向后差分，其 Taylor 级数的截断误差为一阶。稳定性要求所有节点温度的系数应为正。因此，必须满足式（8-39）。

$$a_P^0 - (a_E + a_W - S_P) > 0 \tag{8-39}$$

因 $S_P < 0$（见后 8.2.3 节离散格式的性质），有

$$a_P^0 - (a_E + a_W) > 0$$

当 λ 为常数，且采用均匀网格时，$\delta x_{PE} = \delta x_{WP} = \Delta x$。因此，有

$$\rho c \frac{\Delta x}{\Delta t} - \frac{\lambda}{\Delta x} - \frac{\lambda}{\Delta x} > 0$$

所以

$$\Delta t < \rho c \frac{\Delta x^2}{2\lambda} \tag{8-40}$$

式（8-40）为显式格式的稳定性条件。由此可知，当采用显式格式计算时，如果希望采用较小的空间步长以取得更为精确的结果，则时间步长将非常小，这将使得计算时间很长。因此，一般不推荐显式格式。

B Crank-Nicolson 格式（半隐格式）

令 $\theta = 0.5$，代入式（8-37），得

$$a_P T_P = a_E \frac{T_E + T_E^0}{2} + a_W \frac{T_W + T_W^0}{2} + \left[a_P^0 - \left(\frac{a_E + a_W}{2} \right) \right] T_P^0 + b \tag{8-41}$$

式中，$a_P = \frac{a_W + a_E}{2} + a_P^0 - \frac{S_P}{2}$；$a_P^0 = \rho c \frac{\Delta x}{\Delta t}$；$a_W = \frac{\lambda_w}{\delta x_{WP}}$；$a_E = \frac{\lambda_e}{\delta x_{PE}}$；$b = S_u + \frac{S_P T_P^0}{2}$。

式（8-41）在计算 T_P 时，不仅用到了上一时刻的 T_W，T_E，T_P 的值，也同时用到了当前时刻的 T_W，T_E 的值（未知）。因此，其不能直接计算出结果，必须在每个时刻联立求解所有节点的离散方程才能得到结果，所以属于隐式格式。此格式被称为 Crank-Nicolson 格式，是一种半隐格式。

为保证计算结果在物理上的真实性和有界性，式（8-41）中各节点温度的系数须为正，因此有 $a_P^0 - \left(\frac{a_E + a_W}{2} \right) > 0$，即

$$\Delta t < \rho c \frac{\Delta x^2}{\lambda} \tag{8-42}$$

Crank-Nicolson 格式的稳定性条件与显式格式比，并没有很大的改善，但此格式采用的是中心差分（对时间项），其截差为二阶，精度比显式格式好。

C 全隐式格式

令 $\theta = 1$，代入式（8-37），得

$$a_P T_P = a_E T_E + a_W T_W + a_P^0 T_P^0 + S_u \tag{8-43}$$

式中，$a_P = a_W + a_E + a_P^0 - S_P$；$a_P^0 = \rho c \frac{\Delta x}{\Delta t}$；$a_W = \frac{\lambda_w}{\delta x_{WP}}$；$a_E = \frac{\lambda_e}{\delta x_{PE}}$。

式（8-43）在计算当前温度 T_P 时，用到了当前时刻的 T_W，T_E 的值（未知）。因此，它是全隐格式。在每个时刻，必须对所有节点的离散方程同时求解，才能得到各节点的温度值，给定一个初始值，就可以逐时计算。式（8-43）中所有节点温度的系数都是正值，因此它是无条件稳定的。但其精度是一阶（对时间项来说），所以要想提高计算精度，必须采用较小的步长。全隐式格式一般被推荐作为非稳态问题的格式。

8.1.3.2 多维非稳态扩散问题

三维非稳态问题的控制微分方程为：

$$\rho c \frac{\partial \phi}{\partial t} = \frac{\partial}{\partial x}\left(\Gamma \frac{\partial \phi}{\partial x}\right) + \frac{\partial}{\partial y}\left(\Gamma \frac{\partial \phi}{\partial y}\right) + \frac{\partial}{\partial z}\left(\Gamma \frac{\partial \phi}{\partial z}\right) + S \qquad (8\text{-}44)$$

其全隐离散方程为：

$$a_P \phi_P = a_E \phi_E + a_W \phi_W + a_S \phi_S + a_N \phi_N + a_B \phi_B + a_T \phi_T + a_P^0 \phi_P^0 + S_u \qquad (8\text{-}45)$$

式中，$a_P = a_W + a_E + a_S + a_N + a_B + a_T + a_P^0 - S_P$；$a_P^0 = \rho c \frac{\Delta x}{\Delta t}$；$a_W = \frac{\Gamma_w A_w}{\delta x_{WP}}$；$a_E = \frac{\Gamma_e A_e}{\delta x_{PE}}$；$a_S = \frac{\Gamma_s A_s}{\delta y_{SP}}$；$a_N = \frac{\Gamma_n A_n}{\delta y_{PN}}$；$a_B = \frac{\Gamma_b A_b}{\delta y_{BP}}$；$a_T = \frac{\Gamma_t A_t}{\delta y_{PT}}$。

在不同情况下的控制容积各界面面积计算，见表 8-1。

表 8-1 控制容积各界面面积计算

控制容积　　空间维数	一　维	二　维	三　维
$A_w = A_e$	1	Δy	$\Delta y \Delta z$
$A_n = A_s$	—	Δx	$\Delta x \Delta z$
$A_b = A_t$	—	—	$\Delta x \Delta y$

8.1.4 线性方程组的求解

线性方程组的求解方法有很多种，如高斯消去法（包括主元的消去法）、Jacobi 迭代法等。对一维稳态问题有限体积法离散得到的节点方程组通常都是三对角方程组，如文献〔8〕4.1 节中的离散方程组（7），改写如下：

$$\begin{cases} 30T_1 - 10T_2 = 20T_A \\ -10T_1 + 20T_2 - 10T_3 = 0 \\ -10T_2 + 20T_3 - 10T_4 = 0 \\ -10T_3 + 20T_4 - 10T_5 = 0 \\ -10T_4 + 30T_5 = 20T_B \end{cases}$$

改写成矩阵的形式为：

$$\begin{bmatrix} 30 & -10 & 0 & 0 & 0 \\ -10 & 20 & -10 & 0 & 0 \\ 0 & -10 & 20 & -10 & 0 \\ 0 & 0 & -10 & 20 & -10 \\ 0 & 0 & 0 & -10 & 30 \end{bmatrix} \begin{bmatrix} T_1 \\ T_2 \\ T_3 \\ T_4 \\ T_5 \end{bmatrix} = \begin{bmatrix} 20T_A \\ 0 \\ 0 \\ 0 \\ 20T_B \end{bmatrix}$$

可见，按有限体积法进行离散后的方程组，除当前节点和其相邻节点的系数外，其余都为零。边界条件或源项的影响体现在右端项。在求解这样的方程组时，可以用更为经济的方法，即 TDMA（Tri-Diagonal Matrix Algorithm）算法。

8.1.4.1 TDMA 算法

三角方程一般形式为：

$$- \beta_j \phi_{j-1} + D_j \phi_j - \alpha_j \phi_{j+1} = C_j \tag{8-46}$$

在边界节点，$\beta_1 = 0$，$\alpha_N = 0$，N 为节点总数。由式（8-46）可逐点写出节点计算公式，依次消去前一个节点的 ϕ，最后可推导出如下递推式：

$$\phi_j = A_j \phi_{j+1} + C'_j \tag{8-47}$$

其中

$$\begin{cases} A_j = \dfrac{\alpha_j}{D_j - \beta_j A_{j-1}} \\ C'_j = \dfrac{\beta_j C'_{j-1} + C_j}{D_j - \beta_j A_{j-1}} \end{cases} \tag{8-48}$$

取 $A_0 = 0$，$C'_0 = 0$，$A_N = 0$，$C'_N = \phi_N$。由式（8-47）可向回一直计算到第一个节点。计算过程如下：

（1）用式（8-48）计算出系数 A_j，C'_j。

（2）令 $\phi_N = C'_N$。

（3）用式（8-48）依次回代，计算 ϕ_{N-1}, ϕ_{N-2}, $\cdots$, ϕ_1。

对于二维问题，离散方程为：

$$a_P \phi_P = a_E \phi_E + a_W \phi_W + a_S \phi_S + a_N \phi_N + b \tag{8-49}$$

用 TDMA 算法计算时，必须首先选定计算的网格线。如首先沿 $N\text{-}S$ 方向进行计算，把离散方程改写为：

$$- a_S \phi_S + a_P \phi_P - a_N \phi_N = a_E \phi_E + a_W \phi_W + b \tag{8-50}$$

假设式（8-50）右端的量均已知，与式（8-46）对比，得

$$\alpha_j = a_N, \beta_j = a_S, D_j = a_P, C_j = a_E \phi_E + a_W \phi_W + b \tag{8-51}$$

计算时沿着 $N\text{-}S$ 方向，即 $j = 2, 3, 4, \cdots$ 逐点计算，沿 $N\text{-}S$ 方向逐行计算。$W\text{-}E$ 方向成为扫描方向（即先在 i 时计算完所有 j 点，再到下一个 $i+1$ 点计算所有 j 点，因而是从 $W\text{-}E$ 扫描）。从 $W\text{-}E$ 逐行扫描过程，W 点的值均已知，而 E 点的值均未知，因此计算过程需要迭代。迭代开始时可取一个给定的 ϕ_E，如 $\phi_E = 0$，在每次迭代循环中，ϕ_E 取上次迭代的值，这样逐行计算若干次后可得到收敛值。

图 8-6 为二维 TDMA 算法扫描方向。当离散方程 j 方向的系数远大于 i 方向的系数时，对 j 方向应用 TDMA 算法收敛比较快。当有对流时，扫描方向为从上游到下游的收敛速度比按相反方向扫描的收敛速度要快。

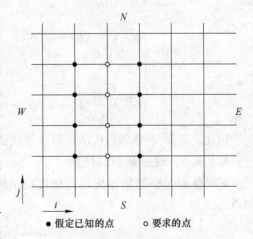

图 8-6　二维 TDMA 算法扫描方向

8.1.4.2 迭代法

A 简单迭代法（Jacobi 迭代）

设节点差分方程的形式为：

$$\begin{cases} a_{11}\phi_1 + a_{12}\phi_2 + \cdots + a_{1j}\phi_j + \cdots + a_{1n}\phi_n = b_1 \\ a_{21}\phi_1 + a_{22}\phi_2 + \cdots + a_{2j}\phi_j + \cdots + a_{2n}\phi_n = b_2 \\ \vdots \\ a_{n1}\phi_1 + a_{n2}\phi_2 + \cdots + a_{nj}\phi_j + \cdots + a_{nn}\phi_n = b_n \end{cases} \tag{8-52}$$

式中，a_{ij}，b_i 为常数，且 $a_{ii} \neq 0$。

将方程组改写为显函数的形式为：

$$\begin{cases} \phi_1 = \dfrac{1}{a_{11}}(b_1 - a_{12}\phi_2 - \cdots - a_{1j}\phi_j - \cdots - a_{1n}\phi_n) \\[2mm] \phi_2 = \dfrac{1}{a_{21}}(b_2 - a_{21}\phi_1 - \cdots - a_{2j}\phi_j - \cdots - a_{2n}\phi_n) \\[2mm] \vdots \\[2mm] \phi_n = \dfrac{1}{a_{nn}}(b_n - a_{n1}\phi_1 - \cdots - a_{nj}\phi_j - \cdots - a_{n(n-1)}\phi_{n-1}) \end{cases} \tag{8-53}$$

规定经过 k 次迭代得到的节点 i 的 ϕ 值表示为 ϕ_i^k，则收敛准则为：

$$\max |\phi_i^k - \phi_i^{k-1}| < \varepsilon \quad \text{或} \quad \max \left| \frac{\phi_i^k - \phi_i^{k-1}}{\phi_i^k} \right| < \varepsilon \tag{8-54}$$

B 高斯-塞德尔迭代法（Gauss-Seidel）

高斯-塞德尔迭代法与简单迭代法的主要区别为在迭代过程中总使用最新算出的数据，即

$$\begin{cases} \phi_1^1 = \dfrac{1}{a_{11}}(b_1 - a_{12}\phi_2^0 - \cdots - a_{1j}\phi_j^0 - \cdots - a_{1n}\phi_n^0) \\[2mm] \phi_2^1 = \dfrac{1}{a_{21}}(b_2 - a_{21}\phi_1^1 - \cdots - a_{2j}\phi_j^0 - \cdots - a_{2n}\phi_n^0) \\[2mm] \vdots \\[2mm] \phi_n^1 = \dfrac{1}{a_{nn}}(b_n - a_{n1}\phi_1^1 - \cdots - a_{nj}\phi_j^0 - \cdots - a_{n(n-1)}\phi_{n-1}^1) \end{cases} \tag{8-55}$$

因此，高斯-塞德尔迭代法比简单迭代法收敛快。

8.1.4.3 超松弛和欠松弛

超松弛和欠松弛是加快迭代速度的措施。对式（8-56）形式的方程进行改写得到式（8-57）。

$$a_P\phi_P = \Sigma a_{nb}\phi_{nb} + b \tag{8-56}$$

式中，下标 nb 表示所有相邻节点。

$$\phi_P = \phi_P^* + \left(\frac{\Sigma a_{nb}\phi_{nb} + b}{a_P} - \phi_P^* \right) \tag{8-57}$$

式中，ϕ_P^* 为上一次迭代计算出的值；括号内的部分表示本次迭代的 ϕ_P 与上一次迭代的 ϕ_P^* 的差。引入一个松弛因子 α，令

$$\phi_P = \phi_P^* + \alpha \left(\frac{\Sigma a_{nb}\phi_{nb} + b}{a_P} - \phi_P^* \right) \tag{8-58}$$

当迭代收敛时，式（8-58）满足 $\phi_P = \phi_P^*$，即式（8-58）满足式（8-57）。当松弛因子 α 为 $0 \sim 1$ 时，为欠松弛或亚松弛（SUR）；当 $\alpha > 1$ 时，为超松弛（SQR）。对不同的问题，最佳松弛因子需要通过计算来确定。

除上述基本方法外，还有块修正法、交替方向迭代法、PDMA 算法等可加速迭代。

8.2 对流—扩散问题的有限体积法

稳态的对流—扩散问题的守恒方程为：

$$\text{div}(\rho U\phi) = \text{div}(\Gamma \text{grad}\phi) + S_\phi \tag{8-59}$$

式（8-59）代表着在一个控制容积内的通量的平衡，等号左侧为净对流通量，右侧为净扩散通量和净生成量。

对流项离散的主要问题是在控制容积边界面上 ϕ 的计算，以及通过边界面的对流量的计算，本节主要讨论 ϕ 值在有对流时的处理方法。在本节中，假定流场已知，ϕ 为非速度的其他变量，有关流场的计算方法见以后章节。

中心差分格式适用于扩散问题，因而在扩散问题中 ϕ 在各个方向上沿着其梯度方向均受扩散作用的影响，而对流作用只影响 ϕ 在流动方向上的分布。稳态时的对流—扩散问题，如果采用中心差分格式，则对网格的大小有严格的要求。

8.2.1 一维稳态对流—扩散问题的有限体积法

考虑一维无源项的稳态对流—扩散问题：

$$\frac{\mathrm{d}}{\mathrm{d}x}(\rho\phi u) = \frac{\mathrm{d}}{\mathrm{d}x}\left(\Gamma \frac{\mathrm{d}\phi}{\mathrm{d}x} \right) \tag{8-60}$$

流动过程同时必须满足连续性方程：

$$\frac{\mathrm{d}}{\mathrm{d}x}(\rho u) = 0 \tag{8-61}$$

如图 8-7 所示，为一维对流—扩散问题的控制容积。对式（8-60）在控制容积上积分，得

$$(\rho uA\phi)_e - (\rho uA\phi)_w = \left(\Gamma A \frac{\mathrm{d}\phi}{\mathrm{d}x} \right)_e - \left(\Gamma A \frac{\mathrm{d}\phi}{\mathrm{d}x} \right)_w \tag{8-62}$$

由连续性方程可知 $(\rho uA)_e - (\rho uA)_w = 0$。记

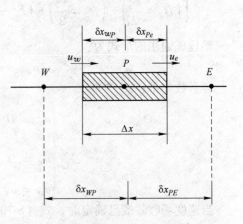

图 8-7 一维对流—扩散问题的控制容积

$F = \rho u$, $D = \dfrac{\Gamma}{\delta x}$。$F$ 是一个与对流有关的参数，D 是一个与扩散有关的参数。在控制容积的 w 和 e 界面上，F 和 D 分别为：

$$F_w = (\rho u)_w,\ F_e = (\rho u)_e;\ D_w = \frac{\Gamma_w}{\delta x_{WP}},\ D_e = \frac{\Gamma_e}{\delta x_{PE}} \tag{8-63}$$

当 $A_e = A_w$ 时，对扩散项采用中心差分，则对流—扩散积分方程（8-62）可写为：

$$F_e \phi_e - F_w \phi_w = D_e(\phi_E - \phi_P) - D_w(\phi_P - \phi_W) \tag{8-64}$$

由连续方程得

$$F_e = F_w \tag{8-65}$$

假定流场已知，欲求解式（8-64），需要先计算出在 w 和 e 界面上的 ϕ 值。对控制容积界面上的 ϕ 值的处理是建立格式的核心。

8.2.2　中心差分格式

对于均匀网格，ϕ 在控制容积界面上的值用相邻两个节点值的平均计算：

$$\begin{cases} \phi_w = \dfrac{\phi_W + \phi_P}{2} \\[2mm] \phi_e = \dfrac{\phi_E + \phi_P}{2} \end{cases} \tag{8-66}$$

将式（8-66）代入式（8-64）得

$$F_e \frac{\phi_E + \phi_P}{2} - F_w \frac{\phi_W + \phi_P}{2} = D_e(\phi_E - \phi_P) - D_w(\phi_P - \phi_W)$$

整理，得

$$\left[\left(D_w - \frac{F_w}{2} \right) + \left(D_e + \frac{F_e}{2} \right) \right] \phi_P = \left(D_w + \frac{F_w}{2} \right) \phi_W + \left(D_e - \frac{F_e}{2} \right) \phi_E \tag{8-67}$$

为了得到更通用的表达式，将式（8-67）改写为：

$$\left[\left(D_w + \frac{F_w}{2} \right) + \left(D_e - \frac{F_e}{2} \right) + (F_e - F_w) \right] \phi_P = \left(D_w + \frac{F_w}{2} \right) \phi_W + \left(D_e - \frac{F_e}{2} \right) \phi_E \tag{8-68}$$

整理成通用的形式为：

$$a_P \phi_P = a_E \phi_E + a_W \phi_W \tag{8-69}$$

各系数如下：

$$\begin{cases} a_W = D_w + \dfrac{F_w}{2} \\[2mm] a_E = D_e - \dfrac{F_e}{2} \\[2mm] a_P = a_W + a_E + (F_e - F_w) \end{cases} \tag{8-70}$$

当速度场收敛或已确定时，式（8-70）中 $F_e = F_w$，但当速度场仍在迭代中时，$F_e \neq F_w$。

稳态对流—扩散方程和纯扩散问题的离散方程具有相同的形式，其区别在于系数 (a_P, a_W, a_E) 表达式不同。纯扩散问题的离散方程中的系数与扩散有关，而对流—扩散问题的离散方程的系数同时与对流有关。

中心差分格式在扩散问题中，精度较高，收敛性也较好。但当有对流时，对控制容积界面处的输运量 ϕ 如果采用相邻两节点的平均计算值，在一定条件下将出现不合理的结果。

8.2.3 离散格式的性质

在数学上，一个离散格式必须要引起很小的误差（包括离散误差和舍入误差）才能收敛于精确解，即要求离散格式必须要稳定或网格必须满足稳定性条件。在物理上，离散格式所计算出的解必须要有物理意义，对于得到物理上不真实的解的离散方程，其数学上精度再高也没有价值。通常，离散方程的误差都是因离散而引起，当网格步长无限小时，各种误差都会消失。然而，在实际计算中，考虑到经济性（计算时间和所占的内存）都只能用有限个控制容积进行离散。因此，格式需要满足一定的物理性质，计算结果才能令人满意。其中，主要的物理性质包括：守恒性、有界性和迁移性。

（1）守恒性。所谓守恒，就是说通过一个控制容积的界面离开该控制容积、进入相邻的控制容积的某通量相等。为保证在整个求解域上的每个控制容积上的某通量守恒，通过相同的界面该通量的表达式应有相同的形式。

以一维稳态无内热源扩散问题为例说明守恒性的概念。以5个节点为例，图8-8所示，从外界进入和离开该物体的总通量为 $q_1 - q_5$，它和在所有控制容积上进、出通量的总和相等。

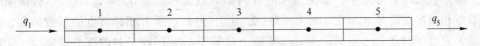

图 8-8　一维稳态无内热源扩散问题示意图

对于控制容积1，进入和离开它的通量为：$q_1 - \Gamma_{1e} \dfrac{\phi_2 - \phi_1}{\delta x}$。

对于控制容积2，进入和离开它的通量为：$\Gamma_{2w} \dfrac{\phi_2 - \phi_1}{\delta x} - \Gamma_{2e} \dfrac{\phi_3 - \phi_2}{\delta x}$。

对于控制容积3，进入和离开它的通量为：$\Gamma_{3w} \dfrac{\phi_3 - \phi_2}{\delta x} - \Gamma_{3e} \dfrac{\phi_4 - \phi_3}{\delta x}$。

对于控制容积4，进入和离开它的通量为：$\Gamma_{4w} \dfrac{\phi_4 - \phi_3}{\delta x} - \Gamma_{4e} \dfrac{\phi_5 - \phi_4}{\delta x}$。

对于控制容积5，进入和离开它的通量为：$\Gamma_{5w} \dfrac{\phi_5 - \phi_4}{\delta x} - q_5$。

离开1的 e 界面的通量等于进入2的 w 界面的通量，即 $\Gamma_{1e} \dfrac{\phi_2 - \phi_1}{\delta x} = \Gamma_{2w} \dfrac{\phi_2 - \phi_1}{\delta x}$，同

样，可对 2，3，4，5 的相邻界面依次类推。把 5 个控制容积上通量平衡相加，得总的平衡关系为：

$$q_1 - \Gamma_{1e}\frac{\phi_2 - \phi_1}{\delta x} + \Gamma_{2w}\frac{\phi_2 - \phi_1}{\delta x} - \Gamma_{2e}\frac{\phi_3 - \phi_2}{\delta x} + \Gamma_{3w}\frac{\phi_3 - \phi_2}{\delta x} - \Gamma_{3e}\frac{\phi_4 - \phi_3}{\delta x} +$$

$$\Gamma_{4w}\frac{\phi_4 - \phi_3}{\delta x} - \Gamma_{4e}\frac{\phi_5 - \phi_4}{\delta x} + \Gamma_{5w}\frac{\phi_5 - \phi_4}{\delta x} - q_5 = q_1 - q_5 \tag{8-71}$$

可见，当对控制容积界面通量都以相同的表达式来计算时，则在所有控制容积上求和可以互相消去，总的平衡关系式和从外界进入和离开该物体的总通量物理上守恒。

用有限体积法建立离散方程时，在下列条件下满足守恒要求：

1）微分方程具有守恒形式。

2）在同一界面上各物理量及一阶导数连续。此处的连续指从界面两侧的两个控制容积写出的该界面上的某量的值相等。

满足守恒性的离散方程不仅使计算结果与原问题在物理上保持一致，还可以使对任意体积（由许多个控制容积构成的计算区域）的计算结果具有对计算区域取单个控制容积上的格式所估计的误差。

（2）有界性。当所有节点离散得到一组方程组通常由迭代法求解。迭代法收敛的充分条件为：

$$\begin{cases} \dfrac{\sum |a_{nb}|}{|a_P'|} \leqslant 1 & \text{（在所有节点）} \\[4mm] \dfrac{\sum |a_{nb}|}{|a_P'|} < 1 & \text{（至少有一个节点）} \end{cases} \tag{8-72}$$

式中，a_P' 为节点的 P 净系数，如无源项时在内部节点实际就是 $a_P = \sum |a_{nb}|$，有源项时在内部节点和边界点就是 $a_P' = \sum |a_{nb}| - S_P$；$\sum |a_{nb}|$ 为 P 点所有相邻节点的系数的和，对一维问题，无源项时 $\sum |a_{nb}| = a_W + a_E$，实际上就等于 a_P。因此，对内部节点来说，无源项时该收敛条件取 "="，有源项时该收敛条件取 "<"，而对边界节点必须要取 "<"。

若离散格式产生的各节点系数能够满足上面的收敛条件，则离散方程组的节点系数矩阵为对角占优的，从而保证能收敛。为保证离散方程组的节点系数矩阵对角占优，对源项的线性化处理应保证使 S_P 取负值（S_P 取负值，则 $a_P' = \sum |a_{nb}| - S_P > \sum |a_{nb}|$，从而保证了在边界节点满足收敛条件取 "<"）。

对角占优是满足有界性的特征。对于有界性的必要条件是：离散方程的各系数应有相同的符号，一般为正。

如果离散格式不满足有界性条件，则其解可能不会收敛，若收敛，则可能会振荡。

（3）迁移性。迁移性和流动的方向性有关。如果把一滴墨水滴在一盆静止的水中，过一段时间，在该滴墨水的周围均匀地散开、稀释，这是纯扩散现象。即在某一点的某个量，如墨水的浓度，其影响所有相邻区域，即扩散过程可以把发生在某一点的扰动向各个方向传递。假如把该滴墨水滴到一个流动的水槽中，则墨水主要沿流动方向（下游）散开，流速越大，则墨水向下游输运得越快，而上游受到影响越小。这就是对流的影响，即迁移性。对流过程只能把发生在某一点的扰动向下游方向传递，而不会向上游传递。

在对流—扩散问题中，引入一个控制容积的 Peclet 数，它表征对流与扩散的相对大小：

$$Pe = \frac{F}{D} = \frac{\rho u}{\Gamma / \delta x} \tag{8-73}$$

如图 8-9 所示，一般 Pe 是一个有限值：

1）$Pe = 0$，即纯扩散，无对流。此时，某个量 ϕ 在各个方向均匀扩散（等值线为圆形），P 点 ϕ 的大小同时受 W 和 E 点 ϕ 的影响。

2）$Pe = \infty$，即纯对流，无扩散。此时，由 P 点发出的 ϕ 依靠流体微团的宏观移动（对流）沿流向 E 点传输，节点 E 处的 ϕ 只受上游节点 P 点 ϕ 的影响，且 $\phi_E = \phi_P$。在高 Pe 条件下，对控制容积界面 ϕ 的处理则应该取其上游节点处的值，而不应取其上、下游节点的某种平均。

3）当 Pe 为有限大小时，对流和扩散同时影响一个节点的上、下游相邻节点。随着 Pe 的增加，下游受的影响逐渐增大，而上游受的影响逐渐变小。

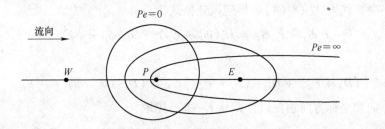

图 8-9 对流—扩散相对大小示意图

（4）中心差分格式也具有守恒性、有界性和迁移性：

1）守恒性。对流—扩散问题的中心差分格式满足守恒性。

2）有界性。按有界性的充分、必要条件考察如下：

① 离散方程内部节点见式（8-72）$\frac{\sum |a_{nb}|}{|a'_P|} < 1$。由连续性方程 $F_e = F_w$ 知 $a_P = a_W + a_E = \sum |a_{nb}|$，在所有内部节点满足收敛条件。

② 由必要条件知：假设 $F_w > 0$，$F_e > 0$，如果系数 $a_E = D_e - \frac{F_e}{2} > 0$，则 $\frac{F_e}{D_e} = Pe_e < 2$，从而满足有界性的必要条件。如果 $Pe > 2$，则 a_E 为负数，不符合有界性的必要条件。

3）迁移性。由于该格式在计算 P 点对流和扩散通量时考虑到了对各个方向的相邻节点的影响，而没有考虑到对流与扩散的相对大小。因此，在高 Pe 时不满足迁移性要求。

中心差分格式的截断误差为 2 阶，精度较高，但有条件地满足有界性，当 $Pe = \frac{F}{D} < 2$ 时稳定。对给定的流体 ρ 和 Γ，Pe 取决于流速 u 和网格步长 δx。$Pe < 2$ 时，则要求 u 和 δx 很小。因此，其有一定的局限性。

8.2.4 迎风格式

中心差分格式的缺点是它不能识别流动的方向，控制容积界面上的 ϕ 值取相邻上、下

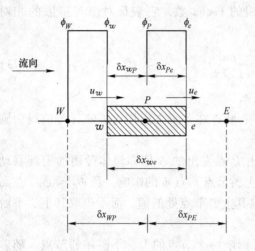

图 8-10　迎风格式处理方程

游节点的平均值。当对流作用较强时，这样的处理就与其物理特征（某点的 ϕ 值受上游的影响，而不受下游的影响）不一致了。迎风格式（Upwind Differencing Scheme）在确定控制容积界面上的 ϕ 值时就考虑了流动的方向性，其思想为：在控制容积界面上对流项的 ϕ 取上游节点处的值，称之为第二类迎风格式。

如图 8-10 所示，流动方向和空间坐标方向同向，即为从 $W{\to}E$，一维对流—扩散问题的微分方程在控制容积上积分后为式（8-64）。根据迎风格式的处理思想，即在控制容积界面上对流项的 ϕ 取其上游节点处的值：

$$\phi_w = \phi_W, \quad \phi_e = \phi_P \qquad (8\text{-}74)$$

将式（8-74）代入式（8-64），得迎风差格式为：

$$F_e\phi_P - F_w\phi_W = D_e(\phi_E - \phi_P) - D_w(\phi_P - \phi_W)$$

整理得：

$$[(D_w + F_w) + D_e + (F_e - F_w)]\phi_P = (D_w + F_w)\phi_W + D_e\phi_E \qquad (8\text{-}75)$$

若流动方向和坐标方向相反以，即从 $E{\to}W$，则取：

$$\phi_w = \phi_P, \quad \phi_e = \phi_E \qquad (8\text{-}76)$$

将式（8-76）代入式（8-64），经整理得迎风差格式为：

$$[D_w + (D_e - F_e) + (F_e - F_w)]\phi_P = D_w\phi_W + (D_e - F_e)\phi_E \qquad (8\text{-}77)$$

此时的速度 u 取负值，因此 F_e 也为负值，则 $D_e - F_e$ 为正值。

以各节点关系，可写成以下通用形式：

$$a_P\phi_P = a_E\phi_E + a_W\phi_W \qquad (8\text{-}78)$$

式中，$a_P = a_W + a_E + (F_e - F_w)$，当流动方向为 $W{\to}E$ 时：$a_W = D_w + F_w$，$a_E = D_e$；当流动方向为 $E{\to}W$ 时：$a_W = D_w$，$a_E = D_e - F_e$。

迎风格式满足守恒性。离散方程的系数均为正，满足有界性条件，同时也满足迁移性要求。因此，它能够取得比较好的解，其主要缺点是精度较低，为一阶截断误差格式。此外，当流动方向和网格线不一致时计算误差较大，此时它的解类似于扩散问题，因而被称为伪扩散。

8.2.5　混合格式

中心差分格式精度较高，但不具有迁移性。迎风格式满足离散方程的 3 个性质要求，但精度较低。Spalding（1972 年）把这两种格式结合起来，提出了混合格式（Hybrid Differencing Scheme）：在 $Pe < 2$ 时应用具有二阶精度的中心差分格式，在 $Pe \geqslant 2$ 时应用迎风格式。

在每个控制容积上各界面的 Pe 数（如左侧界面上）表示如下：

$$Pe_w = \frac{F_w}{D_w} = \frac{(\rho u)_w}{\Gamma_w / \delta x_{WP}} \tag{8-79}$$

对单位面积穿过左侧界面的净通量（单位时间、单位面积上由对流和扩散同时引起的某一物理量的总转移量，如对满足式（8-60）的变量 ϕ，其净通量为 $q = \rho u \phi - \Gamma \dfrac{\mathrm{d}\phi}{\mathrm{d}x}$）的混合差分格式表示为：

$$q_w = F_w \left[\frac{1}{2}\left(1 + \frac{2}{Pe_w}\right)\phi_W + \frac{1}{2}\left(1 - \frac{2}{Pe_w}\right)\phi_P \right] \qquad -2 < Pe < 2 \tag{8-80}$$

$$q_w = F_w \phi_W \qquad Pe \geqslant 2 \tag{8-81}$$

$$q_w = F_w \phi_P \qquad Pe \leqslant -2 \tag{8-82}$$

式（8-80）～式（8-82）表明，混合格式的离散方程在低 Pe 时，对对流项和扩散项都采用了中心差分格式；在高 Pe 时，对对流项采用了迎风格式，而令扩散项为零。

对照通用形式：

$$a_P \phi_P = a_E \phi_E + a_W \phi_W \tag{8-83}$$

$$a_P = a_W + a_E + (F_e - F_w) \tag{8-84}$$

一维无源稳态对流—扩散问题混合差分格式各系数计算如下：

$$a_W = \max \left[F_w, \left(D_w + \frac{F_w}{2}\right), 0 \right] \tag{8-85}$$

$$a_E = \max \left[-F_e, \left(D_e - \frac{F_e}{2}\right), 0 \right] \tag{8-86}$$

当流动方向和坐标 x 同向时，u 为正，反之为负。

混合格式兼具中心差分格式和迎风差分格式的优点，具有守恒性、有界性和迁移性（高 Pe），其缺点是按 Taylor 级数展开后截断误差为一阶，精度不高。

8.2.6 幂指数格式

Patankar（1981 年）对一维问题提出了一种幂指数格式（Power-law Differencing Scheme），它比混合格式精度高。在该格式中，当 $Pe > 10$ 后，扩散项取零；当 $0 < Pe < 10$ 时，用一个多项式计算穿过控制容积界面的通量，如左侧单位面积的净通量计算如下：

$$q_w = F_w [\phi_W + \beta_w (\phi_P - \phi_W)] \qquad 0 < Pe < 10 \tag{8-87}$$

式中，$\beta_w = (1 - 0.1 Pe_w)^5 / Pe_w$。

$$q_w = F_w \phi_W \qquad Pe > 10 \tag{8-88}$$

对照通用格式：

$$a_P \phi_P = a_E \phi_E + a_W \phi_W \tag{8-89}$$

$$a_P = a_W + a_E + (F_e - F_w) \tag{8-90}$$

一维无源稳态对流—扩散问题幂指数格式各系数计算如下：

$$a_W = D_w \max[0, (1 - 0.1|Pe_w|^5) + \max[F_w, 0]] \tag{8-91}$$

$$a_E = D_e \max[0, (1 - 0.1|Pe_w|^5) + \max[-F_e, 0]] \tag{8-92}$$

幂指数格式的性质与混合格式类似，但精度更高。FLUENT4.2 曾取该格式为默认格式。

8.2.7　对流—扩散问题的高阶差分格式——QUICK 格式

QUICK（Quadratic Upstream Interpolation for Convective Kinetics）格式是 Leonard（1979年）提出的一个格式，采用上游三点加权的二次插值来计算控制界面容积界面上的 ϕ 值，即界面上的 ϕ 值由界面两侧的两个节点及其上游的另一个节点的二次插值来计算，如图 8-11 所示。

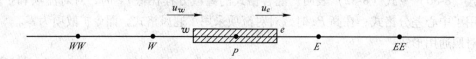

图 8-11　QUICK 相邻节点示意图

当 $u_w > 0$，$u_e > 0$ 时，控制容积的 w 界面的 ϕ 值由 P，W，WW 3 个节点来计算，e 界面的 ϕ 值由 P，E，W 3 个节点来计算。当 $u_w < 0$，$u_e < 0$ 时，控制容积的 w 界面的 ϕ 值由 P，W，E 3 个节点来计算，e 界面的 ϕ 值由 P，E，EE 3 个节点来计算。对于均匀网格，节点 i 和 $i-1$ 之间的界面处（记作 $i-1/2$）的 ϕ 值可按式（8-93）计算：

$$\phi_{i-1/2} = \frac{6}{8}\phi_{i-1} + \frac{3}{8}\phi_i - \frac{1}{8}\phi_{i-2} \tag{8-93}$$

因此，当 $u_w > 0$，$u_e > 0$ 时，对图 8-11 中的 w 和 e 界面 ϕ 值的 QUICK 格式计算式为：

$$\phi_w = \phi_W + \frac{1}{8}(3\phi_P - 2\phi_W - \phi_{WW}) = \frac{6}{8}\phi_W + \frac{3}{8}\phi_P - \frac{1}{8}\phi_{WW} \tag{8-94}$$

$$\phi_e = \phi_P + \frac{1}{8}(3\phi_E - 2\phi_P - \phi_W) = \frac{6}{8}\phi_P + \frac{3}{8}\phi_E - \frac{1}{8}\phi_W \tag{8-95}$$

此时，对流项采用式（8-94）、式（8-95）离散，扩散项采用中心差分格式离散，则 QUICK 格式的一维对流—扩散问题的离散方程为：

$$F_e\left(\frac{6}{8}\phi_P + \frac{3}{8}\phi_E - \frac{1}{8}\phi_W\right) - F_w\left(\frac{6}{8}\phi_W + \frac{3}{8}\phi_P - \frac{1}{8}\phi_{WW}\right) = D_e(\phi_E - \phi_P) - D_w(\phi_P - \phi_W) \tag{8-96}$$

整理成通用形式为：

$$a_P\phi_P = a_E\phi_E + a_W\phi_W + a_{WW}\phi_{WW} \tag{8-97}$$

其中

$$a_W = D_w + \frac{3}{8}F_w + \frac{1}{8}F_e$$

$$a_E = D_e - \frac{3}{8}F_e$$

$$a_{WW} = -\frac{1}{8}F_w$$

$$a_P = a_W + a_E + a_{WW} + (F_e - F_w) = D_w - \frac{3}{8}F_w + D_e + \frac{6}{8}F_e$$

当 $u_w < 0$，$u_e < 0$ 时，对图 8-11 中的 w 和 e 界面 ϕ 值的 QUICK 格式计算式为：

$$\phi_w = \phi_P + \frac{1}{8}(3\phi_W - 2\phi_P - \phi_E) = \frac{6}{8}\phi_P + \frac{3}{8}\phi_W - \frac{1}{8}\phi_E \qquad (8\text{-}98)$$

$$\phi_e = \phi_E + \frac{1}{8}(3\phi_P - 2\phi_E - \phi_{EE}) = \frac{6}{8}\phi_E + \frac{3}{8}\phi_P - \frac{1}{8}\phi_{EE} \qquad (8\text{-}99)$$

对流项采用式（8-98）、式（8-99）离散，扩散项采用中心差分格式离散，则 QUICK 格式的一维对流—扩散问题的离散方程为：

$$a_P\phi_P = a_E\phi_E + a_W\phi_W + a_{EE}\phi_{EE} \qquad (8\text{-}100)$$

其中

$$a_W = D_w + \frac{3}{8}F_w$$

$$a_E = D_e - \frac{6}{8}F_e - \frac{1}{8}F_w$$

$$a_{EE} = \frac{1}{8}F_e$$

$$a_P = a_W + a_E + a_{EE} + (F_e - F_w) = D_w - \frac{6}{8}F_w + D_e + \frac{3}{8}F_e$$

把式（8-97）和式（8-100）写成统一的形式：

$$a_P\phi_P = a_E\phi_E + a_W\phi_W + a_{WW}\phi_{WW} + a_{EE}\phi_{EE} \qquad (8\text{-}101)$$

其中

$$a_W = D_w + \frac{3}{8}\alpha_w F_w + \frac{1}{8}\alpha_e F_e + \frac{3}{8}(1 - \alpha_w)F_w \qquad (8\text{-}102)$$

$$a_E = D_e - \frac{3}{8}\alpha_e F_e - \frac{6}{8}(1 - \alpha_e)F_e - \frac{1}{8}(1 - \alpha_w)F_w \qquad (8\text{-}103)$$

$$a_{WW} = -\frac{1}{8}F_w, \quad a_{EE} = \frac{1}{8}F_e, \qquad (8\text{-}104)$$

$$a_P = a_W + a_E + a_{WW} + a_{EE} + (F_e - F_w)$$

$$= D_w - \frac{3}{8}F_w - \frac{3}{8}(1 - \alpha_w)F_w + D_e + \frac{3}{8}(1 + \alpha_e)F_e \qquad (8\text{-}105)$$

当 $u_w > 0$，$u_e > 0$ 时，$\alpha_w = 1$，$\alpha_e = 1$；当 $u_w < 0$，$u_e < 0$，$\alpha_w = 0$，$\alpha_e = 0$。

QUICK 格式满足守恒性，因为它在计算控制容积界面上的 ϕ 值都采用了相同形式的二次插值表达式。其 Taylor 级数截断误差具有三阶精度。此外，它满足迁移性和有界性的充分条件。

但考察其各节点系数时，会发现对于有界性的必要条件是有条件地满足的。例如式（8-102）、式（8-103），当 $u_w > 0$，$u_e > 0$ 时，$a_W = D_w + \frac{3}{8}F_w + \frac{1}{8}F_e > 0$，$a_E = D_e - \frac{3}{8}F_e$，

按有界性的必要条件，须 $a_E = D_e - \frac{3}{8}F_e > 0$。因此，有 $Pe_e = \frac{F_e}{D_e} < \frac{8}{3}$。所以，QUICK 格式是有条件的稳定。

此外，由于 QUICK 格式涉及 4 个相邻节点，因此其离散后的线性方程组的系数矩阵不是三角阵，TDMA 算法不能应用。

针对以上不足，许多研究人员对 QUICK 格式的表达式重新进行了整理，以保证它能满足有界性的必要条件，从而有更好的稳定性。其中，Hayase 等人（1992 年）做了如下的整理：对控制容积的 w 和 e 界面 ϕ 值的 QUICK 格式按式（8-94）、式（8-95）和式（8-98）、式（8-99）进行修改：

当 $u_w > 0$，$u_e > 0$ 时，有

$$\phi_w = \phi_W + \frac{1}{8}(3\phi_P - 2\phi_W - \phi_{WW}) \tag{8-106}$$

$$\phi_e = \phi_P + \frac{1}{8}(3\phi_E - 2\phi_P - \phi_W) \tag{8-107}$$

当 $u_w < 0$，$u_e < 0$ 时，有

$$\phi_w = \phi_P + \frac{1}{8}(3\phi_W - 2\phi_P - \phi_E) \tag{8-108}$$

$$\phi_e = \phi_E + \frac{1}{8}(3\phi_P - 2\phi_E - 2\phi_{EE}) \tag{8-109}$$

写成通用形式为：

$$a_P\phi_P = a_E\phi_E + a_W\phi_W + \bar{S} \tag{8-110}$$

其中
$$a_P = a_W + a_E + a_{EE} + (F_e - F_w)$$

$$a_W = D_w + \alpha_w F_w$$

$$a_E = D_e - (1 - \alpha_e)F_e$$

$$\bar{S} = \frac{1}{8}(3\phi_P - 2\phi_W - \phi_{WW})\alpha_w F_w + \frac{1}{8}(\phi_W + 2\phi_P - 3\phi_E)\alpha_e F_e +$$

$$\frac{1}{8}(3\phi_W - 2\phi_P - \phi_E)(1 - \alpha_w)F_w + \frac{1}{8}(2\phi_E - \phi_{EE} - 3\phi_P)(1 - \alpha_e)F_e$$

当 $u_w > 0$，$u_e > 0$ 时，$\alpha_w = 1$，$\alpha_e = 1$；当 $u_w < 0$，$u_e < 0$ 时，$\alpha_w = 0$，$\alpha_e = 0$。式（8-110）在两种情况下各系数总为正。因此，它满足守恒性、迁移性和有界性。

FLUENT 软件中给出了一个通用格式，当取不同的权系数时，它可以分别是中心差分、二阶迎风、标准 QUICK 格式。该格式对当前节点 P 的 e 侧界面 ϕ 统一为：

$$\phi_e = \theta\left(\frac{S_d}{S_c + S_d}\phi_P + \frac{S_c}{S_c + S_d}\phi_E\right) + (1 - \theta)\left(\frac{S_u + 2S_c}{S_c + S_u}\phi_P - \frac{S_c}{S_c + S_d}\phi_W\right) \tag{8-111}$$

式中，$\theta = 1$ 为中心差分；$\theta = 0$ 为二阶迎风格式；$\theta = 1/8$ 为标准 QUICK 格式。

FLUENT 软件中 QUICK 相邻节点如图 8-12 所示。

8.2.8　多维对流—扩散问题的离散格式

多维对流—扩散问题的离散过程可按一维问题的离散方法进行，只是控制体中的节点

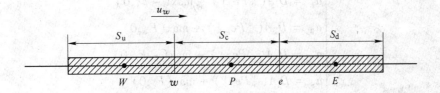

图 8-12 FLUENT 软件中 QUICK 相邻节点示意图

的相邻节点数由一维的两个变成二维的 4 个和三维的 6 个。建议坐标方向为从 $W \to E$, $S \to N$, $B \to T$ 为正向,以下给出的是最后的离散方程的通用形式。

二维对流—扩散问题的离散方程为:

$$a_P \phi_P = a_E \phi_E + a_W \phi_W + a_S \phi_S + a_N \phi_N + S_u \tag{8-112}$$

其中
$$\begin{cases} a_E = D_e A(|Pe_e|) + \max(-F_e, 0) \\ a_W = D_w A(|Pe_w|) + \max(F_w, 0) \\ a_N = D_n A(|Pe_n|) + \max(-F_n, 0) \\ a_S = D_s A(|Pe_s|) + \max(F_s, 0) \end{cases} \tag{8-113}$$

$$S_u = S_c \Delta x \Delta y + a_P^0 \phi_P^0 \tag{8-114}$$

$$a_P^0 = \frac{\rho_P^0 \Delta x \Delta y}{\Delta t} \tag{8-115}$$

$$a_P = a_W + a_E + a_S + a_N + a_P^0 - S_P \Delta x \Delta y \tag{8-116}$$

a_P^0, ϕ_P^0 只用于非稳态的计算,稳态时的计算则不考虑这两个参数,它们表示当前时刻 t 时,已知的 a_P, ϕ_P,而无上标 "0" 的参数,则表示需要计算的 $t + \Delta t$ 时刻的值。其他参数定义如下:

$$F_w = (\rho u)_w \Delta y, \; F_e = (\rho u)_e \Delta y, \; F_n = (\rho v)_n \Delta x, \; F_s = (\rho v)_s \Delta x \tag{8-117}$$

$$D_w = \frac{\Gamma_w \Delta y}{\delta x_{WP}}, \; D_e = \frac{\Gamma_e \Delta y}{\delta x_{PE}}, D_n = \frac{\Gamma_n \Delta x}{\delta x_{PN}}, \; D_s = \frac{\Gamma_s \Delta x}{\delta x_{SP}} \tag{8-118}$$

控制区界面上的 Peclet 数定义如下:

$$Pe_e = \frac{F_e}{D_e}, \; Pe_w = \frac{F_w}{D_w}, \; Pe_n = \frac{F_n}{D_n}, \; Pe_s = \frac{F_s}{D_s} \tag{8-119}$$

式 (8-117) 中的 $A|Pe|$ 计算见表 8-2。

表 8-2　不同差分格式的 $A|Pe|$ 计算

格　式	中心格式	迎风格式	混合格式	幂指数格式
$A\|Pe\|$	$1 - 0.5\|Pe\|$	1	$\max(0, 1 - 0.5\|Pe\|)$	$\max(0, 1 - 0.5\|Pe\|)^5$

三维对流—扩散问题的离散方程为:

$$a_P \phi_P = a_E \phi_E + a_W \phi_W + a_S \phi_S + a_N \phi_N + a_T \phi_T + a_B \phi_B + S_u \tag{8-120}$$

$$\text{其中}\quad\begin{cases} a_E = D_e A(\,|\,Pe_e\,|\,) + \max(-F_e, 0) \\ a_W = D_w A(\,|\,Pe_w\,|\,) + \max(F_w, 0) \\ a_N = D_n A(\,|\,Pe_n\,|\,) + \max(-F_n, 0) \\ a_S = D_s A(\,|\,Pe_s\,|\,) + \max(F_s, 0) \\ a_T = D_t A(\,|\,Pe_t\,|\,) + \max(-F_t, 0) \\ a_B = D_b A(\,|\,Pe_b\,|\,) + \max(F_b, 0) \end{cases} \quad(8\text{-}121)$$

$$S_u = S_c \Delta x \Delta y \Delta z + a_P^0 \phi_P^0 \quad(8\text{-}122)$$

$$a_P^0 = \frac{\rho_P^0 \Delta x \Delta y \Delta z}{\Delta t} \quad(8\text{-}123)$$

$$a_P = a_W + a_E + a_S + a_N + a_T + a_B + a_P^0 - S_P \Delta x \Delta y \Delta z \quad(8\text{-}124)$$

a_P^0，ϕ_P^0 同样只用于非稳态的计算，稳态时的计算则不考虑这两个参数，它们表示当前时刻 t 时，已知的 a_P，ϕ_P，而无上标"0"的参数，则表示需要计算的 $t + \Delta t$ 时刻的值。其他参数定义如下：

$$\begin{cases} F_e = (\rho u)_e \Delta y \Delta z, \ F_w = (\rho u)_w \Delta y \Delta z \\ F_n = (\rho v)_n \Delta x \Delta z, \ F_s = (\rho v)_s \Delta x \Delta z \\ F_t = (\rho w)_t \Delta x \Delta y, \ F_b = (\rho w)_b \Delta x \Delta y \end{cases} \quad(8\text{-}125)$$

$$\begin{cases} D_e = \dfrac{\Gamma_e \Delta y \Delta z}{\delta x_{PE}}, \ D_w = \dfrac{\Gamma_w \Delta y \Delta z}{\delta x_{WP}} \\[2mm] D_n = \dfrac{\Gamma_n \Delta x \Delta z}{\delta x_{PN}}, \ D_s = \dfrac{\Gamma_s \Delta x \Delta z}{\delta x_{SP}} \\[2mm] D_t = \dfrac{\Gamma_t \Delta x \Delta y}{\delta z_{PT}}, \ D_b = \dfrac{\Gamma_b \Delta x \Delta y}{\delta z_{BP}} \end{cases} \quad(8\text{-}126)$$

控制区界面上的 Peclet 数定义如下：

$$\begin{cases} Pe_e = \dfrac{F_e}{D_e}, \ Pe_w = \dfrac{F_w}{D_w} \\[2mm] Pe_n = \dfrac{F_n}{D_n}, \ Pe_s = \dfrac{F_s}{D_s} \\[2mm] Pe_t = \dfrac{F_t}{D_t}, \ Pe_b = \dfrac{F_b}{D_b} \end{cases} \quad(8\text{-}127)$$

8.3　边界条件的处理

8.3.1　入口边界条件

在流动问题的求解域离散时，采用的是交错网格，即标量变量（如温度、压力）和矢

量（如速度）的网格不重合而是错开的。通
常，在求解域的实际边界外假设存在一些节点，
用于存储边界条件，如图 8-13 所示的 $I=1$ 行，
$J=1$ 列节点，而实际计算当然是从内部节点
（$I=2$，$J=2$）开始。入口速度 u 存储于 $i=2$
的速度网格节点上，入口压力存储于 $I=1$ 的网
格节点上。

　　当进口处的速度已知时，令 $u_w^* = u_w$（入口
速度）。同时，令离散方程中 u_w 对应的系数
$a_w = 0$，进口处的湍动能 k 及其耗散率 ε 一般很
难实测到，因此，其进口条件的处理方法一般
通过计算确定。

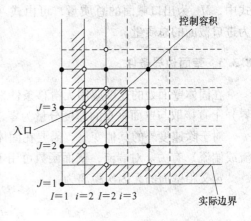

图 8-13　入口边界节点

　　湍动能 k 和湍流强度 T_i 的定义为：

$$k = \frac{1}{2}(\overline{u'^2} + \overline{v'^2} + \overline{w'^2})$$

$$T_i = \sqrt{\frac{(\overline{u'^2} + \overline{v'^2} + \overline{w'^2})}{3}}\Bigg/ U = \sqrt{\frac{2}{3}k}\Bigg/ U$$

式中，U 为参考速度。因此，可以得到湍动能 k 的计算式为：

$$k = \frac{3}{2}(UT_i)^2$$

　　计算不同的流动问题时，可根据问题的性质来估算湍流强度的大小，一般取 $T_i =$
$1\% \sim 6\%$。

　　根据定义，可得湍动能耗散率 ε 为：

$$\varepsilon = C_\mu^{3/4} \frac{k^{3/2}}{l}$$

8.3.2　出口边界条件

　　当出口距进口很远时，流动一般可达到充分发展，此时取各变量（压力除外）在流动
方向上的梯度为零。一般取出口截面为与流动方向相垂直的截面，这里的边界条件为 $\frac{\partial \phi}{\partial n}$
$= 0$，其离散形式为：

$$\phi_{NI,J} = \phi_{NI-1,J} \tag{8-128}$$

　　对速度虽然也是按式（8-128）处理，但在 SIMPLE 算法的迭代计算中，得到的速度分
布必须由连续性方程来校核，即进口的总质量必须等于按式（8-128）计算出的出口总质
量。因此，对出口速度的计算做如下修正：

$$\phi_{NI,J} = \phi_{NI-1,J} \frac{M_{\text{in}}}{M_{\text{out}}} \tag{8-129}$$

式中，M_{out} 为出口截面的总质量，可由式（8-121）计算出出口截面的速度得出 M_{out}；M_{in} 为进口截面的总质量。

8.3.3　壁面边界条件

在固体壁面处的速度应用无滑移条件，即速度为：$u = v = 0$。因此，在边界（物理边界）上直接取与壁面垂直的速度分量为零，该点速度不需再修改。

对于除速度外的其他变量，需要在固体边界上重新构造，而且与壁面的流动结构（层流或湍流）有关。对湍流，壁面函数可用于处理此问题。

定义距壁面的无因次距离为：

$$y^+ = \frac{\Delta y}{\nu} \sqrt{\frac{\tau_w}{\rho}}$$

式中，Δy 为节点 P 离开壁面的距离；τ_w 为壁面剪切力。

当 $y^+ > 11.63$ 时，流动状态为湍流；当 $y^+ \leqslant 11.63$ 时，流动状态为层流或湍流边界层的层流底层。

8.3.3.1　层流

由于在壁面处的控制容积上多出了一个壁面剪应力 τ_w，壁面的剪切力将影响壁面处动量方程的离散形式，如图 8-14 所示。在 u 方向上动量方程的离散方程中，该剪切力可归入源项。

τ_w 的计算式为：

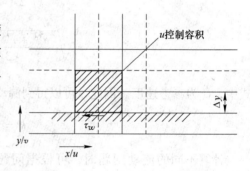

图 8-14　壁面处控制容积壁面剪应力

$$\tau_w = \mu \frac{u_P}{\Delta y}$$

式中，u_P 为 P 点的速度。

剪切力的计算式为：

$$F = -\tau_w A = -\mu \frac{u_P}{\Delta y} A \tag{8-130}$$

式中，A 为壁面处控制容积的截面积。

u 方向的动量方程中对应于此剪切力的源项为：

$$S_P = -\frac{\mu}{\Delta y} A$$

当壁面温度 T_w 给定时，层流时的壁面传热量为：

$$q_S = -\frac{\mu}{\sigma} \frac{c_p (T_P - T_w)}{\Delta y} A$$

式中，T_P 为 P 点的温度；σ 为层流 Pr。

因此，能量方程的源项可写为：

$$S_P = -\frac{\mu}{\sigma} \frac{c_p}{\Delta y} A$$

$$S_u = -\frac{\mu}{\sigma}\frac{c_p T_w}{\Delta y}A$$

当壁面给定热流密度时，传热量为：

$$q_S = S_u + S_P T_P$$

当壁面绝热时，能量方程的源项 $S_u = S_P = 0$。

8.3.3.2 湍流

当 $y^+ > 11.63$ 时，边界节点 P 处于湍流的对数律区，此时须应用对数律。对标准 $k-\varepsilon$ 方程，各变量计算如下。

与壁面相同方向的动量方程（u 方向的动量方程）壁面剪切力为：

$$\begin{cases} F = -\tau_w A \\ \tau_w = \rho C_\mu^{1/4} k_p^{3/2} u_P/u^+ \end{cases} \tag{8-131}$$

与壁面垂直方向的动量方程（v 方向的动量方程）速度 $v = 0$。

k 方程单位体积的净源项为：

$$S = (\tau_w u_P - \rho C_\mu^{3/4} k_p^{3/2} u_P/u^+)\Delta V/\Delta y \tag{8-132}$$

边界节点 P 的湍动能耗散率 ε 为：

$$\varepsilon_P = C_\mu^{3/4} k_p/(k\Delta y) \tag{8-133}$$

能量方程中壁面处的热流密度为：

$$q_w = -\rho C_\mu^{1/4} k_p^{1/2}(T_P - T_w)/T^+$$

其中

$$T^+ = \sigma_{T,t}\left[u^+ + P\left(\frac{\sigma_{T,l}}{\sigma_{T,t}}\right)\right]$$

$$u^+ = \frac{1}{K}\ln(E \cdot y^+)$$

$$P\left(\frac{\sigma_{T,l}}{\sigma_{T,t}}\right) = 9.24\left[\left(\frac{\sigma_{T,l}}{\sigma_{T,t}}\right)^{0.75} - 1\right] \times \left\{1 + 0.28\exp\left[-0.007\left(\frac{\sigma_{T,l}}{\sigma_{T,t}}\right)\right]\right\}$$

式中，K 为 Karman 常数，$K = 0.4187$；E 为积分常数，对光滑壁面，取 $E = 9.793$；$\sigma_{T,l}$ 为层流 Pr；$\sigma_{T,t}$ 为湍流 Pr，$\sigma_{T,t} \approx 0.9$。

根据以上处理，可以写出边界节点离散方程中的源项表达式。例如，u 方向上的动量方程式（8-129）中由于增加了一个剪切力而使其离散方程多了一个源项：

$$S_P = \rho C_\mu^{1/4} k_p^{1/2} A/u^+$$

当此边界为控制容积的 S 侧时，令 $a_S = 0$。

同样，对湍动能 k 方程，令 $a_S = 0$，其源项式（8-132）中的 $k_p^{3/2}$ 做如下处理：

$$k_p^{3/2} = k_p^{*1/2} k_P$$

式中，$k_p^{*1/2}$ 为上一次迭代的结果，则得源项表达式（$S\Delta V = S_u + S_P\phi_P$）；$S_P = \rho C_\mu^{3/4} k_p^{*1/2} u^+ \Delta V/\Delta y$，$S_u = \tau_w u_P \Delta V/\Delta y$。

对湍动能耗散率 ε 方程，由于壁面节点处的 ε 由式（8-133）计算。因此，源项取为：

$$S_P = -10^{30}$$

$$S_u = \frac{C_\mu^{3/4} k_p^{3/2}}{k\Delta y} \times 10^{30}$$

能量方程中的源项为：

$$S_P = \frac{-\rho C_P C_\mu^{1/4} k_p^{1/2} A}{T^+}$$

$$S_u = \frac{\rho C_P C_\mu^{1/4} k_p^{1/2} T_w A}{T^+}$$

当壁面给定热流密度时，$q_S = S_u + S_P T_P$；当壁面绝热时，能量方程的源项 $S_u = S_P = 0$；当壁面以速度 u_w 移动时，则沿流动方向的壁面剪切力将以相对速度 $(u_P - u_w)$ 代替速度 u_P，即式（8-130）和式（8-131）修正为：

层流：
$$F = -\tau_w A = -\mu \frac{u_P - u_w}{\Delta y} A$$

湍流：
$$F = -\tau_w A = \rho C_\mu^{1/4} k_p^{1/2} (u_P - u_w) A / u^+$$

此时，在离散方程的源项中除 S_P 外，还多出 S_u，可仿照能量方程写出 S_u 的表达式。同理，式（8-132）也做类似修正。

上述对湍流壁面条件的推导，使用了第 3 章的壁面函数法，因此只适用于速度平行于壁面，且只在壁面法向有速度变化，流动方向上无压力梯度，壁面附近无化学反应及高 Re 时的情况。

思 考 题

8-1　有限体积法基本思想是什么？

8-2　详述有限体积法解题步骤。

8-3　试说明中心差分格式、迎风格式、混合格式、幂指数格式、对流—扩散问题的高阶差分格式——QUICK 格式的特点。

8-4　以一维稳态导热为例，设导热控制微分方程为：$\dfrac{d}{dx}\left(\lambda \dfrac{dT}{dx}\right) + q = 0$，式中 λ 为导热系数；q 为内热源。

如下图所示，一等截面杆，长 1m，导热系数 $\lambda = 120 \text{W}/(\text{m} \cdot \text{K})$，横截面积 $S = 0.02\text{m}^2$，A 端温度 50℃，B 端温度 600℃，试用有限体积法求内热源 $q = 0$ 及 $q = 2000\text{kW}/\text{m}^2$ 时杆上各节点的温度。

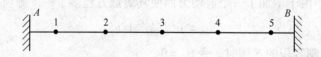

9 谱 方 法

教学目的

（1）掌握谱方法的基本思想。

（2）掌握伪谱方法或拟谱方法。

（3）掌握非线性问题的谱方法。

（4）了解谱方法的误差分析。

谱方法是 20 世纪 70 年代发展起来的一种数值求解偏微分方程的方法，它具有"无穷阶"收敛性，可采用快速算法，现已被广泛用于气象、物理、力学等诸多领域，成为继差分法和有限元法之后又一种重要的数值方法。

谱方法是一种高精度的数值计算方法，在解足够光滑的物理问题时，谱方法可以给出准确性很高的近似解，而且收敛速度快。快速傅里叶变化（FFT）的出现，进一步促进了谱方法的迅速发展。但是采用谱方法进行数值计算时，必须严格满足周期性边界条件，这是谱方法进行数值计算时存在的一个局限。

本章根据具体事例给出谱方法的基本思想。

9.1 谱方法简介

考虑线性的对流扩散方程为：

$$\frac{\partial u}{\partial t} + a\,\frac{\partial u}{\partial x} = \mu\,\frac{\partial^2 u}{\partial x^2} \quad (0 \leqslant x \leqslant 2\pi, t \geqslant 0) \tag{9-1}$$

边界条件为：

$$u(0,t) = u(2\pi,t) \quad (t \geqslant 0) \tag{9-2}$$

初始条件为：

$$u(x,0) = f(x) \quad (0 \leqslant x \leqslant 2\pi) \tag{9-3}$$

考虑满足边界条件的一个完备函数族 $\{\phi_k\}$，任意满足边界条件的函数，展开成 $\{\phi_k\}$ 的级数。

将函数 $u(x,t)$ 和 $f(x)$ 分别展开为函数族 $\{\phi_k\}$ 的级数表达式：

$$u(x,t) = \sum \hat{u}_k(t)\phi_k(x) \tag{9-4}$$

$$f(x) = \sum \hat{f}_k\phi_k(x) \tag{9-5}$$

与物理空间的值 $u(x,t)$ 相对应，有时也称 $\hat{u}_k(t)$ 为谱空间的值。

对于上述问题 $\{\phi_k\}$ 可以选取傅里叶级数，即 $\phi_k = e^{ikx}$，另外，也可以选择其他完备函数族。将函数 $u(x,t)$ 展开为傅里叶级数，并将此表达式代入方程式 (9-1)，再考虑到 ϕ_k 的正交性，可得 $\hat{u}_k(t)$ 所满足的方程为：

$$\frac{d\hat{u}_k(t)}{dt} = -(aik + \mu k^2)\hat{u}_k(t) \tag{9-6}$$

再利用初始条件求得方程 (9-6) 的解为：

$$\hat{u}_k(t) = \hat{f}_k e^{-aikt - \mu k^2 t} \tag{9-7}$$

将式 (9-7) 代入式 (9-4) 得式 (9-1) 解为：

$$u(x,t) = \sum \hat{f}_k e^{ik(x-at) - uk^2 t} \tag{9-8}$$

9.2　伪谱方法或拟谱方法

从 9.1 节中可知，在谱方法中的方程是建立在谱的空间中，同样也可以把方程建立在物理空间中，这就是人们通常称的伪谱方法。

在这里，仍考虑线性的对流扩散方程：

$$\frac{\partial u}{\partial t} + a\frac{\partial u}{\partial x} = \mu\frac{\partial^2 u}{\partial x^2} \quad -1 \leq x \leq 1, t \geq 0 \tag{9-9}$$

边界条件为：

$$u(-1,t) = u_{-1}(t), u(1,t) = u_1(t) \quad t \geq 0 \tag{9-10}$$

初始条件为：

$$u(x,0) = f(x) \quad -1 \leq x \leq 1 \tag{9-11}$$

由于存在特殊的边界条件，需要选用相对应的函数族，对于上述问题可选切比雪夫 (Chebyshev) 多项式。切比雪夫多项为：

$$T_n = \cos(karcosx) \quad (k = 0,1\cdots) \tag{9-12}$$

$u(x,t)$ 和 $f(x)$ 可分别展开为：

$$u(x,t) = \sum_0^n \hat{u}_k(t) T_k(x) \tag{9-13}$$

$$f(x) = \sum_0^n \hat{f}_k T_k(x) \tag{9-14}$$

将 $u(x,t)$，$f(x)$ 的展开式代入方程式 (9-9)，可得 $\hat{u}_k(t)$ 满足下列方程：

$$\sum_0^n \left[\frac{d\hat{u}_k}{dt}T_k(x_j) + a\hat{u}_k(t)T_k'(x) - \mu\hat{u}_k(t)T_k''(x_j)\right] = 0 \tag{9-15}$$

式 (9-15) 共有 $n+1$ 个未知函数 $\hat{u}_k(t)$，且 $0 \leq k \leq n$，在计算区间 $[-1,1]$ 内取 $n-1$ 个点 x_j，再加上两个边界条件，可获得 $n+1$ 个关于 $\hat{u}_k(t)$ 的随时间变化的常微分方程组：

$$\begin{cases} \sum_0^n \left[\dfrac{\mathrm{d}\hat{u}_k}{\mathrm{d}t} T_k(x_j) + a\hat{u}_k(t) T_k'(x_j) - \mu\hat{u}_k(t) T_k''(x_j) \right] = 0 \\[2mm] \sum_0^n \hat{u}_k(t) T_k(-1) = u_{-1}(t) \\[2mm] \sum_0^n \hat{u}_k(t) T_k(1) = u_1(t) \end{cases} \qquad (9\text{-}16)$$

对上述常微分方程组（9-16），可采用 Runge-Kutta 方法对时间进行离散求解。在求解过程中还需满足初始条件为：

$$\hat{u}_k(0) = \hat{f}_k \qquad (9\text{-}17)$$

9.3　非线性问题的谱方法

对于非线性问题，在时间偏导数离散时，非线性项的数值计算一般采用显示差分格式离散。因此，在计算新的 $\hat{u}_n$ 时，非线性项是已知的，可以当已知函数来进行数值模拟。

考虑非线性的对流扩散方程的谱方法，其方程为：

$$\frac{\partial u}{\partial t} + (a+u)\frac{\partial u}{\partial x} = \mu\frac{\partial^2 u}{\partial x^2} \qquad 0 \le x \le 2\pi, t \ge 0 \qquad (9\text{-}18)$$

边界条件为：

$$u(0,t) = u(2\pi,t) \quad t \ge 0 \qquad (9\text{-}19)$$

初始条件为：

$$u(x,0) = f(x) \qquad 0 \le x \le 2\pi \qquad (9\text{-}20)$$

将函数 $u(x,t)$ 和 $f(x)$ 分别展开为傅里叶级数的形式：

$$\begin{cases} u(x,t) = \sum \hat{u}_k(t) e^{ikx} \\[2mm] f(x) = \sum \hat{f}_k(t) e^{ikx} \end{cases} \qquad (9\text{-}21)$$

再将函数 $u(x,t)$ 和 $f(x)$ 的傅里叶级数展开式（9-21）代入方程式（9-18），可得 $\hat{u}_k(t)$ 所满足的方程为：

$$\frac{\mathrm{d}\hat{u}_k(t)}{\mathrm{d}t} + (aik + \mu k^2)\,\hat{u}_k(t) + F_k\left(u\frac{\partial u}{\partial x}\right) = 0 \qquad (9\text{-}22)$$

考虑到非线性项是已知的，可直接进行傅里叶变换。

式（9-22）中的 $F_k\left(u\dfrac{\partial u}{\partial x}\right)$ 是非线性项 $u\dfrac{\partial u}{\partial x}$ 展开成傅里叶级数的系数项，其表达式为：

$$u\frac{\partial u}{\partial x} = \sum F_k\left(u\frac{\partial u}{\partial x}\right) e^{ikx} \qquad (9\text{-}23)$$

通常在计算非线性项的过程中，首先将对应的谱空间的值变换到物理空间的函数值 u 和 $\dfrac{\partial u}{\partial x}$，再数值计算物理空间中的非线性项 $u\dfrac{\partial u}{\partial x}$ 的值，然后将物理空间中的非线性项 $u\dfrac{\partial u}{\partial x}$ 的值变换到谱空间中去，获得谱空间中的非线性项 $F_k\left(u\frac{\partial u}{\partial x}\right)$，最后选择适当的时间偏导数离散格式推进，获得所要求的解。

考虑非线性的对流扩散方程的伪谱方法的数值计算与考虑线性的对流扩散方程的数值求解相类似，同样选取切比雪夫多项式。基本方程仍取为式（9-18），将定义域 $0 \leqslant x \leqslant 2\pi$ 改为 $-1 \leqslant x \leqslant 1$，其他条件与考虑非线性的对流扩散方程的谱方法一样。切比雪夫多项为：$T_n = \cos(karcosx)(k = 0,1\cdots)$。

函数 $u(x,t)$ 和 $f(x)$ 分别展开为切比雪夫多项式的表达式（9-13）与式（9-14）。将函数 $u(x,t)$ 和 $f(x)$ 展开式代入方程式（9-18），可得 $\hat{u}_k(t)$ 满足下列方程：

$$\sum_0^n \left[\frac{\mathrm{d}\hat{u}_k}{\mathrm{d}t}T_k(x_j) + a\hat{u}_k(t)T_k'(x) - \mu\hat{u}_k(t)T_k''(x_j)\right] + F_k\left(u\frac{\partial u}{\partial x}\right) = 0 \qquad (9\text{-}24)$$

其中，共有 $n+1$ 个未知函数 $\hat{u}_k(t)$，且 $0 \leqslant k \leqslant n$，在计算区间 $[-1,1]$ 内取 $n-1$ 个点 x_j，再加上两个边界条件，可获得 $n+1$ 个关于 $\hat{u}_k(t)$ 的随时间变化的常微分方程组：

$$\begin{cases} \sum_0^n \left[\frac{\mathrm{d}\hat{u}_k}{\mathrm{d}t}T_k(x_j) + a\hat{u}_k(t)T_k'(x_j) - \mu\hat{u}_k(t)T_k''(x_j)\right] + F_k\left(u\frac{\partial u}{\partial x}\right) = 0 \\[2mm] \sum_0^n \hat{u}_k(t)T_k(-1) = u_{-1}(t) \\[2mm] \sum_0^n \hat{u}_k(t)T_k(1) = u_1(t) \end{cases} \qquad (9\text{-}25)$$

对上述常微分方程组（9-25），可采用 Runge-Kutta 方法对时间进行离散求解。在求解过程中还需满足初始条件 $\hat{u}_k(0) = \hat{f}_k$。

值得注意的是，在计算非线性项 $F_k\left(u\frac{\partial u}{\partial x}\right)$ 的过程中，建议在时间上推进过程，计算时间 $n+1$ 层的函数 u 值时，采用时间 n 层上的函数 u 值和偏导数 $\frac{\partial u}{\partial x}$ 值来近似获得非线性项 $F_k\left(u\frac{\partial u}{\partial x}\right)$ 的解，并依此类推。

9.4   谱方法的误差分析

谱方法的误差除了截断误差外，还存在非线性的截断误差和混淆误差。本节以单波方程为例，讨论和分析这些问题。

单波方程为：

$$\frac{\partial u}{\partial t} + u\frac{\partial u}{\partial x} = 0 \qquad (9\text{-}26)$$

将方程式（9-26）的解展开成傅里叶级数，其表达式为：

$$u(x,t) = \sum_{k=-\infty}^{\infty} a_k(t)\mathrm{e}^{ikx} \qquad (9\text{-}27)$$

考虑到非线性项的影响因素，其有限谱的形式为：

$$u\frac{\partial u}{\partial x} = \left[\sum_{k=-n}^{n} a_k(t)e^{ikx}\right]\left[\sum_{k=-n}^{n} ika_k(t)e^{ikx}\right] = \sum_{k=-2n}^{2n} A_k e^{ikx}$$

$$= \underbrace{\sum_{k=-2n}^{-n-1} A_k e^{ikx}}_{(1)} + \underbrace{\sum_{k=-n}^{n} A_k e^{ikx}}_{(2)} + \underbrace{\sum_{k=n+1}^{2n} A_k e^{ikx}}_{(3)}$$

(9-28)

其中

$$A_k = \sum_{m=-\min(n-k,n)}^{\min(k+n,n)} ima_{k-m}(t)a_m(t)$$

方程式（9-28）中的（1）、（3）项是由非线性项之间的相互作用而产生的函数基，它已不属于 $[-n,n]$ 的高波数分量。在谱方法的数值计算中，这些项应该截取或去除，因而产生了非线性的截断误差。

由于 e^{ikx} 是周期为 n 的函数，对于（1）、（3）项有

$$\sum_{k=-2n}^{-n-1} A_k e^{ikx} = \sum_{k=-2n}^{-n-1} A_k e^{i(k+n)x} = \sum_{k=-n}^{1} A_k e^{ikx}$$

$$\sum_{k=n+1}^{2n} A_k e^{ikx} = \sum_{k=n+1}^{2n} A_k e^{i(k-n)x} = \sum_{k=1}^{n} A_k e^{ikx}$$

因此，在用伪谱方法时，这些项是无法去除的，它将被加在低波数的分量中，由此产生一个新的误差，即所谓的混淆误差。

为了消除混淆误差，可以采用扩大波数的办法。在计算非线性项 $u\frac{\partial u}{\partial x}$ 时，从谱空间向物理空间作傅里叶变换时将波数的范围 $[-n,n]$ 扩大至 $[-2n,2n]$，这样高波数的分量补零，即原来波数为：

$$u(x,t) = \sum_{k=-n}^{n} a_k(t)e^{ikx}$$ (9-29)

$$\frac{\partial u}{\partial x} = \sum_{k=-n}^{n} ika_k(t)e^{ikx}$$ (9-30)

现改写波数的表达式为：

$$u(x,t) = \sum_{k=-2n}^{2n} a_k(t)e^{ikx}$$ (9-31)

$$\frac{\partial u}{\partial x} = \sum_{k=-2n}^{2n} ika_k(t)e^{ikx}$$ (9-32)

其中，多出的高波数分量 $a_k(t) = 0$，$k = \{-2n \sim -(n+1)\}, \{n+1 \sim 2n\}$，在物理空间计算出 $u\frac{\partial u}{\partial x}$ 后，再变换到谱空间，并略去高阶波数分量，这样可以达到减少混淆误差的目的。

思 考 题

9-1 谱方法基本思想是什么，与有限差分、有限元法及有限体积法区别有哪些？

9-2 详述谱方法解题步骤。

10 流场计算数值算法

教学目的

（1）了解交错网格产生原因及处理方法。

（2）掌握 SIMPLE 算法、SIMPLER 算法、SIMPLEC 算法及 PISO 算法的基本思想及求解过程。

分析前面反映流场运动规律的控制方程，将会发现如下问题：运动方程中的对流项包含非线性量，每个速度分量既出现在运动方程中，又出现在连续方程中，方程错综复杂地耦合在一起；更为复杂的是压力项的处理，其出现在运动方程中，但却没有可用以直接求解压力的方程。对于第一个问题，解决的办法是迭代法。迭代法是处理非线性问题经常采用的方法，它是从一个估计的速度场开始，通过迭代逐步逼近速度的收敛值。对于第二个问题，如果压力已知，求解速度不会特别困难，只需用第 8 章介绍的方法，导出运动方程所对应的速度分量的离散方程，求解速度。而一般情况下，压力也是待求的未知量，在求解速度场之前，压力场是未知的，求解速度场的真正的困难在于不知道压力场。

为解决因压力所带来的流场求解难题，目前主要有两类方法：非原始变量法和原始变量法。非原始变量法是从控制方程中消去压力的方法。例如，在二维问题中，通过交叉微分，把压力从两个运动方程中消去，可得到流函数、涡量作为变量的流场的方程，进而求出流函数、涡量和流速。流函数—涡量法是非原始变量法中的代表，它成功地解决了直接求解压力带来的困难。然而，非原始变量法存在明显的问题，如有些壁面上的边界条件很难给定，计算量及存储空间很大，因而，其应用不普遍。原始变量法是直接以原始变量 u，v，w，p 作为因变量进行流场求解，该类方法也称基本变量法。目前，广泛使用的是这类方法中的 SIMPLE 算法，以及在 SIMPLE 算法基础上改进的 SIMPLER 算法、SIMPLEC 算法和 PISO 算法等。

10.1　交错网格

10.1.1　基本变量法求解的有关困难

10.1.1.1　运动方程中压力梯度离散所遇到的困难

以一维运动方程为例，对于运动方程中出现的压力梯度 $\mathrm{d}p/\mathrm{d}x$，假设其压力呈分段线性分布，如图 10-1 所示。

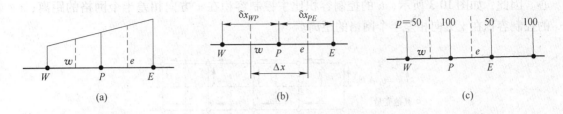

图 10-1　一维运动方程压力梯度分布与控制容积

（a）压力梯度；（b）控制容积；（c）波状压力

将压力梯度沿控制容积积分，得

$$\int_w^e \frac{\mathrm{d}p}{\mathrm{d}x}\mathrm{d}x = p_e - p_w = \frac{p_P + p_E}{2} - \frac{p_W + p_P}{2} = \frac{p_E - p_W}{2} \tag{10-1}$$

这就意味着离散化的运动方程将包含两个相间节点的压力差，而不是相邻节点的压力差，压力梯度项在离散方程中的表达带来的结果是：如图 10-1（c）所示，取锯齿波形压力场，运动方程对这样一个波形压力场的"感受"与均匀的压力场的"感受"一样，因为相间压力值处处相等，显然，这是不能被接受的结果。采用上述方法所得的离散方程求解流场，就会引起问题，即如果在流场迭代求解过程的某一层次上，压力场的当前值加上了一个锯齿状的压力波，运动方程的离散方式无法把这一不合理的分量检测出来，它会一直保留到迭代过程收敛且被作为正确的压力场输出，从而导致流场计算的错误。对于二维和三维运动也存在同样的问题。

10.1.1.2　连续方程离散所遇到的困难

同样取一维稳态不可压流动，连续性方程为 $\mathrm{d}u/\mathrm{d}x = 0$。与运动方程中的 p 一样，速度 u 采用分段线性分布，并取控制容积面于两节点中点位置。沿控制容积积分，得

$$\int_w^e \frac{\mathrm{d}u}{\mathrm{d}x}\mathrm{d}x = u_e - u_w = \frac{u_P + u_E}{2} - \frac{u_W + u_P}{2} = 0 \tag{10-2}$$

$$u_E - u_W = 0 \tag{10-3}$$

这就意味着离散化的连续方程将包含两个相间节点的速度差，而不是相邻节点的速度差，同样，锯齿波形的速度场完全不合乎实际的速度场，却满足离散化的连续性方程，对于二维和三维问题的数值计算，即使满足连续方程，也同样可能存在不合理的解。

综上所述，压力和速度出现的问题主要来源于压力或速度的一阶导数项，而二阶导数则一般不出现此问题。解决这一离散困难的方法是采用交错网格。交错网格（Staggered Grid）又称为移动网格（Displaced Grid），是 F. H. Harlow 等人在提出著名的 MAC 法时首先使用的。

10.1.2　解决方案——交错网格

交错网格是将标量型变量（如压强、温度、浓度）的网格与矢量型变量速度 u_i 的网格系统错开。如图 10-2 所示，设标量型变量的控制容积为主控制容积，相应的网格节点为主节点。图中，圆点代表主控制容积的节点，即主节点，虚线表示主控制容积的界面。将速度 u 的节点设置于主控制容积的左、右界面，用横向箭头表示，速度 v 的节点设置于主控制容积的上、下界面，用竖箭头表示，u，v 各自的控制容积则以速度所在的位置为中

心。因此，如图 10-3 所示，u 的控制容积比主控制容积在 x 方向相差半个网格的距离；v 的控制容积在 y 方向相差半个网格的距离。

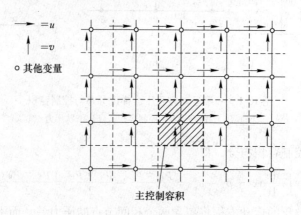

图 10-2　交错网格示意图

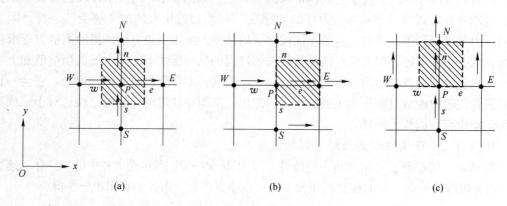

(a)　　　　　　　　　　　(b)　　　　　　　　　　　(c)

图 10-3　控制容积示意图

（a）标量控制容积；（b）u 控制容积；（c）v 控制容积

对于三维问题，同样布置 z 方向的交错网格。在交错网格中，u，v，w 的离散方程可分别通过对 u，v，w 的控制容积作积分。在 u 的离散方程中，压力节点与 u 控制容积的界面相一致。则压力 p 沿控制容积积分得

$$\frac{\partial p}{\partial x} = \frac{p_E - p_P}{\delta x_{PE}} \tag{10-4}$$

即相邻两点间的压力差构成了 $\partial p / \partial x$，这就从根本上解决了前述采用一般网格系统时所遇到的困难。同样，由于交错网格，也避免了连续性方程所遇到的困难。另外，在主控制容积中，速度节点的位置正好是在标量输运计算时所需要的位置。因此，不需要任何插值就可得到主控制容积界面上的速度。

采用交错网格消除了前述的困难，也付出了一定的代价。在计算过程中，所有存储于主节点的物性值在求解 u，v，w 方程时，必须通过插值才能得到所需位置上的值。其次，由于 u，v，w，p 及其他变量的网格系统不同，在求解离散方程时，往往需要一些相应的插值。另外，在计算与程序编制的工作上，由于存在三套网格系统，节点编号必须仔细处理方可协调一致。

10.2 运动方程的离散

交错网格中，对于一般变量 ϕ 的离散过程及结果与第 8 章相同。但对运动方程而言，则有一些新特点，主要表现以下两个方面。

（1）对 u, v, w 方向上的运动方程积分所用的控制容积不是主控制容积，而是各自的控制容积，如图 10-4 所示。

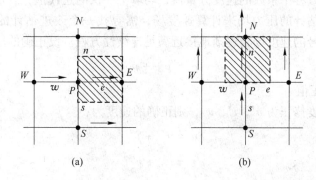

图 10-4 控制容积积分

（a）u 控制容积积分；（b）v 控制容积积分

（2）运动方程中的压力梯度项从源项中分离出来。例如，在二维流动中，压力梯度项对 u_e 的控制容积积分为：

$$\int_s^n \int_P^E \left(-\frac{\partial p}{\partial x} \right) \mathrm{d}x \mathrm{d}y = -\int_s^n (p|_P^E) \mathrm{d}y = (p_P - p_E)\Delta y \tag{10-5}$$

假设在 u_e 的控制容积的左右界面上压力是各自均匀的，分别为 p_E 及 p_P。于是，运动方程中关于 u_e 的控制方程便具有以下形式：

$$a_e u_e = \sum a_{nb} u_{nb} + S_u + (p_P - p_E)A_e \tag{10-6}$$

式中，u_{nb} 为 u_e 控制容积相邻节点的流速；A_e 为 x 方向压力差的作用面积，在二维流动中，$A_e = \Delta y \times 1$，在三维流动中，$A_e = \Delta y \Delta z$；S_u 为不包括压力在内的源项中的常数部分，若为非恒定流，S_u 还与流场的初始条件有关。系数 a_{nb} 的计算公式，取决于所用的离散格式，详见第 8 章。

类似地，对 v_n 和 w_t 的控制容积积分，得

$$a_n v_n = \sum a_{nb} v_{nb} + S_v + (p_P - p_N)A_n \tag{10-7}$$

$$a_t w_t = \sum a_{nb} w_{nb} + S_w + (p_P - p_T)A_t \tag{10-8}$$

10.3 SIMPLE 算法

10.3.1 压力与速度的修正

对于离散运动的方程，只有压力场已知，或是按照某种方法估计出来才能求解。除非

采用正确的压力场，否则，所得的速度场将不会满足连续性方程。基于估计的压力场 p^* 不满足连续方程的速度场用 u^*，v^*，w^* 表示。求解下列方程可得 u^*，v^*，w^*：

$$a_e u_e^* = \Sigma a_{nb} u_{nb}^* + S_u + (p_P^* - p_E^*) A_e \tag{10-9}$$

$$a_n v_n^* = \Sigma a_{nb} v_{nb}^* + S_v + (p_P^* - p_N^*) A_n \tag{10-10}$$

$$a_t w_t^* = \Sigma a_{nb} w_{nb}^* + S_w + (p_P^* - p_T^*) A_t \tag{10-11}$$

式（10-9）～式（10-11）组成的方程组为非线性方程组，需用迭代法求解。每次迭代时，用于计算离散方程中系数的速度分量值，均取上一次的迭代值，首次迭代值取初始猜测值。由于采用了估计的压力场来计算速度场，需寻找一个改进估计的压力 p^* 的方法，以使所算得的带星号的速度场将逐渐地接近满足连续性方程。设正确的压力 p 为：

$$p = p^* + p' \tag{10-12}$$

式中，p' 为压力修正值。

相应地，设速度修正为 u'，v'，w'，则正确的速度为：

$$u = u^* + u' \tag{10-13}$$

$$v = v^* + v' \tag{10-14}$$

$$w = w^* + w' \tag{10-15}$$

将式（10-13）～式（10-15）分别代入式（10-9）～式（10-11），然后分别减去式（10-9）～式（10-11）得

$$a_e u_e' = \Sigma a_{nb} u_{nb}' + S_u + (p_P' - p_E') A_e \tag{10-16}$$

$$a_n v_n' = \Sigma a_{nb} v_{nb}' + S_v + (p_P' - p_N') A_n \tag{10-17}$$

$$a_t w_t' = \Sigma a_{nb} w_{nb}' + S_w + (p_P' - p_T') A_t \tag{10-18}$$

式（10-16）～式（10-18）表明，任一点上速度修正由两部分组成：一部分是与该速度在同一方向上的相邻两节点压力修正之差，这是产生速度修正的直接动力；另一部分由相邻点速度修正所引起，这又可以视为四周压力修正位置上速度修正的间接或隐含影响。式（10-16）～式（10-18）组成一个五对角阵方程组，速度场中各点的修正值要联立求解，计算工作量很大。可以认为上述两种影响因素中，压力修正的直接影响是主要的，四周邻点速度修正的影响可不予考虑，即略去 $\Sigma a_{nb} u_{nb}'$ 所产生的影响，则速度修正方程为：

$$a_e u_e' = (p_P' - p_E') A_e \tag{10-19}$$

或

$$u_e' = d_e (p_P' - p_E') A_e \tag{10-20}$$

同样，y 和 z 方向的速度修正方程为：

$$v_n' = d_n (p_P' - p_N') A_n \tag{10-21}$$

$$w_t' = d_t (p_P' - p_T') A_t \tag{10-22}$$

式中，$d_e = \dfrac{A_e}{a_e}$；$d_n = \dfrac{A_n}{a_n}$；$d_t = \dfrac{A_t}{a_t}$。

由于速度 $u = u^* + u'$，则速度修正方程式（10-13）～式（10-15）又可写为：

$$u_e = u_e^* + d_e (p_P' - p_E') \tag{10-23}$$

$$v_n = v_n^* + d_n(p'_P - p'_N) \qquad (10\text{-}24)$$

$$w_t = w_t^* + d_t(p'_P - p'_T) \qquad (10\text{-}25)$$

式（10-23）~式（10-25）表明，如果求出压力修正 p'，便可对速度 u^*，v^*，w^* 作相应的修正。

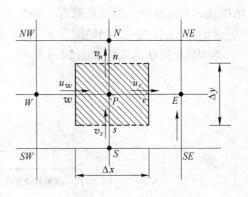

图 10-5　主控制容积积分图

10.3.2　压力修正方程

压力修正 p' 应满足的条件是：根据 p' 所改进的速度场能满足连续性方程。图 10-5 所示为主控制容积积分图。

将连续性方程 $\dfrac{\partial \rho}{\partial t} + \dfrac{\partial(\rho u)}{\partial x} + \dfrac{\partial(\rho v)}{\partial y} + \dfrac{\partial(\rho w)}{\partial z} = 0$ 在时间间隔 Δt 内对主控制容积积分，得

$$\frac{(\rho_P - \rho_P^0)\Delta x \Delta y \Delta z}{\Delta t} + \left[(\rho u)_e - (\rho u)_w\right]\Delta y \Delta z + \left[(\rho v)_n - (\rho v)_s\right]\Delta z \Delta x + \left[(\rho w)_t - (\rho w)_b\right]\Delta x \Delta y = 0$$

$$(10\text{-}26)$$

将式（10-23）~式（10-25）代入式（10-26）中，得到对 p' 的离散化方程即压力修正方程：

$$a_P p'_P = a_E p'_E + a_W p'_W + a_S p'_S + a_N p'_N + a_B p'_B + a_T p'_T + S \qquad (10\text{-}27)$$

式中，$a_E = \rho_e d_e \Delta y \Delta z$；$a_W = \rho_w d_w \Delta y \Delta z$；$a_N = \rho_n d_n \Delta z \Delta x$；$a_S = \rho_s d_s \Delta z \Delta x$；$a_T = \rho_t d_t \Delta x \Delta y$；$a_B = \rho_b d_b \Delta x \Delta y$；$a_P = a_E + a_W + a_S + a_N + a_B + a_T$；$S = \dfrac{(\rho_P - \rho_P^0)\Delta x \Delta y \Delta z}{\Delta t} + \left[(\rho u^*)_e - (\rho u^*)_w\right]\Delta y \Delta z + \left[(\rho v^*)_n - (\rho v^*)_s\right]\Delta z \Delta x + \left[(\rho w^*)_t - (\rho w^*)_b\right]\Delta x \Delta y$。

参数 ρ_e，ρ_w，ρ_n，ρ_s，ρ_t，ρ_b 可采用任何一种方便的内插公式，由网格节点处的值计算得到，但不管采用什么样的内插公式，都必须保持密度在其界面所属的两个控制容积内连续。若为不可压缩流动，则不存在密度的内插问题，当 S 值为零时，带星号的速度值满足连续方程，不再对压力进行进一步的修正。

10.3.3　SIMPLE 算法的基本思路

SIMPLE（Semi-Implicit Method for Pressure-Linked Equations）算法是求解压力耦合方程的半隐式法。在得到速度修正方程式（10-23）~式（10-25）的过程中，略去了 $\Sigma a_{nb}u'_{nb}$ 项，去掉 $\Sigma a_{nb}u'_{nb}$ 这一项时称为"半隐"，而保留这一部分时，u'_e 方程就成为一个"全隐"的代数方程。

SIMPLE 算法的计算步骤为：

（1）假定一个压力场 p^*。

（2）求解运动方程式（10-9）~式（10-11），得 u^*，v^*，w^*。

（3）求解压力修正方程式（10-27），得 p'，由式（10-12）得 p。

（4）利用速度修正方程式（10-23）~式（10-25），得 u，v，w。

（5）利用改进后的速度场求解通过源项、物性等与速度场耦合的 ϕ 变量，如温度场、

浓度场、紊流动能、紊流耗散等。如果 ϕ 并不影响流场，则应在速度场收敛后求解。

（6）把 p 作为一个新的压力 p^*，返回到第（2）步，重复整个过程，直至求得收敛解为止。

SIMPLE 算法的流程如图 10-6 所示。

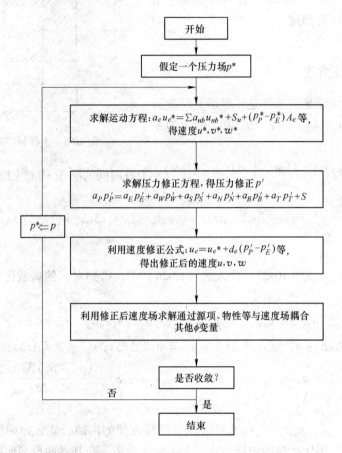

图 10-6　SIMPLE 算法的流程图

10.3.4　SIMPLE 算法的讨论

在速度修正方程式（10-20）~式（10-22）中，略去邻点速度修正值的影响，这一个做法并不影响最后收敛的值，但加重了修正压力 p' 的负担。原因在于：当速度场收敛时，修正速度 $u'\to 0$，$v'\to 0$，则 $\Sigma a_{nb}u'_{nb}$，$\Sigma a_{nb}v'_{nb}$ 也趋近于零。但把引起速度修正的原因完全归于其相邻点的压力的修正值，势必夸大了压力修正。因此，在改进压力值时应对压力修正 p' 作亚松弛，即

$$p = p^* + \alpha_p p' \tag{10-28}$$

一般可取亚松弛系数 $\alpha_p = 0.8$。同时，在速度修正式中略去了 $\Sigma a_{nb}u'_{nb}$ 项，所求得的速度修正 u'，v'，w' 并不满足运动方程，这有可能导致迭代过程的发散，速度也应加以亚松弛。关于速度的亚松弛常常直接在代数方程求解过程中予以考虑。在解运动方程的离散方程时，速度的亚松弛系数一般可取 $\alpha = 0.5$。

SIMPLE 算法适用于 ρ 变化不大的情况。在推导压力修正 p' 方程的过程中，认为密度 ρ 是已知的，并且没有考虑压力对密度的影响。一般说来，ρ 可以根据状态方程计算出来。

10.3.5 SIMPLE 算法压力修正方程的边界条件

一般情况下，在流动的边界上或压力已知，或法向速度已知。当压力已知时，有：$p^* = p_{已知}$，$p' = 0$。当速度已知时，有：$u_e = u_{e,已知}$，$u_e' = 0$。取如图 10-7 所示的网格，使控制容积界面与已知边界重合。因已知 $u_e = u_{e,已知}$，$u_e' = 0$，则不必引入 p_E'，或者说在压力修正 p' 方程中，$a_E = 0$。

由此可见，无论是边界压力已知还是法向速度已知，都没有必要引入关于边界上压力修正值的信息。在计算中，可令与边界相邻的主控制容积的压力修正 p' 方程相应的系数为零。

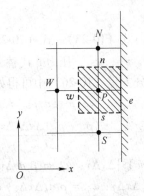

图 10-7 主控制容积下的
边界条件图

10.4 SIMPLER 算法

在推导压力修正 p' 方程的过程中所引入的近似（忽略掉 $\sum a_{nb} u_{nb}'$ 项），导致了过于夸大压力修正，因此亚松弛成为迭代过程中的基本做法。但对压力修正 p' 方程采用亚松弛处理，也未必能恰到好处。其原因在于，亚松弛技术用来修正速度是相当好的，但用来修正压力时却相当差。在大多数情况下，可以认为压力修正方程用来修正速度是相当好的，压力场的改进则需另谋更合适的方法。

此外，在 SIMPLE 算法中，为了确定运动方程的离散系数，一开始就假定了一个速度分布，同时，又独立地假定了一个压力分布，这一速度分布与压力分布一般不相协调，从而影响了迭代的速度。事实上，当在速度场假定以后，压力场即可由压力方程计算得出，不必再单独假定一个压力场。Patankar 把上述两种思想结合起来，构成了改进后的 SIMPLE 算法，即 SIMPLER（SIMPLE Revised）算法。

将离散后的 x 方向的运动方程（10-6）改写为：

$$u_e = \frac{\sum a_{nb} u_{nb} + S_u}{a_e} + d_e(p_P - p_E) \tag{10-29}$$

定义 x 方向的假速度为：

$$\hat{u}_e = \frac{\sum a_{nb} u_{nb} + S_u}{a_e} \tag{10-30}$$

同理，定义 y，z 方向的假速度为：

$$\hat{v}_n = \frac{\sum a_{nb} v_{nb} + S_v}{a_n} \tag{10-31}$$

$$\hat{w}_t = \frac{\sum a_{nb} w_{nb} + S_w}{a_t} \tag{10-32}$$

可见，假速度由相邻的速度组成，不含压力，则式（10-29）变为：

$$u_e = \hat{u}_e + d_e(p_P - p_E) \tag{10-33}$$

同理，得

$$v_n = \hat{v}_n + d_n(p_P - p_N) \tag{10-34}$$

$$w_t = \hat{w}_t + d_t(p_P - p_T) \tag{10-35}$$

式（10-23）~式（10-25）与式（10-33）~式（10-35）类似，只是 $\hat{u}_e$，$\hat{v}_n$，$\hat{w}_t$ 代替了 u^*，v^*，w^*，压力 p 代替了压力修正 p'。将式（10-33）~式（10-35）代入连续性方程的积分方程（10-26）中可得如下的压力方程：

$$a_P p_P = a_E p_E + a_W p_W + a_S p_S + a_N p_N + a_B p_B + a_T p_T + S \tag{10-36}$$

式中，$S = \dfrac{(\rho_P - \rho_P^0)\Delta x \Delta y \Delta z}{\Delta t} + \left[(\rho\,\hat{u})_w - (\rho\,\hat{u})_e\right]\Delta y \Delta z + \left[(\rho\,\hat{v})_s - (\rho\,\hat{v})_n\right]\Delta z \Delta x + \left[(\rho\,\hat{w})_b - (\rho\,\hat{w})_t\right]\Delta x \Delta y$；$a_E = \rho_e d_e \Delta y \Delta z$；$a_W = \rho_w d_w \Delta y \Delta z$；$a_N = \rho_n d_n \Delta z \Delta x$；$a_S = \rho_s d_s \Delta z \Delta x$；$a_T = \rho_t d_t \Delta x \Delta y$；$a_B = \rho_b d_b \Delta x \Delta y$；$a_P = a_E + a_W + a_S + a_N + a_B + a_T$。

a_E，a_W，a_N，a_S，a_T，a_B 与压力修正 p' 方程中的系数相同，唯有源项 S 不同。在压力方程（10-36）中，源项 S 由假速度 $\hat{u}_e$，$\hat{v}_n$，$\hat{w}_t$ 算得，而在压力修正方程（10-27）中，源项 S 由 u^*，v^*，w^* 算得。尽管压力方程与压力修正方程几乎是相同的，但是两者之间存在一个主要的差异：在推导压力方程时，没有作任何的近似假设。于是，如果用一个正确的速度场来计算假速度，压力方程将立即得出正确的压力。

SIMPLER 算法主要由两部分组成：一是求解压力方程修正压力；二是求解压力修正方程修正速度。具体运算流程如图 10-8 所示。

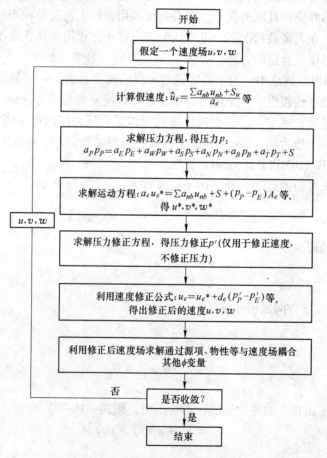

图 10-8　SIMPLER 算法的流程图

在 SIMPLER 算法中，初始的压力场与速度场是协调的，不必采用亚松弛处理，迭代计算时容易收敛。但相对于 SIMPLE 算法，要多解一个压力方程，单个迭代步内计算量大。然而，由于 SIMPLER 只需较少的迭代次数就可以达到收敛，其计算效率总体优于 SIMPLE 算法。

10.5 SIMPLEC 算法

SIMPLEC 是另一种改进的 SIMPLE 算法。在 SIMPLE 算法中，忽略掉 $\Sigma a_{nb} u'_{nb}$ 项，即忽略了对速度修正 u'_e 的间接或隐含的影响，将速度的修正完全归结于压力，虽然不影响收敛的值，但使得收敛的速度降低，同时压力与速度的修正不相协调。为了既能忽略 $\Sigma a_{nb} u'_{nb}$ 项，又能使方程基本协调，Van Doormal 和 Raithby 提出了 SIMPLEC（SIMPLE Consistent）算法，意为协调一致的 SIMPLE 算法。

将式（10-16）、式（10-17）、式（10-18）两端分别减去 $\Sigma a_{nb} u'_e$、$\Sigma a_{nb} v'_n$、$\Sigma a_{nb} w'_t$，得

$$(a_e - \Sigma a_{nb}) u'_e = \Sigma a_{nb}(u'_{nb} - u'_e) + (p'_P - p'_E) A_e \tag{10-37}$$

$$(a_n - \Sigma a_{nb}) v'_n = \Sigma a_{nb}(v'_{nb} - v'_n) + (p'_P - p'_N) A_n \tag{10-38}$$

$$(a_t - \Sigma a_{nb}) w'_t = \Sigma a_{nb}(w'_{nb} - w'_t) + (p'_P - p'_T) A_t \tag{10-39}$$

在式（10-37）中，由于 u'_{nb}，u'_e 具有相同量级，略去 $\Sigma a_{nb}(u'_{nb} - u'_e)$ 比略去 $\Sigma a_{nb} u'_{nb}$ 产生的影响小得多。因此，SIMPLEC 算法采用了略去 $\Sigma a_{nb}(u'_{nb} - u'_e)$ 项的计算方法，所得到的速度修正值 u'_e 为：

$$(a_e - \Sigma a_{nb}) u'_e = (p'_P - p'_E) A_e$$

$$u'_e = d_e(p'_P - p'_E) \tag{10-40}$$

由式 $u = u^* + u'$，得速度的修正方程为：

$$u_e = u_e^* + d_e(p'_P - p'_E) \tag{10-41}$$

同理,得

$$v_n = v_n^* + d_n(p'_P - p'_N) \tag{10-42}$$

$$w_t = w_t^* + d_t(p'_P - p'_T) \tag{10-43}$$

式中，$d_e = \dfrac{A_e}{a_e - \Sigma a_{nb}}$；$d_n = \dfrac{A_n}{a_n - \Sigma a_{nb}}$；$d_t = \dfrac{A_t}{a_t - \Sigma a_{nb}}$。

速度修正方程式（10-41）~式（10-43）与式（10-23）~式（10-25）一致，但系数的计算公式不同。

SIMPLEC 算法与 SIMPLE 算法步骤相同，只是由于初始忽略的对象不同，速度修正方

程中的系数的计算公式不同。该算法得到的压力修正 p' 值一般比较合适。因此，SIMPLEC 算法中可不采用亚松弛处理。

10.6　PISO 算法

1986 年 Issa 提出了 PISO（Pressure Implicit with Splitting of Operators）算法，即压力的隐式算子分割算法，它源于非稳态可压缩流体的无迭代计算所建立的一种压力速度计算程序，后来在稳态流动中也较广泛采用。

PISO 与前面介绍的 SIMPLE、SIMPLER、SIMPLEC 算法的不同之处在于，SIMPLE、SIMPLER、SIMPLEC 算法为一步预测，一步修正，PISO 算法则是一步预测，两步修正。PISO 算法的预测步与 SIMPLE 算法相同，第一步修正也与 SIMPLE 法相同，采用压力修正方程，在完成第一步修正后，再寻求第二步的修正，以便更好地同时满足运动方程和连续性方程，并加快每个迭代步的收敛速度。

（1）PISO 算法预测。利用压力场 p^*，求解运动方程的离散方程式（10-9）~ 式（10-11），得流速 u^*，v^*，w^*。

（2）PISO 算法第一步修正。根据流速 u^*，v^*，w^*，与 SIMPLE 算法相同，求解压力修正方程（10-27），得压力修正 p'。用式（10-23）~ 式（10-25）修正速度，得第一次修正后的速度 u^{**}，v^{**}，w^{**} 及压力 $p^{**} = p^* + p'$。

（3）PISO 第二步修正。该步的速度修正方程为：

$$u_e^{***} = u_e^{**} + \frac{\sum a_{nb}(u_{nb}^{**} - u_{nb}^*)}{a_e} + d_e(p_P'' - p_E'') \tag{10-44}$$

$$v_n^{***} = v_n^{**} + \frac{\sum a_{nb}(v_{nb}^{**} - v_{nb}^*)}{a_n} + d_n(p_P'' - p_N'') \tag{10-45}$$

$$w_t^{***} = w_t^{**} + \frac{\sum a_{nb}(w_{nb}^{**} - w_{nb}^*)}{a_t} + d_t(p_P'' - p_T'') \tag{10-46}$$

将式（10-44）~ 式（10-46）代入连续方程的积分方程（10-26）便可得第二次的压力修正方程：

$$a_P p_P'' = a_E p_E'' + a_W p_W'' + a_S p_S'' + a_N p_N'' + a_B p_B'' + a_T p_T'' + S \tag{10-47}$$

求解式（10-47）得第二次压力修正 p''，然后将 p'' 代入式（10-44）~ 式（10-46）得第二次修正后的速度 u_e^{***}，v_n^{***}，w_t^{***} 和压力 $p^{***} = p^{**} + p''$。

PISO 算法的流程如图 10-9 所示。

由于 PISO 算法经过两次压力的修正，需要单独对二次压力修正方程的源项设立储存空间，同时，在每一次迭代中，PISO 算法涉及较多的计算，相对复杂。尽管如此，也正是通过了两次压力修正，迭代过程更易收敛，计算速度更快。特别对于非稳态问题，PISO 算法有明显的优势。相对地，在稳态问题中，SIMPLER 与 SIMPLEC 则更合适。

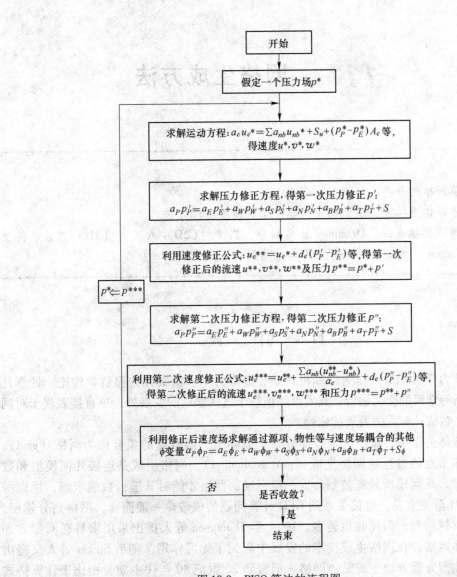

图 10-9 PISO 算法的流程图

思 考 题

10-1 描述交错网格产生原因及处理方法。

10-2 详述 SIMPLE 算法、SIMPLER 算法、SIMPLEC 算法及 PISO 算法的特点及求解流程。

11 网格生成方法

（1）了解网格的分类。

（2）掌握贴体坐标法、块结构化网格等结构网格生产方法。

（3）掌握阵面推进法、Delaunay 三角划分、四叉树（2D）/八叉树（3D）方法、阵面推进法和 Delaunay 三角划分结合算法等非结构网格生产方法。

11.1 引　言

计算流体力学（CFD）作为计算机科学、流体力学、偏微分方程数学理论、计算几何、数值分析等学科的交叉融合，其发展除依赖于这些学科的发展外，更直接表现于对网格生成技术、数值计算方法发展的依赖。

在计算流体力学中，按照一定规律分布于流场中的离散点的集合称为网格（grid），分布这些网格节点的过程叫网格生成（grid generation）。网格生成是连接几何模型和数值算法的纽带，几何模型只有被划分成一定标准的网格才能对其进行数值求解，所以网格生成对 CFD 至关重要，直接关系到 CFD 计算问题的成败。一般而言，网格划分越密，得到的结果就越精确，但耗时也越多。1974 年 Thompson 等人提出采用求解椭圆型方程方法生成贴体网格，在网格生成技术的发展中起到了先河作用。随后 Steger 等人又提出采用求解双曲型方程方法生成贴体网格。但直到 20 世纪 80 年代中期，相比于计算格式和方法的飞跃发展，网格生成技术未能与之保持同步。从这个时期开始，各国计算流体和工业界都十分重视网格生成技术的研究。20 世纪 90 年代以来迅速发展的非结构网格和自适应笛卡尔网格等方法，使复杂外形的网格生成技术呈现出了更加繁荣发展的局面。现在网格生成技术已经发展成为 CFD 的一个重要分支，也是计算流体动力学近 20 年来一个取得较大进展的领域。正是网格生成技术的迅速发展，才实现了流场解的高质量，使工业界能够将 CFD 的研究成果——求解 Euler/N-S 方程方法应用于型号设计中。

随着 CFD 在实际工程设计中的深入应用，所面临的几何外形和流场变得越来越复杂，网格生成作为整个计算分析过程中的首要部分，也变得越来越困难，它所需的人力时间已达到一个计算任务全部人力时间的 60% 左右。在网格生成这一"瓶颈"没有消除之前，快速地对新外形进行流体力学分析，和对新模型的实验结果进行比较分析还无法实现。尽管现在已有一些比较先进的网格生成软件，如 ICEM CFD、Gridgen、Gambit 等，但是对一个复杂的新外形要生成一套比较合适的网格，需要的时间还比较长，而对于设计新外形的工程人员来说，一两天是他们可以接受的对新外形进行一次分析的最大周期。要将 CFD 从专业的研究团体中脱离出来，并且能让工程设计人员应用到实际的设计中去，就必须首先解决网格生成的自动化和即时性问题，R. Consner 等人在他们的一篇文章中详细地讨论了这些方面的问题，并提出 CFD 研究人员的关键问题是"你能把整个设计周期缩短多少天?"而缩短设计周期的主要途径就是缩短网格生成时间和流场计算时间。因此，生成复杂外形网格的自动化和及时性已成为应用空气动力学、计算流体力学最具挑战性的任务之一。

单元（Cell）是构成网格的基本元素。在结构网格中，常用的 2D 网格单元是四边形单元，如图 11-1 所示，3D 网格单元是六面体单元，如图 11-2 所示。而在非结构网格中，常用的 2D 网格单元还有三角形

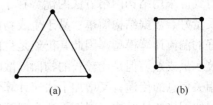

图 11-1　常用的 2D 网格单元
（a）三角形；（b）四边形

单元，3D 网格单元还有四面体单元和五面体单元，其中五面体单元还可分为棱锥型（楔形）和金字塔形单元等。

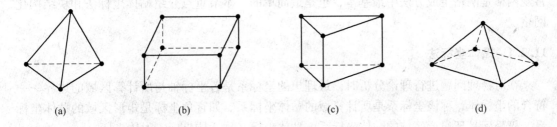

(a)　　　　　　(b)　　　　　　(c)　　　　　　(d)

图 11-2　常用的 3D 网格单元
（a）四面体；（b）六面体；（c）五面体（棱锥）；（d）五面体（金字塔）

现有的网格生成技术一般可以分为结构网格，非结构网格和自适应网格，此外还有一些特殊的网格生成方法，如动网格、重叠网格等。本章将重点介绍结构网格和非结构网格，如图 11-3 所示，因为这两种是 CFD 研究中应用最为广泛的网格生成技术。

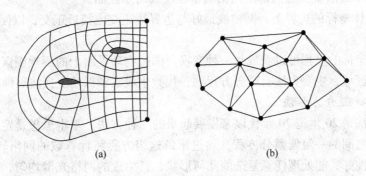

(a)　　　　　　　　　　(b)

图 11-3　结构网格和非结构网格示意图
（a）结构网格；（b）非结构网格

11.2   结构网格

结构网格是正交的，排列有序的规则网格，网格节点可以被标识，并且每个相邻的点都可以被计算而不是被寻找，例如 (i, j) 这个点可以通过 $(i+1, j)$ 和 $(i-1, j)$ 计算得到。采用结构网格方法的优势在于它很容易实现区域的边界拟合；网格生成的速度快、质量好、数据结构简单；易于生成物面附近的边界层网格，有许多成熟的计算方法和比较好的湍流计算模型。因此其仍然是目前复杂外形飞行器气动力数值模拟的主要方法，计算技术最成熟。但是比较长的物面离散时间、单块网格边界条件的确定以及网格块之间各种相关信息的传递，又增加了快速计算分析的难度，而且对于不同的复杂外形，必须构造不同的网格拓扑结构，因而无法实现网格生成的"自动"，生成网格费时费力。比较突出的缺点是适用的范围比较窄，只适用于形状规则的图形。其发展方向是减少工作量，实现网格的自动生成和自适应加密，具有良好的人机对话及可视化，具有与 CAD 良好的接口，并强调更有效的数据结构等。

结构网格主要分为常规网格、贴体坐标法（Body-Fitted Coordinates）和块结构化网格。常规网格是网格生成方法中最基本，也是最简单的，本节重点介绍贴体坐标法和块结构化网格。

11.2.1   贴体坐标法

在对物理问题进行理论分析时，最理想的坐标系是各坐标轴与所计算区域的边界一一符合的坐标体，称该坐标系是所计算域的贴体坐标系。如直角坐标是矩形区域的贴体坐标系，极坐标是环扇形区域的贴体坐标系。贴体坐标又称适体坐标、附体坐标。

从数值计算的观点看，对生成的贴体坐标有以下几个要求：

（1）物理平面上的节点应与计算平面上的节点一一对应，同一簇中的曲线不能相交，不同簇中的两条曲线仅能相交一次。

（2）贴体坐标系中每一个节点应当是一系列曲线坐标轴的交点，而不是一群三角形元素的顶点或一个无序的点群，以便设计有效、经济的算法及程序。要做到这一点，只要在计算平面中采用矩形网格即可，所以贴体坐标系生成的是结构网格。

（3）物理平面求解区域内部的网格疏密程度要易于控制。

（4）在贴体坐标的边界上，网格线最好与边界线正交或接近正交，以便于边界条件的离散化。

生成贴体坐标的过程可以看成是一种变换，即把物理平面上的不规则区域变换成计算平面上的规则区域，主要方法有微分方程法，代数生成法和保角变换法三种。

11.2.1.1   微分方程法

微分方程法是 20 世纪 70 年代以来发展起来的一种方法，基本思想是定义计算域坐标与物理域坐标之间的一组偏微分方程，通过求解这组方程将计算域的网格转化到物理域。其优点是通用性好，能处理任意复杂的几何形状，且生成的网格光滑均匀，还可以调整网格疏密，对不规则边界有良好的适应性，在边界附近可以保持网格的正交性而在区域内部整个网格都比较光顺，缺点是计算工作量大。该方法是目前应用最广的一种结构化网格的生成方法，主要有椭圆型方程法、双曲型方程法和抛物型方程法。

A　椭圆型方程法

以求解椭圆型偏微分方程组为基础的贴体网格生成思想最早是由 Winslow 于 1967 年提出的。1974 年，Thompson、Thames 及 Martin 系统而全面地完成了这方面的研究工作，为贴体坐标技术在 CFD 中广泛应用奠定了基础。此后，在流体力学与传热学的数值计算研究中就逐渐形成了一个分支领域——网格生成技术。所谓的 TTM 方法就是指通过求解微分方程生成网格的方法（TTM 是上述三人姓的首字母）。用椭圆型方程生成的贴体网格质量很高，而且计算时间增加不多，不仅能处理二维、三维问题，而且还能处理定常和非定常问题，该方法成功实现了双流道泵叶轮内三维贴体网格的自动生成。

用椭圆型方程生成网格时的已知条件是：

（1）计算平面上 ξ，η 方向的节点总数及节点位置。在计算平面上网格总是划分均匀的，一般取 $\Delta\xi = \Delta\eta = 1$（0.1 或其他方便计算的数值）。

（2）物理平面计算区域边界上的节点设置，这种节点设置方式反映出对网格疏密布置的要求，例如估计在变量变化剧烈的地方网格要密一些，变化平缓的地方则应稀疏一些。

需要解决的问题是：找出计算平面上求解域的一点 (ξ, η) 与物理平面上一点 (x, y) 之间的对应关系，如图 11-4 所示。

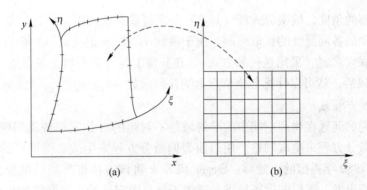

图 11-4　椭圆型方程生成网格的问题表述图示
(a) 物理平面；(b) 计算平面

如果把 (x, y) 及 (ξ, η) 都看成是各自独立的变量，则上述问题的表述就是规定了一个边值问题，即已经知道了边界上变量 (x, y) 与变量 (ξ, η) 之间的对应关系（相当于第一类边界条件），而要求取在计算区域内部它们之间的关系。

从物理平面上来看，把 ξ，η 看成是物理平面上被求解的因变量，则就构成了物理平面上的一个边值问题：即已知物理平面上与边界点 (x_B, y_B) 相应的 (ξ_B, η_B)，要求出与内部一点 (x, y) 对应的 (ξ, η)。在数学上描述边值问题最简单的椭圆型方程就是 Laplace 方程。根据 Laplace 方程解的唯一性原理，可以把 ξ，η 看做物理平面上 Laplace 方程的解，即

$$\begin{cases} \nabla^2\xi = \xi_{xx} + \xi_{yy} = 0 \\ \nabla^2\eta = \eta_{xx} + \eta_{yy} = 0 \end{cases} \tag{11-1}$$

　　同时在物理平面的求解区域边界上规定 $\xi(x,y)$，$\eta(x,y)$ 的取值方法，于是就形成了物理平面上的第一类边界条件的 Laplace 问题。

　　从计算平面上来看，如果从计算平面上的边值问题出发考虑，则情况就会大为改观，因为在计算平面上可以永远取成一个规则区域。所谓计算平面上的边值问题，就是指在计算平面的矩形边界上规定 $x(\xi,\eta)$，$y(\xi,\eta)$ 的取值方法，然后通过求解微分方程来确定计算区域内部各点的 (x,y) 值，即找出与计算平面求解区域内各点相应的物理平面上的坐标。实际上用椭圆型方程来生成网格时都是通过求解计算平面上的边值问题来进行的。为此需要把物理平面上的 Laplace 方程转换到计算平面上以 ξ，η 为自变量的方程。

　　利用链导法以及函数与反函数之间的关系，可以证明：在计算平面上与式（11-1）相应的微分方程为：

$$\begin{cases} \alpha x_{\xi\xi} - 2\beta x_{\eta\xi} + \gamma x_{\eta\eta} = 0 \\ \alpha y_{\xi\xi} - 2\beta y_{\eta\xi} + \gamma y_{\eta\eta} = 0 \end{cases} \tag{11-2}$$

其中
$$\begin{cases} \alpha = x_\eta^2 + y_\eta^2 \\ \beta = x_\xi x_\eta + y_\xi y_\eta \\ \gamma = x_\xi^2 + y_\xi^2 \end{cases} \tag{11-3}$$

　　从数值求解的角度，偏微分方程（11-2）的求解没有任何困难，它们是计算平面上两个带非常数源项的各向异性的扩散问题。由于参数 α，β，γ 把 (x,y) 耦合在一起，因而两个方程需要联立求解（采用迭代的方式）。在获得了与计算平面上各节点 (ξ,η) 相对应的 (x,y) 以后，就可以计算各个节点上的几何参数 $(x_\xi, x_\eta, y_\xi, y_\eta, \alpha, \beta, \gamma)$。

　　B　双曲型方程法

　　如果所研究的问题在物理空间中的求解域是不封闭的（如翼型绕流问题），此时可以采用双曲型偏微分方程来生成网格。用双曲型偏微分方程来生成二维网格的方法是 Steger 和 Chaussee 于 1980 年提出的，随后，Steger 和 Zick 将该方法推广到三维情况。这种生成方法通常是物面出发，逐层向远场推进，适用于没有固定远场边界网格的生成，在二维情况下，其控制方程为：

$$\frac{\partial x}{\partial \xi}\frac{\partial x}{\partial \eta} + \frac{\partial y}{\partial \xi}\frac{\partial y}{\partial \eta} = 0 \tag{11-4}$$

$$\frac{\partial x}{\partial \xi}\frac{\partial y}{\partial \eta} + \frac{\partial y}{\partial \xi}\frac{\partial x}{\partial \eta} = \Omega \tag{11-5}$$

　　方程式（11-4）控制网格线的正交，方程式（11-5）控制网格单元尺度的分布，Ω 为单元面积分布函数。在 $\eta=0$（物面）上给定网格节点分布作为初值，然后沿 η 方向逐层推进生成网格。其优点是不用人为地定义外边界且可以根据需要直接调整网格层数；缺点是由于双曲型方程会传播奇异性，故当边界不光滑时，会导致生成的网格质量较差。所以，该方法通常用于生成对外边界的位置要求不严的外流计算网格或嵌套网格。

　　C　抛物型方程法

　　采用抛物型方程来生成网格的思想是由 Nakamura 于 1982 年提出来的，这种方法生成网格的过程：从生成网格的 Laplace 或 Poisson 方程出发，对方程中决定其椭圆特性的那一项作特殊处理，从给定节点布置的初始边界（设为 $\eta = 0$）出发，在 $\xi = 0$ 及 $\xi = 1$ 的两边界上按设定的边界条件（即节点布置），一步一步地向 $\eta = 1$ 的方向前进。其优点是概念简单，通过一次扫描就生成了网格而不必采用迭代计算，同时又不会出现双曲型方程的传播奇异性问题。

11.2.1.2　代数生成法

代数生成法实际上是一种插值方法。它主要是利用一些线性和非线性的、一维或多维的插值公式来生成网格。其优点是应用简单、直观、耗时少、计算量小，能比较直观地控制网格的形状和密度；缺点是对复杂的几何外形难以生成高质量的网格。

A　边界规范化方法

所谓边界规范化方法（Boundary Normalization）就是指通过一些简单的变换把物理平面计算区域中不规则部分的边界转换成计算平面上的规则边界的方法，这些变换关系式因具体问题而异。

a　二维不规则通道的变化

图 11-5 所示为一个二维渐扩通道的上半部，给定了不规则的上边界的函数形式为 $y = x^2$，$1 \leqslant x \leqslant 2$。则可采用下列变换把上边界规范化：

$$\xi = x,\eta = y/y_{\max},y_{\max} = x_t^2 \tag{11-6}$$

式中，x_t 为上边界节点的 x 值。

对于一条边界为不规则的二维通道，只要规定了不规则边界上 y 与 x 之间的关系式，都可以用这种方法来进行变换。

b　梯形区域的变换

如图 11-6 所示的一个梯形区域可以通过式（11-7）变换成计算平面上边长可以调节的矩形。

$$\xi = ax,\eta = b\frac{y - F_1(x)}{F_2(x) - F_1(x)} \tag{11-7}$$

式中，$F_2(x)$ 和 $F_1(x)$ 分别为梯形上下边的 y 与 x 的关系式，a 与 b 为调节系数（放大或缩小），且 $F_2(x)$ 和 $F_1(x)$ 不必为直线，也可为曲线，但与垂直 x 轴的直线只能有一个交点。

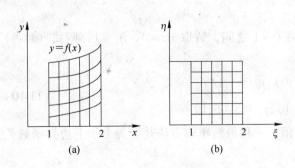

图 11-5　不规则二维通道
（a）变换前；（b）变换后

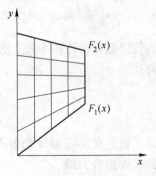

图 11-6　梯形区域的变换

c　偏心圆环区域的变换

如图 11-7 所示，偏心圆环区域可以采用变换转化成为计算平面上的一个矩形。

$$\xi = \varphi, \eta = \frac{r - a}{R - a} \tag{11-8}$$

偏心圆环中的自然对流就可以用这类变换生成网格。

B　双边界法

对于在物理平面上由四条曲线边界所构成的不规则区域，可以采用一种具有通用意义的方法来生成网格，这就是"双边界法"（Two-Boundary Method）。如图 11-8 所示，设在物理平面上有一不规则区域 abcd，其中 ab，cd 为两不直接联接的边界。首先选定这两条边界上的 η 值，设分别为 η_b 和 η_t，于是该两边界上的 x，y 仅随 ξ 而异。这些因变关系应该预先取定，设为：

$$x_b = x_b(\xi), y_b = y_b(\xi)$$
$$x_t = x_t(\xi), y_t = y_t(\xi) \tag{11-9}$$

式中，下标 b 与 t 分别表示底边与顶边。

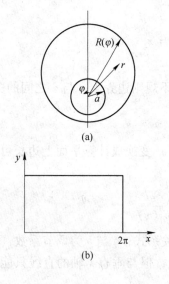

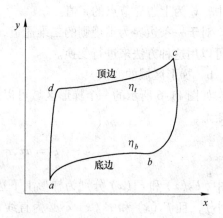

图 11-7　偏心圆环的变换
（a）偏心圆环；（b）矩形

图 11-8　可用双边界法生成贴体坐标的区域

为简便起见，计算平面上的 ξ，η 取在 0 ~ 1 之间，暂取 $\eta_1 = 0$，$\eta_2 = 1$，则式（11-9）可写为：

$$x_b = x_b(\xi, 0), y_b = y_b(\xi, 0)$$
$$x_t = x_t(\xi, 1), y_t = y_t(\xi, 1) \tag{11-10}$$

为了确定在区域 abcd 内各点的 ξ，η 值，一种最简单的方法是取为上、下边界函数关于 η 的线性组合，即

$$x(\xi, \eta) = x_b(\xi)f_1(\eta) + x_t(\xi)f_2(\eta)$$
$$y(\xi, \eta) = y_b(\xi)f_1(\eta) + y_t(\xi)f_2(\eta) \tag{11-11}$$

式中，$f_1(\eta) = 1 - \eta$，$f_2(\eta) = \eta$，这样生成的网格，在物理平面的边界上网格线与边界是不垂直的，为了生成与边界正交的网格，$f_1(\eta)$，$f_2(\eta)$ 需要取为三次多项式，且在式（11-11）中要增加两条边界上 x_b，y_b，x_t 及 y_t 对 ξ 的导数项。

图 11-9(a) 所示的梯形如果用双边界法转换，可取：

$$x_b = x_1(\xi) = \xi, x_t = \xi$$
$$y_b = y_1(\xi) = 0, y_t = y_2(\xi) = 1 + \xi$$
$$\tag{11-12}$$

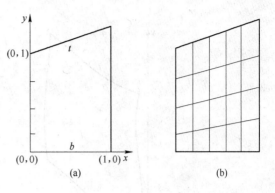

图 11-9　双边界法转换

则根据式（11-11）得

$$x = x_1(\xi)(1 - \eta) + x_2(\xi)\eta = \xi(1 - \eta) + \xi\eta = \xi$$
$$y = y_1(\xi)(1 - \eta) + y_2(\xi)\eta = 0 \times (1 - \eta) + (1 + \xi)\eta = (1 + \xi)\eta \tag{11-13}$$

这就相当于把 y 方向的长度规范化。这一变换所得出的物理平面上的网格线显然不与 $x = 0$ 及 $x = 1$ 两条直线正交。对于物理平面的计算边界上的节点设置为均分情形（为 5×5 的节点布置），用双边界法得到的物理平面上的网格如图 11-9(b) 所示。

C　无限插值方法

双边界法还可以看成是构造了一种插值的方式，即把上、下边界上规定好的 $x_t(\xi)$，$y_t(\xi)$ 及 $x_b(\xi)$，$y_b(\xi)$ 通过插值而得出内部节点的 (x, y) 与 (ξ, η) 间的关系。如果同时在四条不规则的边界上各自规定了 (x, y) 与 (ξ, η) 的关系，这种关系式是可以解析的，也可以给出离散的对应关系。设分别为 $x_b(\xi)$，$y_b(\xi)$，$x_t(\xi)$，$y_t(\xi)$，$x_l(\eta)$，$y_l(\eta)$ 及 $x_r(\eta)$，$y_r(\eta)$，其中下标 l，r 表示左右，如图 11-10（a）所示，可以采用下列变换（插值）得到物理平面上计算区域内任一点 (x, y) 与 (ξ, η) 的关系：

$$x(\xi, \eta) = x_b(\xi)(1 - \eta) + x_t(\xi)\eta + (1 - \xi)x_t(\eta) + \xi x_r(\eta) - $$
$$[\xi\eta x_t(1) + \xi(1 - \eta)x_b(1) + \eta(1 - \xi)x_t(0) + \xi(1 - \eta)x_b(0)]$$
$$y(\xi, \eta) = y_b(\xi)(1 - \eta) + y_t(\xi)\eta + (1 - \xi)y_t(\eta) + \xi y_r(\eta) - $$
$$[\xi\eta y_t(1) + \xi(1 - \eta)y_b(1) + \eta(1 - \xi)y_t(0) + \xi(1 - \eta)y_b(0)] \tag{11-14}$$

式（11-14）所规定的插值可以把四条边界上规定的对应关系连续地插值到区域内部，插值的点数是无限的，因而称为无限插值（transfinite interpolation, TFI）。即如果把 $\xi = (0, 1)$，$\eta = (0, 1)$ 分别代入到式（11-14），可以得出四条边界的 (x, y) 与 (ξ, η) 的关系式，因而在 $0 < \xi < 1$，$0 < \eta < 1$ 的范围内式（11-14）给出了求解区域内节点的位置据四条边界给定的关系进行插值的方式。应用无限插值方法生成的网格如图 11-10(b) 所示。

11.2.1.3　保角变换法

保角变换又称保角映射、共形映射，是复变函数论的一个分支，从几何学的角度来研

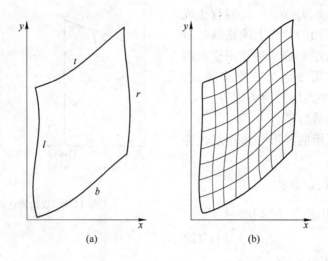

图 11-10   无限插值方法生成的网格

究复变函数，将二维不规则区域利用保角变换理论变换成矩形区域，并通过矩形区域上的直角坐标网格构造二维不规则区域贴体网格。和其他方法相比，在变换过程中需要引入的额外项数目最少，变换的偏微分方程相对简单。随着复变函数论和微分几何学的发展，保角映射的理论和方法得到进一步发展，其中基于 Schwarz-Christoffel 的保角变换具有更大的灵活性，在二维的边界处理中应用广泛。这种方法的优点是能精确的保证网格的正交性，网格光滑性较好，在二维翼型计算中有广泛应用；缺点是对于比较复杂的边界形状，有时难以找到相应的映射关系式，且只能应用于二维网格。

11. 2. 2   块结构化网格

贴体网格求解不规则几何区域中的流动与换热问题的方法，可以用来求解一大批不规则区域中的流场和温度场，其中 TTM 方法的提出大大促进了有限容积法、有限差分法处理不规则区域问题的发展。但由于实际工程技术问题的复杂性，仍然有不少不规则区域中的问题难以用贴体坐标方法解决。本节介绍另外一种有效处理不规则计算区域的方法，即块结构网格（Block-Structured Grid）。

11. 2. 2. 1   基本思想

块结构化网格又称组合网格（Composite Grid），是求解不规则区域中流动与传热问题的一种重要网格划分方法。从数值方法的角度又称区域分解法（Domain Decomposition Method）。采用这种方法时，首先根据问题的条件把整个求解区域划分成几个子区域，每一子区域都用常规的结构化网格来离散，通常各区域中的离散方程都各自分别求解，块与块之间的耦合通过交界区域中信息的传递来实现。采用这种方法的关键在于不同块的交界处求解变量的信息如何高效、准确的传递。

采用块结构化网格的优点是：因为在每一块中都可以方便地生成结构网格，所以可以大大减轻网格生成的难度；可以在不同的区域选取不同的网格密度，从而有效地照顾到不同计算区域需要不同空间尺度的情况，块与块之间不要求网格完全贯穿，便于网格加密；便于采用并行算法来求解各块中的代数方程组。

11.2.2.2 两种基本形式

块结构化网格可分为拼片式网格（Patched Grid）与搭接式网格（Overlapping Grid），前者在块与块的交界处无重叠区域，通过一个界面相接，如图11-11(a)所示；后者则有部分区域重叠，如图11-11(b)所示，这种网格又称杂交网格（Chimera Grid）。

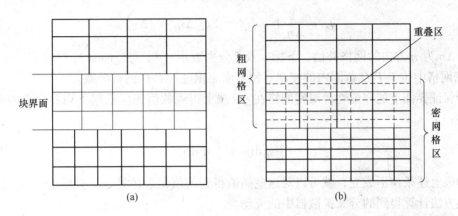

图 11-11 块结构化网格的两种类型

(a) 拼接式；(b) 搭接式

在块与块的交界处网格信息传递的常用方法有 D-D 型（D-Dirichlet，即第一类边界条件传递）及 D-N 型（D-Neumann）两种。在 D-N 传递中一个块在交界处给出第一类边界条件而另一块则在交界处给出第二类边界条件。

A D-N 型信息传递方法

以如图 11-12 所示两块的公共边界 AB 上信息传递方法为例来说明 D-N 型信息传递方法，为了求解块 1（密网格块）中的离散方程，需要有一个东侧邻点的值。为此将块 1 的 ξ 方向的网格线延伸一格，与疏网格区的 CD 相交于 s 点，如图 11-12(a)所示。s 点的值可以根据 CD 线上相关位置的插值得到。一般可以去线性插值直到三阶插值，以获得所需的变量值。对于变化剧烈的变量，高阶插值反而会导致不合理的结果，宜采用线性插值。

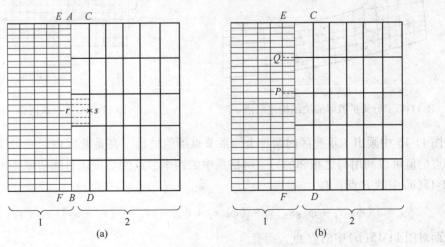

图 11-12 界面上信息的 D-N 传递

类似地将粗网格块 2 的 ξ 方向网格线延伸一格，交块 1 中的网格线 EF 于 Q，P 点，如图 11-12(b) 所示。对于粗网格这条延伸边界采用由密网格的密度（如热流密度）式通量插值以获得相应的粗网格边界上的值。假设粗网格延伸边界上 PQ 上的热流密度为 q_c，则有

$$q_c = \frac{1}{\Delta\eta_c}\int_P^Q q_f d\eta_f = \Sigma q_{f,j}\Delta\eta_{f,j}N_j/\Delta\eta_c \tag{11-15}$$

式中，$\Delta\eta$ 为 η 方向的网格补偿；下标 c 及 f 分别表示"粗"（coarse）与"密"（fine）；N_f 为密网格中位于 P-Q 范围内的控制容积界面面积进入 P-Q 的百分数。

为保证界面上的守恒性，对密网格在 CD 线上得到的值还应根据下列界面上的守恒进行调整：

$$\int_C^D q_f d\eta_f = \int_C^D q_c d\eta_c \tag{11-16}$$

如果上述条件不成立，就可以对这些插值得到的值做总体修正。如图 11-13 所示为采用上述方法计算得到的分叉扩散器中的流动。

B D-D 型信息传递方法

为了计算流体区域如图 11-14 所示形状的流动与换热，可以采用如图 11-14 所示的组合网格。这里两个圆柱面附近区域采用极坐标，其余部分则采用直角坐标。这两种网格是独立地设置，并不考虑相互间要恰好连接起来，但彼此间要有重叠的区域。设极坐标区 Ⅰ 的外边界为曲线 aa，Ⅱ 的外边界为圆弧 bb，而直角坐标网格 Ⅲ 的外边界为 cc。

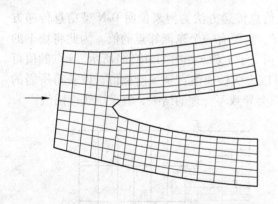

图 11-13　分叉扩散器的块结构化网格

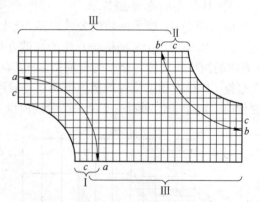

图 11-14　搭接式网格

图 11-15 中画出了重叠区内两种坐标系节点插值情形。在重叠区内，一种网格系统边界节点的值可以利用与之相邻的另一网格系中的四个节点的值按现行插值原则得出。如对图 11-15(a) 中的 P 点，有

$$\phi_P = [(\phi_{NE}x_1 + \phi_{NW}x_2)y_2 + (\phi_{SE}x_1 + \phi_{SW}x_2)y_1]/[(x_1+x_2)(y_1+y_2)] \tag{11-17}$$

而对图 11-15(b) 中的 P 点，则有

$$\phi_P = [(\phi_{NE}r_1 + \phi_{NW}r_2)\theta_2 + (\phi_{SE}r_1 + \phi_{SW}r_2)\theta_1]/[(r_1+r_2)(\theta_1+\theta_2)] \tag{11-18}$$

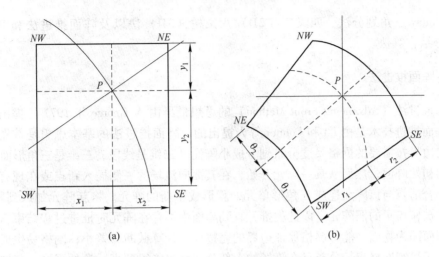

图 11-15　搭接式网格重叠区内的插值

（a）直角坐标；（b）极坐标

11.3　非结构网格

同结构化网格的定义相对应，非结构化网格是指网格区域内的内部点不具有相同的毗邻单元。非结构化网格技术主要弥补了结构化网格不能解决任意形状和任意连通区域的网格剖分的缺陷。因此，非结构化网格中节点和单元的分布可控性好，能够较好地处理边界，适用于复杂结构模型网格的生成。非结构化网格生成方法在其生成过程中采用一定的准则进行优化判断，因而能生成高质量的网格，容易控制网格大小和节点密度，它采用的随机数据结构有利于进行网格自适应，提高计算精度。从定义上可以看出，结构化网格和非结构化网格有相互重叠的部分，即非结构化网格中可能会包含结构化网格的部分。

非结构化网格技术从 20 世纪 60 年代开始得到发展，到 90 年代时，有关非结构化网格的文献达到了其高峰时期。由于非结构化网格的生成技术比较复杂，随着人们对求解区域的复杂性的不断提高，对非结构化网格生成技术的要求越来越高。从现在的文献调查情况来看，非结构化网格生成技术中只有平面三角形的自动生成技术比较成熟（边界的恢复问题仍然是一个难题，现在正在广泛讨论），平面四边形网格的生成技术正在走向成熟。而空间任意曲面的三角形、四边形网格的生成，三维任意几何形状实体的四面体网格和六面体网格的生成技术还远远没有达到成熟。需要解决的问题还非常多。主要的困难是从二维到三维以后，待剖分网格的空间区非常复杂，除四面体单元以外，很难生成同一种类型的网格，需要各种网格形式之间的过渡，如金字塔形，五面体形等。

非结构化网格技术的分类，可以根据应用的领域分为应用于差分法的网格生成技术（常称为 Grid Generation Technology）和应用于有限元方法中的网格生成技术（常称为 Mesh Generation Technology），应用于差分计算领域的网格除了要满足区域的几何形状要求以外，还要满足某些特殊的性质（如垂直正交，与流线平行正交等），因而从技术实现上来说就更困难一些。基于有限元方法的网格生成技术相对非常自由，对生成的网格只要满足一些形状上的要求即可。一般来说，非结构网格生成方法可以分为阵面推进法、Delaunay 三角划分法、四叉树（2D）/八叉树（3D）法以及阵面推进法和 Delaunay 三角划分结合算法。

11.3.1　阵面推进法

阵面推进法（Advancing Front Method）的思想最早由 A. George 于 1971 年提出，目前经典的阵面推进技术是由 Lo 和 Lohner 等人提出的。阵面推进法的基本思想是首先将待离散区域的边界按需要的网格尺度分布划分成小阵元（二维是线段，三维是三角形面片）构成封闭的初始阵面，然后从某一阵元开始，在其面向流场的一侧插入新点或在现有阵面上找到一个合适点与该阵元连成三角形单元，就形成了新的阵元。将新阵元加入到阵面中，同时删除被掩盖了的旧阵元，以此类推，直到阵面中不存在阵元时推进过程结束。其优点是初始阵面即为物面，能够严格保证边界的完整性；计算截断误差小，网格易生成；引入新点后易于控制网格步长分布且在流场的大部分区域也能得到高质量的网格。其缺点是每推进一步，仅生成一个单元，因此效率较低。

在生成初始阵面和新的三角形单元时，需要知道局部网格空间尺度参数，这可以由背景网格提供，对背景网格的要求是其能完全覆盖计算区域。早期的阵面推进法采用非结构化背景网格，背景网格的几何形状与拓扑结构及其空间尺度参数通过人为给定，这种方法的缺点是人工介入成分多，不易被使用者掌握，生成的非结构化网格光滑性难于保证，进行空间尺度参数插值运算时需要进行大量的搜索运算，降低了网格的生成效率。

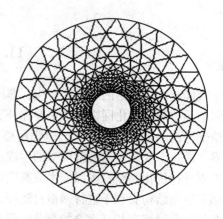

赵斌等利用编制的计算程序对环形和 NACA009 翼型通过设置点源控制内部网格疏密进行了网格剖分，如图 11-16 ~ 图 11-18 所示。

图 11-16　环形区域网格划分

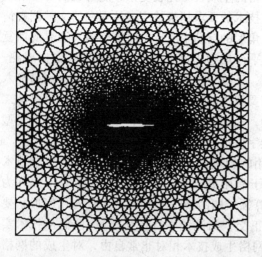

图 11-17　NACA009 翼型的非结构网格

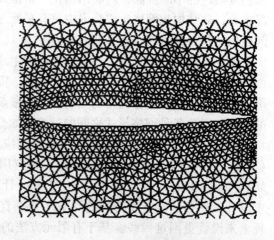

图 11-18　NACA009 翼型的非结构网格的放大图

许厚谦和王兵提出了一种新的阵面推进算法，即多点择优推进阵面法，它是在分析目前已有的几类生成方法的基础上改进而来的。此算法的基本策略是推进阵面法，在映射平面的帮助下，实现对曲面的直接三角形网格划分，同时在划分结束后，能快速对格点进行 Laplace 松弛。与常规推进阵面法最大的差别在于，在得到活动阵面的理想推进点时，不是由解析公式获得，也不是从曲面的几何信息中插值得来，而是从曲面上预先布好的点集中搜集到的一个最优点。此点集的规模很大，足够反映曲面的所有信息，最终的非结构网格格点数目仅占这个点集的千分之一左右。本方法的主要步骤为：

（1）生成背景网格。在背景网格中放置一定数目的源项，通过求解 Poisson 方程，可以实现网格尺度在整个流场域的自动分布。通过改变源项的数目、位置、尺度和强度，可以方便、有效地控制背景网格尺度的分布。和非结构背景网格相比，手工工作量小，且由于背景网格的尺度由求解方程获得，使得尺度分布更加光顺。

（2）曲面边界离散。背景网格生成后，就可以对曲面边界进行剖分，得到初始阵面如果质量不高，不仅影响网格质量，甚至会导致阵面推进失败。

（3）曲面离散成点集，存于二维数组。利用一系列纵横交错的线条来描述曲面，这些纵横线条被赋以整数参数来标识，根据曲面的定义，该点也对应一个空间点 (x, y, z)，同时网格交点也有了参数坐标 (i, j)，即将所有网格点的空间坐标存于 3 个二维数组中，即：$x(i, j)$，$y(i, j)$，$z(i, j)$，这种思想类似于将空间曲面表示成二元参数曲面。

（4）将边界离散点定位于参数平面（找出各点的参数 i, j）。边界离散点已经事先确定，接下来需要找出各点在参数面上最接近的参数坐标 (i, j)。这可以用低效率的逐一比较法，也可以用高效率的搜索法完成。如果 (i, j) 点对应的空间坐标与边界离散点的坐标不重合，则将边界离散点的坐标赋给 $x(i, j)$，$y(i, j)$，$z(i, j)$。

（5）在空间曲面上进行阵面推进。首先选定一活动阵面，求出其空间长度 S，两端点 A，B 的参数 (i_A, j_A)，(i_B, j_B)，其次从背景网格中求出该活动阵面中点的网格尺度 L（作为理想等腰三角形的腰长），最后从活动阵面的中点 M 的参数 (i_M, j_M) 出发，搜索一个最优点 $P(i_P, j_P)$，其到两端点的空间距离最能满足背景网格尺度要求，搜索算法的好坏直接关系到网格生成的成功与否及网格质量。因为空间曲面三角形与参数平面三角形的拓扑结构完全一样，因此可以在二维参数平面判断新三角形与阵面是否相交，及新三角形是否包含已有阵面点。

这种方法借助于参数平面的拓扑结构，对曲面直接进行三角形网格化，在划分结束后，还可以方便地对曲面网格进行 Laplace 格点松弛光顺。克服了传统曲面映射法造成的网格变形问题，且方法简单，在描述曲面时，仅仅要求能在曲面上布置一个网格点集，不需记录曲面的法向矢量、曲率等，适用面广，如图 11-19 所示。

11.3.2　Delaunay 三角划分法

Delaunay 三角划分方法是在 19 世纪 50 年代 Dirichlet 提出 Voronoi 图的基础上发展而来的，是目前应用最广泛的网格生成方法之一。Delaunay 三角形划分的步骤是：将平面上一组给定点中的若干个点连接成 Delaunay 三角形，即每个三角形的顶点都不包含在任何其他不包含该点三角形的外接圆内，然后在给定的这组点中取出任何一个未被连接的点，判断该点位于哪些 Delaunay 三角形的外接圆内，连接这些三角形的顶点组成新的 Delaunay 三

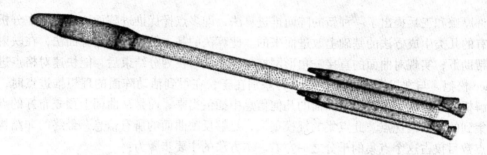

图 11-19　采用多点择优阵面推进法得到的运载火箭表面网格

角形，直到所有的点全部被连接。

要满足 Delaunay 三角剖分的定义，必须符合两个重要的准则：

（1）空圆特性。Delaunay 三角网是唯一的（任意四点不能共圆），在 Delaunay 三角形网中任一三角形的外接圆范围内不会有其他点存在，如图 11-20 所示。

（2）最大化最小角特性。在散点集可能形成的三角剖分中，Delaunay 三角剖分所形成的三角形的最小角最大。从这个意义上讲，Delaunay 三角网是"最接近于规则化的"的三角网，即在两个相邻的三角形构成凸四边形的对角线，在相互交换后，六个内角的最小角不再增大，如图 11-21 所示。

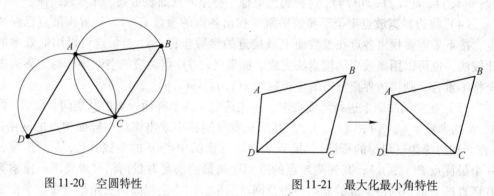

图 11-20　空圆特性　　　　　　　　　　图 11-21　最大化最小角特性

Delaunay 剖分是一种三角剖分的标准，实现它有多种算法，其中 Lawson 算法是最经典的一种算法。逐点插入的 Lawson 算法是 1977 年被提出的，该算法思路简单，易于编程实现。基本原理为：首先建立一个大的三角形或多边形，把所有数据点包围起来，向其中插入一点，该点与包含它的三角形三个顶点相连，形成三个新的三角形，然后逐个对其进行空外接圆检测，同时用 Lawson 设计的局部优化过程 LOP 进行优化，即通过交换对角线的方法来保证所形成的三角网为 Delaunay 三角网。

Lawson 算法的基本步骤是：

（1）构造一个超级三角形，包含所有散点，放入三角形链表。

（2）将集中的散点依次插入，在三角形链表中找出其外接圆包含插入点的三角形（称为该点的影响三角形），删除影响三角形的公共边，将插入点同影响三角形的全部顶点连接起来，从而完成一个点在 Delaunay 三角形链表中的插入。

（3）根据优化准则对局部新形成的三角形进行优化，将形成的三角形放入 Delaunay 三角形链表。

（4）循环执行上述第（2）步，直到所有散点插入完毕。

上述基于散点的构网算法理论严密，唯一性好，网格满足空圆特性，较为理想。由其逐点插入的构网过程可知，遇到非 Delaunay 边时，通过删除调整，可以构造形成新的 Delaunay 边，如图 11-22 所示。在完成构网后，增加新点时，无需对所有的点进行重新构网，只需对新点的影响三角形范围进行局部联网，且局部联网的方法简单易行，如图 11-23所示。同样，点的删除、移动也可快速动态地进行。但在实际应用当中，当点集较大时构网速度也较慢，如果点集范围是非凸区域或者存在内环，则会产生非法三角形。

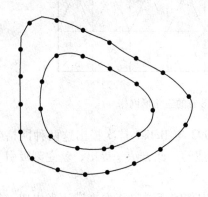
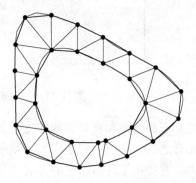

图 11-22　离散点集合　　　　　　　图 11-23　Delaunay 三角剖分产生的网格

Delaunay 三角划分的优点是具有良好的数学支持，生成效率高，不易引起网格空间穿透，数据结构相对简单，而且速度快，网格的尺寸比较容易控制。缺点是为了要保证边界的一致性和物面的完整性需要在物面处进行布点控制，以避免物面穿透。

11.3.3　四叉树（2D）/八叉树（3D）方法

Yerry 和 Shephard 于 1983 年首先将四叉树/八叉树法的空间分解法引入到网格划分领域，形成了著名的四叉树/八叉树方法。其后许多学者对该方法进行了完善和发展，提出了修正的四叉树/八叉树方法。

修正的四叉树/八叉树方法生成非结构网格的基本做法是：先用一个较粗的矩形（二维）/立方体（三维）网格覆盖包含物体的整个计算域，然后按照网格尺度的要求不断细分矩形（立方体），使符合预先设置的疏密要求的矩形/立方体覆盖整个流场，最后再将矩形/立方体切割成三角形/四面体单元。如图 11-24 所示为用一种基于四叉树方法生成的三角形网格示意图。

该方法的优点是：基本算法很简单而且树形的数据结构对于很多拓扑的和几何的操作（如寻找邻近节点等）都很有效；可以很容易地把自适应网格细分合成进来（通过细化一个叶节点或删除一个子树完成）；可以与固体模型很好地结合，因为在许多几何操作上其用到了同样的基本思想；网格生成速度快且易于自适应，还可以方便地同实体造型技术相结合。缺点是由于其基本思想是"逼近边界"且复杂边界的逼近效果不甚理想，所以生成网格质量较差。

11.3.4　阵面推进法和 Delaunay 三角划分结合算法

阵面推进法生成的网格具有质量好，边界完整性好的特点，而 Delaunay 三角划分法生

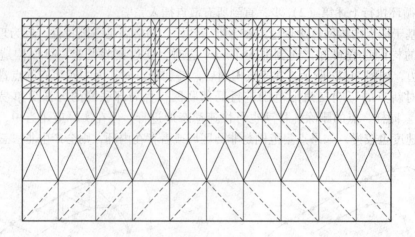

图 11-24 一种基于四叉树方法形成的三角形网格

成网格具有高效率和良好的数学支持的特点。在 1993 年 Rebay 首次提出这两种网格生成方法结合之前，它们一直是作为"竞争对手"被描述的，此方法一提出，就立刻吸引了众多学者，并提出了许多改进的方法。

阵面推进法的实施过程为：从边界网格出发，内部的点通过阵面推进法来生成，然后利用 Delaunay 算法对这些点进行逐点插入，重复以上过程直到网格的尺寸达到要求尺寸。阵面推进法的优点是网格的质量好、边界逼近效果好、网格生成效率高和有良好的数学支持；缺点是对于边界网格的依赖性较大，边界网格的质量直接影响网格划分的结果。

思 考 题

11-1 详述网格的分类，二维及三维结构网格、非结构网格有哪些？

11-2 结构网格、非结构网格及混合网格应用的场合有哪些？

11-3 下图为混合网格，试用非结构网格对此区域进行网格划分。

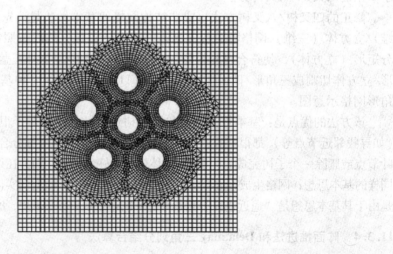

参 考 文 献

[1] 吴望一. 流体力学[M]. 北京：北京大学出版社. 1982.

[2] 陈景仁. 流体力学传热学[M]. 北京：国防工业出版社，1983.

[3] 章本照. 流体力学中的有限元方法[M]. 北京：机械工业出版社，1986.

[4] 陶文铨. 数值传热学[M]. 2版. 西安：西安交通大学出版社，1998.

[5] 章本照. 流体力学数值方法[M]. 北京：机械工业出版社，2003.

[6] 韦斯林. 计算流体力学原理[M]. 北京：科学出版社，2006.

[7] Anderson J D. 计算流体力学基础及其应用[M]. 吴颂平，刘赵森，译. 北京：机械工业出版社，2007.

[8] 龙天渝，苏亚欣，向文英，等. 计算流体力学[M]. 重庆：重庆大学出版社，2007.

[9] 张廷芳. 计算流体力学[M]. 2版. 大连：大连理工大学出版社，2007.

[10] Daly B J, Harlow F H. Transport equations in turbulence[J]. Fluids, 1970(13):2634~2649.

[11] Patankar S V. Numerical heat transfer and fluid flows[M]. Washington：Hemisphere Publishing Corporation and MeGraw Hill book Company, 1980.

[12] Chen C J, Jaw S Y. Fundamentals of turbulence modeling[M]. Washington：Taylor & Francis, 1998.

[13] Lunder B E, Spalding D B. Lectures in mathematical models of turbulence[M]. London：Academicpress Press, 1990.

[14] Shih T H, Liou W W, Shabbir A, et al. A New k-ε eddy viscosity model for high reynolds number turbulence flows[J]. Comput & Fluids, 1995, 24(3):227~238.

[15] Gibson M M, Launder B E. Ground effects on pressure fluctuations in the atmospheric boundary layer[J]. J. Fluid Mech, 1987(86):491~511.

[16] Launder B E. Second-moment closure and its use in modeling turbulent industrial flows[J]. International Journal for Numerical Methods in Fluids, 1989(9):963~985.

[17] Launder B E. Second-moment closure：present and future[J]. Inter. J. Heat Fluid Flow, 1989, 10(4):282~300.

[18] Speziale C G. Analytical methods for the development of reynolds-stress closures in turbulence[J]. Ann Rev Fluid Mech, 1991(23):107~157.

[19] Mashayek F. Tubulent gas-solid flows, part Ⅰ：direct simulation and reynolds closures[J]. Numerical Heat Transfer, Part B：Fundamental, 2002, 41(1):1~29.

[20] Fluent Inc. , FLUENT User's Guide. Fluent Inc. , 2003.

[21] Rai M M, Moin P. Direct simulations of turbulent flow using finite-difference schemes[J]. Journal of Computational Physics, 1991(96):15~53.

[22] 田振夫. 求解泊松方程的紧致高阶差分方法[J]. 西北大学学报，1996(2):109~114.

[23] 周恒，赵耕夫. 流动稳定性[M]. 北京：国防工业出版社，2004.

[24] 朱伯芳. 有限单元法原理与应用[M]. 北京：水利电力出版社，1979.

[25] Chung T J. 流体力学的有限元分析[M]. 张二骏，等译. 北京：电力工业出版社，1980.

[26] 韩向科，钱若军，袁行飞，等. 改进的基于特征线理论的流体力学有限元法[J]. 西安交通大学学报，2011，45(7):112~117.

[27] Brebbia C A. Rcent advance in boundary element methods[M]. London：Pentech Press, 1978.

[28] Banerjee P K, Butterfield R. Development in boundary element methods[M]. London：Applied Science Published ltd. , 1979.

[29] 曹凤帅. 比例边界有限元法在势流理论中的应用[D]. 大连：大连理工大学，2009.

［30］ 陶文铨. 计算传热学的近代进展［M］. 北京：科学出版社，2000.

［31］ 帕坦卡 S V. 传热与流体流动的数值计算［M］. 张政，译. 北京：科学出版社，1984.

［32］ Gaskell P H, Lau A K C, Wright N G. comparison of two solution strategies for use with higher-order discretization schemes in fluid flow simuiation［J］. Int J Numer Methods Fluids, 1988(8):1203～1215.

［33］ Hayase T, Humphery J A C, Launder B E. A consistently formulated QUICK scheme for fast and stable convergence using finite-volume iterative calculation procedure［J］. J. Computional Physics, 1992(93): 108～118.

［34］ Shyy W, Thakur S, Wright J. Second order upwind and central difference scheme for recirculating flow computation［J］. AIAA Journal, 1992(30):923～932.

［35］ 杨茉，李学恒，陶文铨. QUICK 与多种差分方案的比较和计算［J］. 工程热物理学报，1999，20(5):593～597.

［36］ 韩坤. 基于有限体积法的水辅共注成型数值模拟［D］. 南昌：华东交通大学，2010.

［37］ 袁世伟，赖焕新. 幂律非牛顿流体流动的有限体积算法［J］. 华东理工大学学报，2013，39(3): 364～369.

［38］ Hussaini M Y, Zang T A. 流体动力学中的谱方法［J］. 河南大学科技学报，1989，1：53～70.

［39］ 刘宏，傅德薰，马延文. 迎风紧致格式与驱动方腔流动问题的直接数值模拟［J］. 中国科学（A辑），1993，23(6):657～665.

［40］ 许传炬，辜联昆. 计算流体力学中的谱方法［J］. 数学研究，1995，28(4):1～8.

［41］ 曾晓清，吴雄华，王云飞. 多重网格法与有限体积法在流体力学中的应用［J］. 同济大学学报，1995，23(5):593～597.

［42］ 陆昌根. 流体力学中数值计算方法［M］. 北京：科学出版社，2014.

［43］ 朱自强，李津，张正科，等. 计算流体力学中的网格生成方法及其应用［J］. 航空学报，1998，19(2):152～158.

［44］ 刘儒勋，舒其望. 计算流体力学的若干新方法［M］. 北京：科学出版社，2003.

［45］ 王军，张潮，倪晋. 二维贴体网格生成方法［J］. 合肥工业大学学报，2006，29(12):1549～1596.

［46］ 褚江. 非结构动网格生成方法研究［D］. 南京：南京理工大学，2006.